高等职业教育土建类新编技能型……

建筑材料与检测

主　编　殷凡勤　王献召
主　审　李　林　夏文光

黄河水利出版社
·郑州·

内 容 提 要

本书为高等职业教育土建类新编技能型规划教材，全书共分九章，包括绪论、建筑材料的基本性质、气硬性胶凝材料、水泥、混凝土、砂浆、墙体材料、金属材料、建筑功能材料等。

全书依据我国最新发布的标准、规范编写，理论联系实际，力求简单实用。每章有小结和思考练习题以帮助学生巩固学习效果。

本书可作为高等职业院校建筑工程技术专业的教材，也可作为建筑类其他专业的教材及工程技术人员的参考用书。

图书在版编目(CIP)数据

建筑材料与检测/殷凡勤，王献召主编. —郑州：黄河水利出版社，2014.2

高等职业教育土建类新编技能型规划教材

ISBN 978-7-5509-0636-5

Ⅰ.①建…　Ⅱ.①殷…　②王…　Ⅲ.①建筑材料-检测-高等职业教育-教材　Ⅳ.①TU502

中国版本图书馆 CIP 数据核字(2013)第 284561 号

策划编辑：贾会珍　电话：0371-66028027　E-mail：xiaojia619@126.com

出 版 社：黄河水利出版社　网址：www.yrcp.com

地址：河南省郑州市顺河路黄委会综合楼 14 层　邮政编码：450003

发行单位：黄河水利出版社

发行部电话：0371-66026940、66020550、66028024、66022620(传真)

E-mail：hhslcbs@126.com

承印单位：黄河水利委员会印刷厂

开本：787 mm×1 092 mm　1/16

印张：15.75

字数：383 千字　印数：1—4 000

版次：2014 年 2 月第 1 版　印次：2014 年 2 月第 1 次印刷

定价：35.00 元

前 言

职业教育的目的是以服务为宗旨，以地方产业需求为目标的培养模式。本书为了加快科技成果转化为产业、深化职业教育的改革，特地为高等职业院校建筑工程技术专业编写的教材。

本教材在编写过程中，除学生必须掌握的基本理论外，以建筑工程“实用”、“够用”为度，注重学生实践技能和专业素质的培养，注重学生分析问题、解决问题的能力培养。同时，考虑建筑业相应工种职业资格岗位的要求，对一些理论较强的内容进行了删减；对实际工程中常见的材料取样、检测及验收等内容进行了强调。在编写过程中尽量引入一些实际工程中的案例，使教材更贴近实际工程需要。

全书按我国最新发布的标准、规范、规程和法定计量单位编写。每章有小结和思考练习题以帮助学生巩固学习效果。全书按64学时编写，学时分配见下表，供参考。

章节	学时数(实践)	章节	学时数(实践)
第一章	1	第六章	6(2)
第二章	5	第七章	6(2)
第三章	4	第八章	6(1)
第四章	10(3)	第九章	10(2)
第五章	16(4)	总学时(实践)	64(14)

本书编写人员及编写分工如下：商丘工学院冯国海(第一章、第三章)，开封大学李军(第二章、第六章、第四章第四节)，河南建筑职业技术学院殷凡勤(第四章(除第四节外))，许昌职业技术学院王继仙(第五章)，河南建筑职业技术学院徐姗姗(第七章)，商丘职业技术学院侯盛楠(第八章)，许昌职业技术学院王献召(第九章)。全书由殷凡勤、王献召担任主编，李军、侯盛楠、冯国海、王继仙、徐姗姗担任副主编，河南建筑职业技术学院李林、河南五建集团工程有限公司夏文光担任主审。

由于编写时间仓促和编者水平有限，本书难免存在不妥之处，恳请广大读者在使用过程中给予指正，并提出宝贵意见，谢谢。

编 者

2013年10月

目　录

第一章　绪　论

【学习目标】

1. 了解建筑材料的含义与分类及其对发展建筑业的作用。

2. 熟悉建材产品及其应用的技术标准。

3. 明确课程的目的、任务及基本要求。

第一节　建筑材料的定义和分类

一、建筑材料的定义

建筑工程中使用的所有材料通称为建筑材料，也是土木工程和建筑工程中使用的材料的统称。

建筑材料长期经受风吹、日晒、雨淋、磨损、腐蚀等，性能会逐渐变化，建筑材料的合理选用至关重要，首先应当安全、经久耐用。建筑材料用量很大，直接影响到工程的造价，通常建材费用占工程总造价的一半以上，因此在考虑技术性能时，必须兼顾经济性。

二、建筑材料的分类

通常所指的建筑材料主要是构成建筑物或构筑物本身的材料，即狭义的建筑材料。建筑材料的种类很多，通常采用按化学成分分类或按使用功能分类。

(一)按化学成分分类

按化学成分不同，将建筑材料分为无机材料、有机材料和复合材料三大类，见表1-1。

(二)按使用功能分类

按建筑材料的使用功能，将其分为结构材料、围护材料、功能材料和建筑器材四大类，见表1-2。

1. 结构材料

结构材料主要指构成建筑物受力构件和结构所用的材料，如梁、板、柱、基础、框架等。其主要技术性能要求是具有强度和耐久性。常用的结构材料有混凝土、钢材、块材等。

2. 围护材料

围护材料是指用于建筑物围护结构的材料，如墙体、门窗、屋面等部位使用的材料。围护材料不仅要求具有一定的强度和耐久性，还应具有良好的绝热性、防水性、隔声性等。常用的围护材料有砖、砌块、板材等。

3. 功能材料

功能材料主要是指满足某些建筑功能要求的建筑材料，如防水材料、装饰材料、绝热材料、吸声和隔声材料、密封材料等。

表 1-1　建筑材料（按化学成分）分类

分类			实例
无机材料	金属材料	黑色金属	普通钢材、非合金钢、低合金钢、合金钢
		有色金属	铝、铝合金、铜及其合金
	非金属材料	天然石材	毛石、料石、石板材、碎石
		烧土制品	烧结砖、瓦、陶器
		玻璃及熔融制品	玻璃、玻璃棉、岩棉
		胶凝材料	气硬性：石灰、石膏、水玻璃
			水硬性：各类水泥
		混凝土类	砂浆、混凝土、硅酸盐制品
有机材料	植物材料		木材、竹板、植物纤维及其制品
	合成高分子材料		塑料、橡胶、胶凝剂、有机涂料
	沥青材料		石油沥青、沥青制品
复合材料	金属－非金属复合		钢筋混凝土、预应力混凝土
	非金属－有机复合		沥青混凝土、聚合物混凝土

表 1-2　建筑材料（按使用功能）分类

分类	定义	实例
结构材料	构成基础、柱、梁、板等承重结构的材料	砖、石材、钢材、混凝土
围护材料	构成建筑物内、外承重墙体及内分割墙体的材料	石材、砖、加气混凝土、砌块
功能材料	不作为承受荷载，且具有某种特殊功能的材料	保温隔热材料：加气混凝土
		吸声材料：毛毡、泡沫塑料
		采光材料：各种玻璃
		防水材料：沥青及其制品
		防腐材料：煤焦油、涂料
		装饰材料：石材、陶瓷、玻璃
建筑器材	为满足使用要求，而与建筑物配套使用的各种设备	电工器材及灯具、水暖及空调器材、环保器材、建筑五金

第二节　建筑材料在建筑工程中的地位

建筑材料是建筑业的物质基础。每一项建设的开始，首先都是土木工程基本建设，建筑材料的性能、品种、规格、质量及经济性直接影响或决定着建筑结构的形式、建筑物的造型以及建筑物的功能、适用性、艺术性、坚固性、耐久性及经济性等,并在一定程度上影响着建筑材料的运输、存放及使用方式,也影响着建筑施工方法。

建筑工程中许多技术的突破往往依赖于建筑材料性能的改进与提高,而新材料的出现又促进了建筑设计、结构设计和施工技术的发展,也使建筑物的功能、适用性、艺术性、坚固性和耐久性等得到了进一步的改善。如钢材和钢筋混凝土的出现产生了钢结构和钢筋混凝土结构,使得高层建筑和大跨度建筑成为可能;轻质材料和保温材料的出现对减轻建筑物的自重、提高建筑物的抗震能力、改善工作与居住环境条件等起到了十分重要的作用,并推动了节能建筑的发展;新型装饰材料钢塑复合管的出现使得建筑物的造型及建筑物的内外装饰焕然一新,生机勃勃。建筑材料的用量很大,其经济性直接影响着建筑物的造价。在我国的一般工业与民用建筑中,建筑材料的费用占总造价的50% ~60%,而装饰材料又占其中的50% ~80%。

第三节　建筑材料的发展趋势

建筑材料随着社会生产力和人们对建筑功能的要求而发展,它的发展依赖于生产力的发展水平,它反映着一个时代物质文明和精神文明的发展程度。

为了适应我国社会主义建设发展的需要,建筑材料今后的发展将有以下几个趋势:

(1)尽可能地提高材料的强度,降低材料的自重。

(2)研究并生产多功能、高效能的材料。

(3)由单一材料向复合材料及其制品发展。

(4)对材料的耐久性将引起更大的重视。

(5)建筑制品的生产将向预制化、单元化发展,构件尺寸日益增大。

(6)大量利用工农业废料、废渣,生产廉价的、高性能的材料及制品。

(7)利用现代科学技术及手段,在深入认识材料的内在结构对性能影响的基础上,按指定的要求,设计与制造新的建筑材料。

(8)大力发展绿色建筑材料,走可持续发展的战略方针。

第四节　建筑材料的技术标准和检测

建筑材料的技术标准:针对原材料、产品以及工程质量、规格、检验方法、评定方法、应用技术等作出的技术规定。

建筑材料技术标准包括的内容:原材料、材料及其产品的质量、规格、等级、性质、要求以及检验方法,材料以及产品的应用技术规范,材料生产以及设计规定,产品质量的评定标准等。

一、建筑材料技术标准的分类

建筑材料技术标准的分类方法很多,常见的分类方法见表1-3。

表 1-3　建筑材料技术标准的分类方法

分类方法	种类
必要时	试行标准、正式标准
按权威程度	强制性标准、推荐性标准
按特性	基础标准、方法标准、原材料标准、能源标准、环保标准、包装标准等
按适用范围	国家标准、行业标准、地方标准、企业标准

每个技术标准都有自己的代号、编号、名称。代号:反映该标准的等级或发布单位,用汉语拼音表示;编号:表示标准的顺序号、颁布年代号,用阿拉伯数字表示;名称:反映该标准的主要内容,以汉字表示。技术标准所属行业及标准代号见表 1-4。

表 1-4　技术标准所属行业及标准代号

所属行业	标准代号	所属行业	标准代号
国家标准	GB	石油	SY
建材	JC	冶金	YB
建设工程	JG	水利电力	SD
交通	JT		

例如:通用硅酸盐水泥(GB 175—2007),其中 GB 为国家标准的代号,175 为标准编号,2007 为标准颁布年代号,通用硅酸盐水泥为该标准的技术(产品)名称。

注意:一方面,技术标准反映一个时期的技术水平,具有相对稳定性;另一方面,所有技术标准应根据技术发展的速度和要求不断进行修订。

二、建筑材料的检验

根据工程设计要求,提出对原材料的质量要求。材料进场时,应按 ISO 9001“进货检验和试验”程序,对材料的质量由专人按有关质量标准验收,不合格的材料坚决不能入现场使用。建筑材料检验是建筑工程中评定建筑材料质量、验收材料和建筑工程质量评定的主要依据。

建筑材料检验主要包括取样和材料检测两部分。

(一)取样

建筑材料在检验前,首先要选取具有代表性的试样,取样原则为随机抽样,取样方法视不同材料而异。如散粒材料可采用缩分法,成型材料可采用不同部位切取、随机数码表、双方协商等方法,具体详见后面各章节。

(二)材料检测

建筑材料应具有必要的性能,对于这些材料性能的检验,必须通过适当的测试手段来进行,本书着重介绍实验室原材料性能的检验测定。常见的原材料性能检测主要包括物理性能检测、力学性能检测、化学性能检测和工艺性能检测等,具体各种建筑材料检测哪些性能详见以后各章节。

第五节　本课程的目的、任务与学习方法

一、目的

为其他专业课程提供建筑材料的基本知识，为从事技术工作时能合理选择和正确使用建筑材料打下基础。

二、任务

获得常用材料的性质与应用的基本知识和必要的基本理论，了解建筑材料的标准，并获得主要建筑材料检验方法的基本技能训练。

三、学习方法

运用好事物内因与外因的关系、共性与特性的关系，掌握建筑材料的基本试验方法。

本章小结

本章介绍了建筑材料常用的按化学成分及按使用功能的分类情况，介绍了建筑材料在建筑工程中的重要地位，叙述了建筑材料的发展趋势，介绍了我国常用的技术标准、表示方法及建筑材料检验的一般规则，明确了本课程的学习目的和学习要求。通过学习使学生对建筑材料和本课程的学习有一个明确的概念。

思考练习题

1. 建筑材料按化学成分分为哪几类？
2. 建筑材料按使用功能分为哪几类？
3. 建筑材料的技术标准按适用范围分为哪几类？

第二章　建筑材料的基本性质

【学习目标】

1. 了解材料的组成与结构以及它们与材料性质的关系。

2. 掌握材料与质量有关的性质、与水有关的性质及与热有关的性质的概念及表示方法，并能较熟练地运用。

3. 了解材料的力学性质及耐久性的基本概念。

建筑材料是构成土木工程的物质基础，各种建筑物都是由各种不同的材料经设计、施工、建造而成的。这些材料所处的环境、部位、使用功能的要求和作用不同时，对材料的性质要求也就不同，因此材料必须具备相应的基本性质，如用于结构的材料要具有相应的力学性质，以承受各种力的作用。根据土木工程的功能需要，还要求材料具有相应的防水、绝热、隔声、防火、装饰等性质，如地面的材料要具有耐磨的性质，墙体材料应具有绝热、隔声性质，屋面材料应具有防水性质。而土木工程材料在长期的使用过程中，经受日晒、雨淋、风吹、冰冻和各种有害介质侵蚀，因此还要求材料有良好的耐久性。

可见，材料的应用与其所具有的性质是密切相关的。土木工程材料的基本性质主要包括物理性质、力学性质和耐久性。

第一节　材料的物理性质

一、与质量有关的性质

（一）密度

密度是指材料在绝对密实状态下单位体积的质量。材料的密度可按下式计算：

$$\rho = \frac{m}{V} \tag{2-1}$$

式中　m——材料在干燥状态下的质量，kg；

V——干燥材料在绝对密实状态下的体积，m^3；

ρ——材料的密度，kg/m^3。

材料在绝对密实状态下的体积是指材料不包括孔隙体积在内的固体物质所占的体积。土木工程材料中，除钢材、玻璃等材料可近似地直接量取其密实体积外，其他绝大多数材料都含有一定的孔隙，故可将材料磨成细粉，经干燥至恒重后，用李氏瓶法测定其密实体积。

（二）表观密度

表观密度是指材料在自然状态下单位体积的质量。材料的表观密度可按下式计算：

$$\rho_0 = \frac{m}{V_0} \tag{2-2}$$

式中　m——材料的质量,kg;

V_0——材料在自然状态下的体积,m^3;

ρ_0——材料的表观密度,kg/m^3。

材料在自然状态下的体积是指包括孔隙体积在内的材料体积。外形规则材料的表观体积可直接用尺度量后计算求得;外形不规则材料的表观体积,可将材料表面涂蜡后用排水法测定。

当材料的孔隙中含有水分时,其质量(包括水的质量)和体积均会发生变化,影响材料的表观密度,故所测的表观密度必须注明其含水状态。通常,材料的表观密度是指材料在气干状态(长期在空气中的干燥状态)下的表观密度。另外,在不同的含水状态下,还可测得材料的干表观密度、湿表观密度及饱和表观密度。

(三)散粒材料的堆积密度

在建筑工程中,经常使用大量的散粒材料或粉状材料,如砂、石子、水泥等,它们都直接以颗粒状态使用,不再加工成块状材料,这些材料也可按上述方法求出它们的密度,但工程意义不大,使用时一般不需考虑每个颗粒内部的孔隙,而是要知道其堆积密度。

散粒材料在自然堆积状态下单位体积的质量,称为堆积密度。自然堆积状态下的体积包括颗粒之间的空隙体积在内,通常用容器的标定容积表示。材料的堆积密度可按下式计算:

$$\rho_0' = \frac{m}{V_0'} \tag{2-3}$$

式中　m——散粒状材料的质量,kg;

V_0'——散粒状材料在自然堆积状态下的体积,m^3;

ρ_0'——散粒状材料的堆积密度,kg/m^3。

(四)密实度与孔隙率

1. 密实度

密实度是指材料体积内被固体物质所充实的程度。密实度可表示为:

$$D = \frac{V}{V_0} \times 100\% = \frac{\rho_0}{\rho} \times 100\% \tag{2-4}$$

式中　D——材料的密实度(%);

V——材料在绝对密实状态下的体积,m^3;

ρ——材料的密度,kg/m^3;

ρ_0——材料的表观密度,kg/m^3。

2. 孔隙率

孔隙率是指材料中孔隙体积占材料总体积的百分比。孔隙率可表示为:

$$P = \frac{V_0 - V}{V_0} \times 100\% = \left(1 - \frac{\rho_0}{\rho}\right) \times 100\% \tag{2-5}$$

式中的 ρ_0 须用材料的干表观密度。

材料孔隙率大小直接反映材料的密实程度。材料的孔隙率高,则表示密实程度小。

必须指出的是,材料内部的孔隙是各式各样的,十分复杂,如有大小、形状、分布、连通与否等之分,以上均属孔隙构造上的特征,统称为孔隙特征。不仅孔隙率大小影响着材料的各种性质，而且孔隙特征对于研究材料的性质也十分重要，但在一般工程应用上并不一定要划分得十分清楚，通常材料的孔隙特征主要是指孔隙的连通性，按此可将孔隙分为开口孔隙和闭口孔隙。

开口孔隙（简称开孔）是指材料内部孔隙不仅彼此互相贯通，并且与外界相通，如常见的毛细孔。在一般浸水条件下，开孔能吸水饱和。开口孔隙能提高材料的吸水性、透水性、吸声性，并降低其抗冻性。闭口孔隙（简称闭孔）是指材料内部孔隙彼此不连通，而且与外界隔绝。闭口孔隙能提高材料的隔热保温性能和耐久性。

材料孔隙率的大小表明材料的密实程度。孔隙率及孔隙特征（如孔隙的大小、是否封闭或连通、分散情况等）影响材料的力学、耐久性及导热性等性质。

材料的密度、表观密度、孔隙率是材料最基本的物理参数，它们反映了材料的密实程度。密度与表观密度除用以计算孔隙率外，还可用以计算材料的体积与质量。

（五）填充率与空隙率

对于松散颗粒状态材料，如砂、石子等，可用填充率和空隙率表示互相填充的疏松致密程度。

1. 填充率

填充率是指散粒状材料在堆积体积内被颗粒所填充的程度，按下式计算

$$D' = \frac{V_0}{V'_0} \times 100\% = \frac{\rho'_0}{\rho_0} \times 100\% \tag{2-6}$$

式中 D'——散粒状材料在堆积状态下的填充率（%）。

2. 空隙率

散粒状材料颗粒之间的空隙体积占材料堆积状态下总体积的百分数，称为散粒材料的空隙率。按下式计算：

$$P' = \frac{V'_0 - V_0}{V'_0} \times 100\% = \left(1 - \frac{\rho'_0}{\rho_0}\right) \times 100\% \tag{2-7}$$

在上述各参数中，密度并不能反映材料的性质，但可以大致了解材料的品质，并可用它计算材料的孔隙率，以及进行混凝土配合比的计算。

表观密度建立了材料自然体积与质量之间的关系，在建筑工程中可用来计算材料用量、构件自重、确定材料堆放空间等。

孔隙率和孔隙特征反映材料的密实程度，并和材料的许多性质都有密切关系，如强度、吸水性、保温性、耐久性等。空隙率在配制混凝土时可作为控制砂、石级配与计算配合比时的重要依据。

由上可见，材料的密度、表观密度、孔隙率或空隙率等是认识材料、了解材料性质与应用的重要指标，所以常称为材料的基本物理性质。

在建筑工程中，材料的密度、表观密度和堆积密度常用来计算材料的用量、构件的自重、配料及确定材料的堆放空间。

几种常用材料的密度、表观密度、堆积密度如表 2-1 所示。

表 2-1　常用材料的密度、表观密度、堆积密度

材料名称	密度(g/cm³)	表观密度(kg/m³)	堆积密度(kg/m³)
钢材	7.85	7 800 ~ 7 850	—
花岗岩	2.70 ~ 3.00	2 500 ~ 2 900	—
石灰石(碎石)	2.48 ~ 2.76	2 300 ~ 2 700	1 400 ~ 1 700
砂	2.50 ~ 2.60	—	1 500 ~ 1 700
水泥	2.80 ~ 3.10	—	1 600 ~ 1 800
粉煤灰(气干)	1.95 ~ 2.40	1 600 ~ 1 900	550 ~ 800
烧结普通砖	2.60 ~ 2.70	2 000 ~ 2 800	—
烧结多孔砖	2.60 ~ 2.70	900 ~ 1 450	—
黏土	2.50 ~ 2.70	—	1 600 ~ 1 800
普通水泥混凝土	—	1 950 ~ 2 500	—
红松木	1.55 ~ 1.60	400 ~ 600	—
普通玻璃	2.45 ~ 2.55	2 450 ~ 2 550	—
铝合金	2.70 ~ 2.90	2 700 ~ 2 900	—
泡沫塑料	—	20 ~ 50	—

二、与水有关的性质

材料在使用过程中,经常与水发生关系,如雨水、雪水、地下水、生活用水、大气中的水汽等。然而,水分与固体材料表面之间相互作用的情况是不同的,因此要研究材料与水接触后的有关性质。

(一)亲水性与憎水性

材料与水接触时能被水润湿的性质称为亲水性。具备这种性质的材料称为亲水性材料。大多数的建筑材料,如砖、混凝土、木材等,都属于亲水性材料。

材料与水接触时不能被水润湿的性质称为憎水性。具备这种性质的材料称为憎水性材料,如石蜡、沥青等。

固体材料在空气中与水接触时,根据其表面能否被水润湿,可分为亲水性材料与憎水性材料两种。

材料的亲水性与憎水性可用润湿角 θ 来说明,如图 2-1 所示。

在材料、水、空气三相交点处,沿水滴表面所作切线与材料表面的夹角,称为润湿角 θ。θ 愈小,表明材料愈易被水湿润,$\theta=0$ 时,表明材料完全被水浸润;θ 愈大,表明材料愈难被水湿润。

一般认为,当润湿角 $\theta \leqslant 90°$ 时,表明水分子间的内聚力小于水分子与材料分子间的吸引力,则材料表面会被水润湿,这种材料称为亲水性材料(见图 2-1(a)),如木材、混凝土、砂石等;当润湿角 $\theta > 90°$ 时,表明水分子间的内聚力大于水分子与材料分子间的吸引力,则材

料表面不会被水润湿，这种材料称为憎水性材料（见图 2-1（b）），如沥青、石蜡等。

图 2-1　材料的浸润示意图

亲水性材料可以被水润湿，即水可在材料表面铺展开，而且能通过毛细管作用自动将水吸入材料内部，如图 2-2（a）所示；憎水性材料不能被水润湿，水分不易渗入材料毛细管中，如图 2-2（b）所示。憎水性材料常用作防水材料。

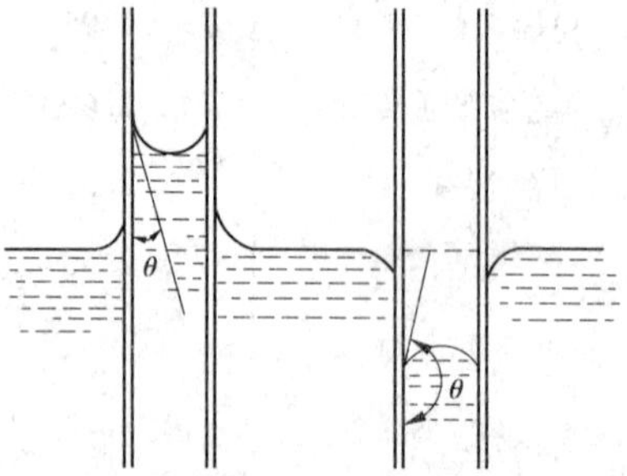

图 2-2　亲水性材料与憎水性材料的毛细管作用

（二）吸水性与吸湿性

1. 吸水性

材料在水中吸收水分的性质称为吸水性。吸水性的大小常以吸水率表示，可用质量吸水率和体积吸水率来表示。

1）质量吸水率

质量吸水率是指材料吸水饱和时，所吸水的质量占材料干燥质量的百分率，可用下式表示：

$$W_m = \frac{m_1 - m}{m} \times 100\% \tag{2-8}$$

式中　W_m——材料的质量吸水率（%）；

m——材料在干燥状态下的质量，g 或 kg；

m_1——材料吸水饱和时的质量，g 或 kg。

2）体积吸水率

体积吸水率是指材料吸水饱和时，所吸水分的体积占材料干燥体积的百分率，可用下式表示：

$$W_V = \frac{m_1 - m}{V_0}\frac{1}{\rho_W} \times 100\% \tag{2-9}$$

式中　W_V——材料的体积吸水率（%）；

V_0——干燥材料在自然状态下的体积，cm^3 或 m^3；

ρ_W——水的密度，常温下取 $\rho_W = 1\ g/cm^3$。

材料的体积吸水率与质量吸水率之间的关系为：

$$W_V = W_m \times \rho_0 \tag{2-10}$$

式中　ρ_0——材料在干燥状态下的表观密度，g/cm^3。

材料的吸水性除与材料本身的亲水性或憎水性有关外，还与材料的孔隙特征有关。一般孔隙率越大，吸水性越强。当孔隙率相同时，具有开口且连通的微小孔隙构造的材料，吸水性一般要强于封闭的或粗大连通孔隙构造的材料。

各种材料吸水率相差甚大，如花岗岩等致密岩石，吸水率为0.1%～0.7%，普通混凝土为2%～3%，而木材或其他轻质材料的质量吸水率常大于100%，即湿质量是干质量的几倍，此时最好用体积吸水率表示其吸水性。材料吸水后，表观密度增大，导热性增大，强度降低，体积膨胀，一般会对材料造成不利影响。

2. 吸湿性

材料吸收空气中水分的性质称为吸湿性。材料的吸湿性可用含水率表示，含水率为材料中所含水的质量与材料干燥质量的百分比，可用下式表示：

$$W_h = \frac{m_s - m}{m} \times 100\% \tag{2-11}$$

式中　W_h——材料的含水率(%)；

m——材料干燥时的质量，g 或 kg；

m_s——材料吸湿后的质量，g 或 kg 。

干的材料在空气中能吸收空气中的水分；湿的材料在空气中又会失去水分，最终材料中的水分与周围空气的湿度达到平衡，此时材料的含水率称为平衡含水率。

材料的吸湿性除与材料的组成、孔隙率，特别是孔隙特征有关外，还与周围环境的温度与湿度有关。一般来说，环境中温度越高，湿度越低，含水率越小。材料吸湿后，除本身质量增加外，还会降低其绝热性、强度及耐久性，对工程产生不利的影响。

含水率表示材料在某一时间的含水状态，不是固定值，它随环境温度和空气湿度的变化而改变。当与大气湿度相平衡时的含水率称为平衡含水率(或称气干含水率)。

材料的吸水性和吸湿性不仅取决于材料本身是亲水的还是憎水的，还与材料的孔隙率和孔隙特征有关。一般来说，孔隙率大，则吸水性大。但若是闭口孔隙，水分则不易吸入；而粗大的开口孔隙，水分虽容易渗入，但不易存留，仅能润湿孔壁表面，不易吸满。只有当材料具有微小而连通的孔隙(如毛细孔)时，其吸水性和吸湿性才很强。

材料吸水后，对材料性质将产生一系列不良影响，它会使材料的表观密度增大、体积膨胀、强度下降、保温性下降、抗冻性变差等，所以吸水率大对材料性质是不利的。

(三)耐水性

材料长期在水的作用下不破坏、强度也不显著降低的性质称为耐水性。

一般材料含有水分时，由于内部微粒间结合力减弱而强度有所降低，即使致密的材料也会因此影响强度。若材料中含有某些易被水软化的物质(如黏土、石膏等)，强度降低就更为严重。因此，对于长期处于水中或潮湿环境中的建筑材料，必须考虑耐水性。

材料的耐水性以软化系数 k_s 表示：

$$k_s = \frac{f_w}{f} \tag{2-12}$$

式中　k_s——材料的软化系数；

f_w——材料在水饱和状态下的抗压强度，MPa；

f——材料在干燥状态下的抗压强度，MPa。

软化系数的范围为0～1。软化系数的大小有时成为选择材料的重要依据。工程中通常把 k_s 大于0.85的材料称为耐水材料，对于经常与水接触或处于潮湿环境的重要建筑物，必须选用耐水材料建造；用于受潮较轻或次要的建筑物时，材料的软化系数也不得小于

0.75。

材料的耐水性主要与其组成成分在水中的溶解度和材料的孔隙率有关。溶解度很小或不溶的材料，则软化系数一般较大，如金属材料；若材料可溶于水且具有较大的孔隙率，则其软化系数较小或很小，如黏土。

（四）抗渗性

由于材料具有不同程度的渗透性，当材料两侧存在不同水压时，一切破坏因素（如腐蚀性介质等）都可通过水或气体进入材料内部，然后把所分解的产物带出材料，使材料逐渐破坏。如地下建筑、基础、压力管道、容器、水工建筑等经常受到压力水或水头差的作用，故所用材料应具有一定的抗渗性。对于各种防水材料，则要求具有更高的抗渗性。

抗渗性是指材料在压力水作用下抵抗渗透的性质。材料的抗渗性通常用渗透系数和抗渗等级表示。

1. 渗透系数

根据达西定律，在一定时间 t 内，透过材料试件的水量 Q 与试件断面面积 A 及水位差 H 成正比，与试件的厚度 d 成反比，即

$$Q = K\frac{H}{d}At \tag{2-13}$$

或

$$K = \frac{Q}{At}\frac{d}{H} \tag{2-14}$$

式中 K——材料的渗透系数，m/s；

Q——渗透水量，m^3；

A——透水面积，m^2；

d——试件厚度，m；

H——水位差，m；

t——透水时间，s。

材料的渗透系数 K 越大，表明材料的抗渗透性能越差。

2. 抗渗等级

抗渗等级是指材料在规定试验条件下，承受规定的水压力不渗透。如 P8、P10，分别表示承受 0.8 MPa、1 MPa 水压力不渗透。

材料的抗渗性与材料的亲水性、孔隙率、孔隙特征、裂缝等缺陷有关。孔隙封闭且孔隙率小的材料，抗渗性就较高。

地下建筑物及贮水建筑物常受到压力水的作用，所以要求所用的材料有一定的抗渗性。材料抗渗性的好坏与其孔隙率和孔隙特征有关。绝对密实的材料和具有闭口孔隙的材料，或具有极细孔隙的材料，实际上可认为是不透水的。开口大孔的材料最易渗水，故其抗渗性最差。此外，材料的抗渗性还与其亲水性或憎水性有关，亲水性材料的毛细孔由于毛细作用而有利于水的渗透。

（五）抗冻性

材料在吸水饱和状态下，能经受多次冻融循环作用而不破坏，同时也不严重降低强度的性质称为抗冻性。简言之，抗冻性是指材料在吸水饱和状态下，抵抗冻融循环作用的能力。

在比较寒冷的北方地区，夏秋两季材料常受雨水浸湿饱和，冬季结冰，夏季开冻融化，年

复一年,如此反复遭受冻融循环的作用。水在材料孔隙中结冰时,体积约增大9%,如此时孔隙内充满水(吸水饱和状态),当水变成冰时将会给孔壁造成很大的静水压力(称为冰晶压力),该压力可高达100 MPa,使孔壁开裂。冰在融化时是从表面先开始融化,然后向内逐层进行,因而外层的冰晶压力先消失。可见,无论是结冰还是融化的过程,都会在材料的内外层产生明显的应力差和温度差,对材料起破坏作用,使材料碎裂、质量损失、强度下降。冻融循环次数愈多,这种破坏作用愈严重。材料的抗冻性主要取决于材料的孔隙率、孔隙特征,另外还与材料吸水饱和的程度、材料本身的强度以及冻结条件(如冻结温度、冻结速度及冻融循环作用的频繁程度)等有关。

材料的抗冻性用抗冻等级F表示,如F50表示经过50次冻融循环,质量损失不超过5%,强度损失不超过25%。通常采用材料吸水饱和后,在-15 ℃冻结,再在20 ℃的水中融化,这样的一个过程称为一次冻融循环。

材料的抗冻性与材料本身的成分、构造、强度、耐水性、吸水饱和程度、孔隙率及孔隙特征等因素有关,也与冻结的温度、冻结速度及冻融频繁程度等因素有关。

用于建筑物冬季水位变化区的材料,要求有较好的抗冻性。另外,由于抗冻性较好的材料对抵抗温度、干湿变化等风化作用的性能也较好,所以即使处于温暖地区的建筑物,为了抗风化,材料也必须具有一定的抗冻性要求。

三、材料的热工性能

在建筑中,建筑材料除需满足必要的强度及其他性能的要求外,为了节约建筑物的使用能耗,以及为生产和生活创造适宜的环境,常要求建筑材料具有一定的热工性质,以维持室内温度。

(一)导热性

材料传导热量的性质称为导热性,即当材料两侧表面存在温差时,热量会由温度较高的一面传向温度较低的一面。材料的导热性可用导热系数表示。

以单层平板为例,如图2-3所示,若$t_1 > t_2$,经过时间z,由温度为t_1的一侧传至温度为t_2的一侧的热量为:

$$Q = \lambda \frac{A(t_1 - t_2)z}{d} \tag{2-15}$$

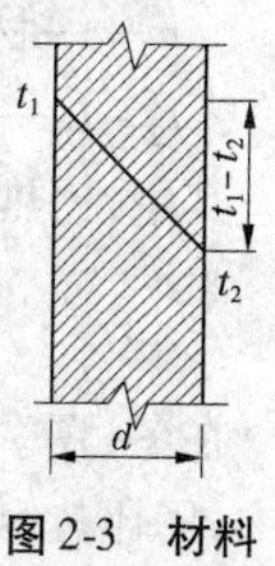

图2-3 材料导热示意图

则导热系数的计算公式为:

$$\lambda = \frac{Qd}{Az(t_1 - t_2)}$$

式中 λ——导热系数,W/(m·K);

Q——传导的热量,J;

d——材料的厚度,m;

A——传热面积,m^2;

z——传热时间,s;

$t_1 - t_2$——材料两侧的温度差($t_1 > t_2$),K。

材料的导热系数越小,保温性越好。建筑材料的导热系数一般为0.02~3.00 W/(m·K)。通常$\lambda \leqslant 0.23$ W/(m·K)的材料可作为保温隔热材料。

材料的导热性与材料的孔隙率、孔隙特征有关。一般来说,孔隙率越大,导热系数越小。具有互不连通封闭微孔构造材料的导热系数,要比粗大连通孔隙构造材料的导热系数小。当材料的含水率增大时,导热系数也随之增大。

材料的导热系数对建筑物的保温隔热有重要意义。在大体积混凝土温度及温度控制计算中,混凝土的导热系数是一个重要的指标。

影响建筑材料的导热系数的主要因素有:

(1)材料的组成与结构。一般来说,金属材料、无机材料、晶体材料的导热系数分别大于非金属材料、有机材料、非晶体材料。

(2)孔隙率大,含空气多,则材料表观密度小,其导热系数也就小。因为空气的导热系数只有0.025 W/(m·K),所以表观密度小的材料,主要是空气的导热系数起着重要作用。

(3)细小孔隙、闭口孔隙组成的材料比粗大孔隙、开口孔隙的材料导热系数小,因为避免了对流传热。

(4)材料含水或含冰时,会使导热系数急剧增加。

(5)导热时的温度越高,导热系数越大(金属材料除外)。

(二)热容量

热容量是指材料在受热时吸收热量、冷却时放出热量的能力。质量为1 kg材料的热容量称为该材料的比热容。

比热容是反映材料吸热或放热能力大小的物理量。不同材料的比热容不同,即使是同一种材料,由于所处物态不同,其比热容也不同。例如,水的比热容是4.19 J/(g·K),而结冰后的比热容是2.05 J/(g·K)。

热容量 Q 的计算公式为:

$$Q = Cm(t_2 - t_1) \tag{2-16}$$

式中 Q——材料吸收或放出的热量,J;

C——材料的比热容,J/(kg·K);

m——材料的质量,kg;

$t_2 - t_1$——材料受热或冷却前后的温差,K。

其中,比热容 C 值是真正反映不同材料热容性差别的参数,可由上式导出:

$$C = \frac{Q}{m(t_2 - t_1)} \tag{2-17}$$

在冬、夏季施工中,对材料加热或冷却进行计算时,均要考虑材料的热容量。在房屋建筑中,用比热容大的材料,对保持室内温度的稳定有很大的意义。

材料的导热系数和比热容是设计建筑物围护结构(墙体、屋盖)、进行热工计算时的重要参数,设计时应选用导热系数较小而热容量较大的建筑材料,以使建筑物保持室内温度的稳定性。同时,导热系数也是工业窑炉热工计算和确定冷藏库绝热层厚度时的重要数据。常用建筑材料的导热系数和比热容指标见表2-2。

四、材料的声学性能

对于居住、工作和生活的空间,要求安静或音质清新,能隔绝外界的噪声和声污染。一般建筑物的内外墙、楼地面等要求具有隔声和吸声性能。对于影剧院、礼堂、音乐厅、播音室等,则对吸声有更高的要求。

表 2-2 常用建筑材料的导热系数和比热容指标

材料名称	导热系数 [W/(m·K)]	比热容 [J/(g·K)]	材料名称	导热系数 [W/(m·K)]	比热容 [J/(g·K)]
建筑钢材	58	0.48	黏土空心砖	0.64	0.92
花岗岩	3.49	0.92	松木	0.17~0.35	2.51
普通混凝土	1.28	0.88	泡沫塑料	0.03	1.30
水泥砂浆	0.93	0.84	冰	2.20	2.05
白灰砂浆	0.81	0.84	水	0.60	4.19
普通黏土砖	0.81	0.84	静止空气	0.025	1.00

(一)吸声性

当声波传播到材料的表面时,一部分声波被反射,另一部分声波穿透材料,其余部分声波则传递给材料。对于含有大量开口孔隙的多孔材料,传递给材料的声能在材料的孔隙中引起空气分子与孔壁的摩擦阻力和黏滞阻力,使相当一部分声能转化为热能而被吸收或消耗掉;对于含有大量封闭孔隙的柔性多孔材料,传递给材料的声能在空气振动的作用下孔壁也产生振动,使声能在振动时因克服内部摩擦而被消耗掉。声能穿透材料和被材料消耗的性质称为材料的吸声性,评定材料吸声性能好坏的主要指标称为吸声系数(α),其定义式如下:

$$\alpha = \frac{E_\alpha}{E_i} = \frac{E_i - E_r}{E_i} = 1 - \gamma \tag{2-18}$$

式中 E_i——入射声能;

E_α——被材料或结构吸收的声能;

E_r——被材料或结构发射的声能;

γ——反射系数。

吸声系数 α 无量纲, α 值越大,表示材料吸声效果越好。

吸声系数 α 与声音的频率和入射方向有关。同一材料而不同频率的声波,从不同方向射向材料时,有不同的 α 值。通常规定以 125 Hz、250 Hz、500 Hz、1 000 Hz、2 000 Hz、4 000 Hz 等 6 个特定频率,从不同方向入射,测得的平均吸声系数 α 来表示材料的吸声特性,并将 $\alpha \geqslant 0.20$ 的材料称为吸声材料。

(二)吸声材料

吸声材料大多为轻质、疏松、多孔的,孔隙率常在 70% 以上。常用的吸声材料有玻璃棉、岩棉、矿棉等纤维材料及其板、毡等,以及石膏板、软质纤维板等。

影响多孔材料吸声效果的因素有:

(1)材料的表观密度和声速材料的表观密度愈小、声速愈小,则高频吸声系数大。一般有机材料的吸声系数比无机材料的大。

(2)孔隙率大、表面柔软、透气性好以及通向材料内部连通孔隙多的材料,则吸声系数大。

(3)增加材料厚度可提高对低频声音的吸收效果，而对高频声音没有多大效果。

(三)隔声性

隔声与吸声不同，不能简单地把吸声材料作为隔声材料使用。

声波在建筑结构中的传播主要是通过空气和固体来实现。因而，隔声分隔空气声和隔固体声两种。两者的隔声方法是不同的。

隔声量(R)又称为传声损失，是表示材料隔绝空气声的能力，是在标准隔声实验室内测出的，其单位是分贝(dB)。R 越大，隔声效果越好。

根据声学中的“质量定律”，墙或板的隔声量主要取决于单位面积的材料质量(kg/m^2)，材料质量越大，越不易振动，则隔声效果越好。因此，必须选用密实、沉重的材料(如黏土砖、钢板、钢筋混凝土)作为隔声材料。

对隔固体声最有效的措施是采用不连续的结构处理，即在楼板面层与结构层之间加弹性衬垫，如毛毡、软木、橡皮等材料，或在楼板上铺设地毯、塑料地面、木地板等柔软材料，以吸收能量而减振。

第二节 材料的力学性质

材料的力学性质是指材料在外力作用下抵抗破坏的能力与产生变形方面的性质，包括材料的强度、弹性与塑性、脆性与冲击韧性、硬度与磨损、磨耗等。

一、强度、强度等级和比强度

(一)强度

材料在外力(荷载)作用下抵抗破坏的能力，称为强度。通常以材料在外力作用下失去承载能力时的极限应力来表示，亦称为极限强度。

材料在建筑物上承受的外力主要有拉、压、弯、剪四种形式，因此在使用材料时要考虑材料的抗拉、抗压、抗弯以及抗剪强度。这些强度值是通过标准试件的静力破坏试验测得的，总称为静力强度。材料承受各种外力的示意图见图2-4。

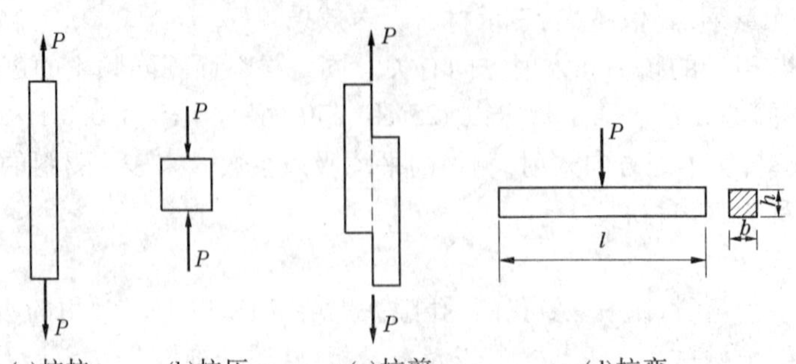

图2-4 材料受外力作用示意图

由于外力作用情况不同，材料主要有抗拉、抗压、抗弯、抗剪四种强度。材料的静力强度是通过对材料试件进行破坏试验而测得的。表2-3列出了各种强度测定时，试件的受力情况和各种强度的计算公式。常用建筑材料的强度见表2-4。

表 2-3　静力强度的分类

强度类别	受力情况	计算式	说明
抗拉强度	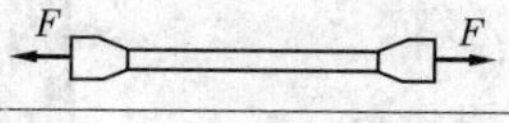	$f_t=\dfrac{F}{A}$	F——破坏荷载，N； A——受荷面积，mm^2； l——跨度，mm； b——断面宽度，mm； h——断面高度，mm
抗压强度	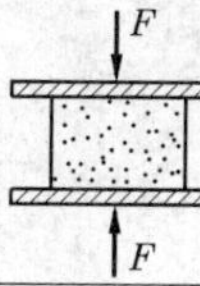	$f_c=\dfrac{F}{A}$	
抗剪强度		$f_v=\dfrac{F}{A}$	
抗弯强度	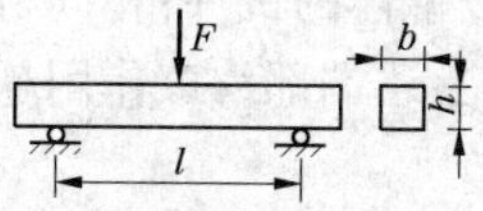	$f_{tm}=\dfrac{3Fl}{2bh^2}$	

表 2-4　常用建筑材料的强度　（单位:MPa）

材料	抗压强度	抗拉强度	抗弯强度
花岗岩	100 ~ 250	5 ~ 8	10 ~ 14
普通黏土砖	7.5 ~ 30		1.8 ~ 4
普通混凝土	7.5 ~ 60	1 ~ 4	
松木(顺纹)	30 ~ 50	80 ~ 120	66 ~ 100
建筑钢材	235 ~ 1 600	235 ~ 1 600	

由表 2-4 可知,不同种类的材料具有不同的抵抗力。砖、石材、混凝土等矿物质材料的抗压强度较高,而抗拉强度和抗弯强度却很低,所以这类材料多用于受压部位。木材的顺纹抗拉强度和抗弯强度均大于抗压强度,所以可用作梁、屋架等构件。建筑钢材的抗拉强度与抗压强度相等,而且强度值很高,所以适用于各种受力构件。

为了充分发挥各种材料的强度特点,扬长避短,常组成复合材料使用,如钢筋混凝土。

(二)影响材料强度的外界因素

材料的强度除与其本身的组成与结构等内部因素有关外,还与测试条件和方法等外部因素有很大关系。

以矿物质材料(如混凝土、石材等)单轴受压试验为例,外界因素的影响有以下几种。

1. 试件装置情况(端部约束情况)

试件受压时,其端部有无约束对所测强度值有影响。当受压试件与加压钢板间紧贴加压时,加压钢板对试件上下端部会产生横向约束(见图 2-5),可抑制试件的开裂,测得的强度值偏高,并且破坏后的形状为棱锥体(见图 2-6);如果在钢压板与试件接触面上加涂润滑剂或加垫橡胶片,则所测强度值偏低,其试件破坏情况如图 2-7 所示。

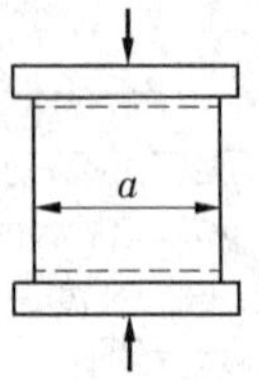

图 2-5　压力机压板对试块的约束作用

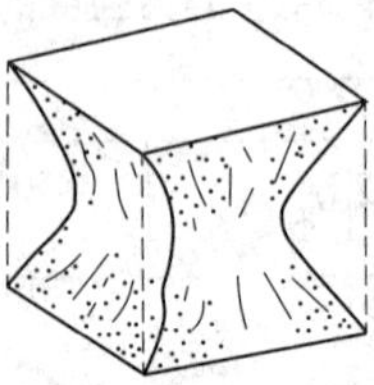

图 2-6　受压板约束时试块破坏残存的棱锥体

图 2-7　不受压板约束时试块破坏情况

2. 试件的形状和尺寸

受压试件以立方体形状测得的强度值要高于棱锥体的试件；相同材料采用小尺寸试件，测得的强度值高于大尺寸试件。因试件尺寸越小，上述端部约束作用越大，而且含有缺陷的概率也小，故测得的强度值偏高。

3. 加荷速度

当加荷速度较快时，由于变形速度落后于荷载的增长速度，变形跟不上荷载的增长，故测得的强度值偏高；而当加荷速度较慢时，材料有充裕的变形时间，故测得的强度值偏低。

4. 试验环境的温、湿度

当温度高、湿度大时，试件会有体积膨胀，材料内部质点距离加大，质点间的作用力减弱，故测得的强度值偏低。例如，黏土材料干燥时强度高，潮湿时强度显著下降；沥青材料受温度影响尤为明显。

5. 承压面的平整度

试验表明，当承压面中间部分凹下 0.13 mm 时，强度可下降 5%；当承压面中间部分凸出0.13 mm时，强度下降可达 30%。若承压面呈斜面，斜面面积则大于有效水平受力面积，所以计算出的强度值偏低。

综上可知，材料的强度试验只能提供一定程度的、有条件的强度指标，即材料的强度值是在一定外界条件下测得的数值。为了获得相对较精确的试验结果，就必须严格遵照规定的统一标准方法进行试验，这样测得的结果才具有可比性。

（三）强度等级

在工程使用上，常根据材料强度的大小将其划分为若干等级，以便合理选用材料。具体划分方法视材料而异。

对于以强度为主要指标的材料，通常以材料强度值的高低划分成若干等级，称为强度等级，如水泥、混凝土、砂浆等用强度等级来表示。

（四）比强度

为了对不同材料的强度进行比较，可采用比强度这一指标。比强度是按单位体积的质量计算的材料强度，其值等于材料强度与其表观密度之比，即用 f/ρ 表示。比强度是评定材料轻质高强的重要指标。优质的结构材料必须具有较高的比强度，即要求强度高、质量轻。

几种主要材料的比强度见表 2-5。

表 2-5　主要材料的比强度

材料	表观密度(kg/m)	强度(MPa)	比强度
玻璃钢	2 000	450	0.225
松木(顺纹抗拉)	500	100	0.200
低碳钢	7 850	420	0.054
普通混凝土(抗压)	2 400	40	0.017
烧结普通砖(抗压)	1 700	10	0.006

由表 2-5 可看出,玻璃钢和松木的比强度较高,属于轻质、高强的高效能材料。烧结普通砖的比强度最低,混凝土也是一种比强度较低的材料。所以,促进普通混凝土向轻质、高强方向发展是非常必要的。发展比强度高的材料,对于建筑业现代化有很重要的意义。

二、弹性与塑性

材料在外力作用下产生变形,当外力除去后,变形能完全消失的性质称为弹性。材料的这种可恢复的变形称为弹性变形或暂时变形,属可逆变形。

材料在外力作用下产生变形,当外力除去后,仍保留一部分残余变形的性质称为塑性。这部分残余变形称为塑性变形或永久变形,属不可逆变形。大多数建筑材料是非弹性的,如抹灰、制坯等加工过程,都是利用材料的塑性。

实际上纯弹性材料是没有的。许多材料在受力不大时,仅产生弹性变形,可视为弹性材料,当受力超过一定限度后,接着便出现塑性变形,最典型的就是建筑钢材(低碳钢)。另外,有的材料在受力一开始,弹性变形和塑性变形便同时发生,除去外力后,弹性变形可以恢复,而塑性变形不会消失,最有代表性的就是混凝土材料,属于一种弹塑性材料。

材料在弹性范围内,其变形大小与外力成正比,这时的比例系数为常数,称为材料的弹性模量。

弹性模量是衡量材料抵抗变形能力的一个指标。其值愈大,材料愈不易变形,亦即刚度愈好。弹性模量是结构设计时的主要参数。常用建筑钢材的弹性模量约为 2.1×10^6 MPa;普通混凝土的弹性模量是个变量,一般约为 2.0×10^6 MPa。

材料的弹性模量和强度之间没有固定的关系。钢材的弹性模量不受强度变化的影响;混凝土的弹性模量,在相同的温度和湿度条件下,一般强度高,弹性模量大,二者关系密切,但并不呈线性关系。

三、材料的脆性与韧性

材料在外力作用下直到破坏前无明显塑性变形而发生突然破坏的性质称为脆性,具有这种性质的材料称为脆性材料。脆性材料的抗压强度远大于其抗拉强度,可高达数倍甚至数十倍,但脆性材料承受冲击荷载或振动作用的能力很差,受振动易损坏。建筑材料中大部分无机非金属材料均为脆性材料,如天然岩石、陶瓷、玻璃、黏土砖、普通混凝土、生铁等。可见,仅用强度指标不能反映材料承受动荷载作用的能力,还必须对材料提出韧性的要求。

材料在冲击或振动荷载作用下,能吸收较大能量,同时产生较大变形,而不发生突然破坏的性质称为材料的冲击韧性或韧性。韧性材料的特点是变形大,特别是塑性变形大,抗拉强度接近或高于抗压强度,如木材、建筑钢材、橡胶等属于韧性材料。

材料的韧性用冲击韧性值表示,冲击韧性值是指用带缺口的试件做冲击破坏试验时,断口处单位面积所吸收的功。

在建筑工程中,对于要求承受冲击荷载和有抗震要求的结构,如吊车梁、桥梁、路面等所用材料,均应具有较高的韧性。

四、硬度与耐磨性

(一)硬度

硬度是指材料表面抵抗其他较硬物体压入或刻画的能力。不同材料的硬度测定方法不同。刻画法常用于测定非金属材料的硬度,称为莫氏硬度(HM)。莫氏硬度是用十种单矿物作为硬度标准,其硬度递增的顺序为:滑石1、石膏2、方解石3、萤石4、磷灰石5、正长石6、石英7、黄玉8、刚玉9、金刚石10。按顺序进行硬度的定性比较。钢材、木材等多数建筑材料最常采用压入法测定,称为布氏硬度(HB)。布氏硬度是以压痕单位面积上所受压力来表示的。混凝土、砂浆、砖石材料的硬度有时也采用回弹硬度测定,称为肖氏硬度(HS)。肖氏硬度是用落下的重锤回弹高度作为硬度的相对值的。一般硬度大的材料耐磨性较强,但不易加工。工程中有时可用硬度间接推算材料的强度。

(二)磨损及磨耗

材料受摩擦作用而减小质量和体积的现象称为磨损。材料同时受摩擦和冲击两种作用而减小质量和体积的现象称为磨耗。地面、路面等经常受摩擦的部位要求材料有较好的抗磨性能。

硬度大、强度高、韧性好、构造均匀致密的材料,抗磨性较好。

第三节 材料的耐久性

材料在使用过程中,除受到各种力的作用外,还要长期遭受所处环境中各种自然因素的破坏作用,如风、雨、日光、温湿度的变化以及环境中腐蚀性介质的侵蚀。力的作用在设计时经过科学计算,一般情况下,很少由于超载造成材料强度不够而导致损坏的,但环境因素的长期作用会逐渐降低材料的承载能力而导致损坏,所以材料除要满足使用要求的物理力学性质外,还应具有一定的耐久性。

耐久性是指材料抵抗各种自然因素及其他有害介质长期作用的能力。这些作用可概括为以下几个方面:

(1)物理作用:包括干湿变化、冷热变化、冻融变化等,这些变化会使材料体积发生收缩与膨胀,或产生内应力,造成材料内部裂缝扩展,久而久之,使材料逐渐破坏。

(2)化学作用:包括大气和环境水中的酸、碱、盐等溶液或其他有害物质对材料的侵蚀作用,以及日光、紫外线等对材料的作用,可使材料逐渐发生质变、恶化而破坏。

(3)生物作用:包括昆虫或菌类等的侵害作用,导致材料发生虫蛀、腐朽等而破坏。

不同材料起主导作用的破坏因素是不同的,如砖、石、混凝土等矿物质材料,大多由于物理作用而破坏,当其处于水位变化区或水中时,也常会受到化学破坏作用。

金属材料主要是化学和电化学作用引起的腐蚀。金属在有水和空气的条件下,会因氧化还原作用而产生锈蚀。

木材及其他植物纤维组成的天然有机材料,常因生物作用而破坏,如木材的腐蚀与腐朽。

沥青及高分子合成材料,在阳光、空气、热的作用下会逐渐老化,使材料变脆、开裂而逐渐破坏。

材料的耐久性是指材料在上述多种因素作用下,能够经久不变质、不破坏,并能保持性能的性质,实际上是一项综合性质。

为提高材料的耐久性,可根据使用情况和材料特点采取相应的措施,如减轻环境的破坏程度、提高材料本身的密实性等,以增强抵抗性,或表面采取保护措施等。

耐久性本是材料的一项长期性质,近年来可采用快速检验法,即在实验室模拟实际使用条件进行快速试验,根据实验结果对材料的耐久性作出判定。快速试验的项目有干湿循环、冻融循环、加湿与紫外线干燥循环、碳化、盐溶液浸渍与干燥循环、化学介质浸渍等。

本章小结

本章讨论的建筑材料的基本性质是全书的重点,掌握和了解这些性质对于认识、研究和应用建筑材料具有极为重要的意义。

材料的物理性质包括材料与质量有关的性质、与水有关的性质、与热有关的性质及与声有关的性质四部分。与质量有关的性质:根据材料不同的状态,分为密度、表观密度、堆积密度。孔隙率、孔隙的构造特征和空隙率能描述材料在不同状态下的疏密程度,它们是影响材料工程性质的内在因素。与水有关的性质包括:亲水性和憎水性、吸水性与吸湿性、耐水性、抗渗性和抗冻性,这些性质都与材料的构造有着密切的联系。与热有关的性质包括:导热性、比热容和热容量等。导热系数是采暖房屋的墙体和屋面热工计算及确定热表面的重要依据。比热容是计算围护结构保持温度稳定的能力。与声有关的性质包括:吸声性和隔声性。

材料的力学性质主要包括材料在外力作用下产生变形和抵抗破坏的能力方面的性质。材料在不同形式的外力作用下,抵抗外力的能力分别为抗拉强度、抗压强度、抗弯强度与抗剪强度等。不同的材料以不同的强度值划分为强度等级。材料受力后的变形可分为弹性变形和塑性变形。按材料破坏前的变形情况,可将材料分为脆性材料与韧性材料,以分别适用于不同的使用条件。

思考练习题

一、名词解释

1. 材料的空隙率
2. 堆积密度
3. 材料的强度
4. 材料的耐久性

二、填空题

1. 材料的吸湿性是指材料在__________的性质。

2. 材料的抗冻性以材料在吸水饱和状态下所能抵抗的__________来表示。

3. 水可以在材料表面展开,即材料表面可以被水浸润,这种性质称为__________。

4. 材料的表观密度是指材料在__________状态下单位体积的质量。

三、单项选择题

1. 孔隙率增大,材料的(　　)降低。

A. 密度　B. 表观密度　C. 憎水性　D. 抗冻性

2. 材料在水中吸收水分的性质称为(　　)。

A. 吸水性　B. 吸湿性　C. 耐水性　D. 渗透性

3. 含水率为10%的湿砂220 g,其中水的质量为(　　)。

A. 19.8 g　B. 22 g　C. 20 g　D. 20.2 g

4. 材料的孔隙率增大时,其性质保持不变的是(　　)。

A. 表观密度　B. 堆积密度　C. 密度　D. 强度

四、多项选择题

1. 下列性质属于力学性质的有(　　)。

A. 强度　B. 硬度　C. 弹性　D. 脆性

2. 下列材料中,属于复合材料的是(　　)。

A. 钢筋混凝土　B. 沥青混凝土　C. 建筑石油沥青　D. 建筑塑料

五、判断题

1. 某些材料虽然在受力初期表现为弹性,但达到一定程度后表现出塑性特征,这类材料称为塑性材料。(　　)

2. 材料吸水饱和状态时水占的体积可视为开口孔隙体积。(　　)

3. 在空气中吸收水分的性质称为材料的吸水性。(　　)

4. 材料的软化系数愈大,其耐水性愈好。(　　)

5. 材料的渗透系数愈大,其抗渗性能愈好。(　　)

六、问答题

1. 生产材料时,在组成一定的情况下,可采取什么措施来提高材料的强度和耐久性?

2. 决定材料耐腐蚀性的内在因素是什么?

七、计算题

1. 某岩石在气干、绝干、水饱和状态下测得的抗压强度分别为172 MPa、178 MPa、168 MPa。试求该岩石可否用于水下工程?

2. 收到含水率5%的砂子500 t,实为干砂多少t? 若需干砂500 t,试求应进含水率5%的砂子多少t?

第三章　气硬性胶凝材料

【学习目标】

1. 了解胶凝材料的分类。

2. 了解石灰、石膏、水玻璃的生产工艺及其对性能的影响。

3. 掌握石灰、石膏的技术要求、特性、应用及保管。

在建筑工程中，把经过一系列的物理、化学作用后，由液体或膏状体变为坚硬的固体，同时能将砂、石、砖、砌块等散粒或块状材料胶结成具有一定机械强度的整体的材料，统称为胶凝材料。

胶凝材料品种繁多，按化学成分可分为有机胶凝材料和无机胶凝材料两大类，其中无机胶凝材料按硬化条件又可分为气硬性胶凝材料和水硬性胶凝材料两类。所谓气硬性胶凝材料，是指只能在空气中硬化并保持或继续提高其强度的胶凝材料，如石灰、石膏、水玻璃等。气硬性胶凝材料一般只适用于地上或干燥环境，不宜用于潮湿环境，更不可用于水中。水硬性胶凝材料是指不仅能在空气中硬化，而且能更好地在水中硬化并保持或继续提高其强度的胶凝材料，如水泥。水硬性胶凝材料既适用于地上，也适用于地下或水中。

第一节　建筑石膏

石膏在建筑工程中的应用也有较长的历史。由于其具有轻质、隔热、吸声、耐火、色白且质地细腻等一系列优良性能，加之我国石膏矿藏储量居世界首位（有南京石膏矿、大波口石膏矿、平邑石膏矿等），所以石膏的应用前景十分广阔。

石膏的主要化学成分是硫酸钙，它在自然界中以两种稳定形态存在于石膏矿石中（天然石膏见图3-1）：一是天然无水石膏（$CaSO_4$），也称为生石膏、硬石膏；二是天然二水石膏（$CaSO_4 \cdot 2H_2O$），也称为软石膏。天然无水石膏只可用于生产石膏水泥，而天然二水石膏可制造各种性质的石膏。

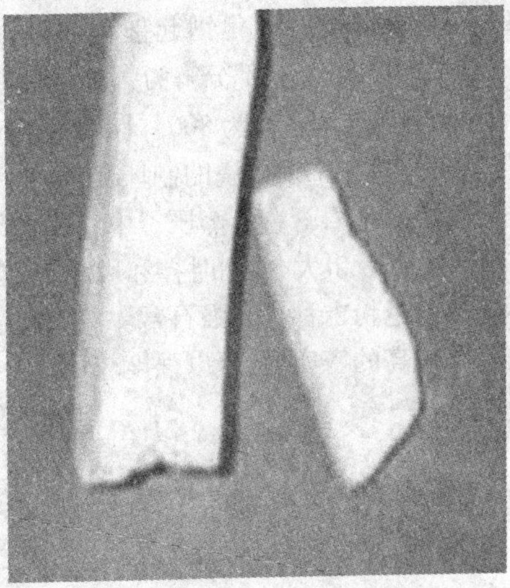

图3-1　天然石膏

一、原料与生产

石膏——$CaSO_4$ 为主要成分。它的建筑性能较石灰更为优越，分为建筑石膏和高强石膏两种。它通常是由天然二水石膏经过低温煅烧、脱水、磨细而制成的，其主要原料见图3-2、图3-3。

图 3-2　石灰石

图 3-3　白云石

（一）石膏的分类

根据石膏中含有结晶水的多少不同可分为：

（1）天然无水石膏（$CaSO_4$）：也称为硬石膏，其结晶紧密，质地较硬，是生产硬石膏水泥的原料。

（2）天然二水石膏（$CaSO_4 \cdot 2H_2O$）：也称为生石膏，大部分自然石膏矿为生石膏，是生产建筑石膏的主要原料。

（3）建筑石膏（$CaSO_4 \cdot \frac{1}{2}H_2O$）：也称为熟石膏或半水石膏。它是由生石膏加工而成的，根据其内部结构不同可分为 α 型半水石膏和 β 型半水石膏。

（二）石膏的生产

将天然二水石膏（或主要成分为二水石膏的化工石膏）加热，由于加热方式和温度不同，可生产不同性质的石膏品种：当温度为 65～75 ℃时，开始脱水，至 107～170 ℃时，脱去部分结晶水，得到 β 型半水石膏（$\beta CaSO_4 \cdot \frac{1}{2}H_2O$），即建筑石膏；当加热温度为 170～200 ℃时，石膏继续脱水，成为可溶性硬石膏，与水调和后仍能很快凝结硬化；当加热温度升高到 200～250 ℃时，石膏中残留很少的水，凝结硬化非常缓慢；当加热温度高于 400 ℃，石膏完全失去水分，成为不溶性硬石膏，失去凝结硬化能力，成为死烧石膏；当温度高于 800 ℃时，部分石膏分解出的氧化钙起催化作用，所得产品又重新具有凝结硬化性能；当温度高于 1 600 ℃时，$CaSO_4$ 全部分解为石灰。建筑石膏（β 型半水石膏）呈白色粉末状，密度为 2.60～2.75 g/cm^3，堆积密度为 800～1 000 kg/m^3。β 型半水石膏中杂质少、色白的，可作为模型石膏，用于建筑装饰及陶瓷的制坯工艺。

若将二水石膏置于蒸压釜中，在 0.13 MPa 的水蒸气中（124 ℃）脱水，得到的是晶粒较 β 型半水石膏粗大、使用时拌和用水量少的半水石膏，称为 α 型半水石膏。将此熟石膏磨细得到的白色粉末称为高强石膏。由于高强石膏拌和用水量少（石膏用量的 35%～45%），硬化后有较高的密实度，所以强度较高，7 d 可达 15～40 MPa。

$$CaSO_4 \cdot 2H_2O \xrightarrow{107\sim170\ ℃常压} CaSO_4 \cdot \frac{1}{2}H_2O + \frac{3}{2}H_2O \qquad (3\text{-}1)$$

124 ℃条件下蒸压（1.3 大气压）加热可产生 α 型建筑石膏（高强石膏），其反应式如下：

$$CaSO_4 \cdot 2H_2O \xrightarrow[蒸压]{124\ ℃} CaSO_4 \cdot \frac{1}{2}H_2O + \frac{3}{2}H_2O \qquad (3\text{-}2)$$

二、建筑石膏的凝结硬化

建筑石膏遇水将重新水化成二水石膏,反应式为:

$$CaSO_4 \cdot \frac{1}{2}H_2O + \frac{3}{2}H_2O \rightarrow CaSO_4 \cdot 2H_2O \tag{3-3}$$

建筑石膏与适量的水混合成可塑的浆体,但很快就失去塑性、产生强度,并发展成为坚硬的固体。石膏的凝结硬化是一个连续的溶解、水化、胶化、结晶的过程。

半水石膏极易溶于水,加水后很快达到饱和溶液而分解出溶解度低的二水石膏胶体。由于二水石膏的析出,溶液中的半水石膏转变为非饱和状态,这样又有新的半水石膏溶解,接着继续重复水化、胶化的过程,随着析出的二水石膏胶体晶体的不断增多,彼此互相联结,使石膏具有了强度。同时,溶液中的游离水分不断蒸发减少,结晶体之间的摩擦力、黏结力逐渐增大,石膏强度也随之增加,至完全干燥,强度停止发展,最后成为坚硬的固体。

浆体的凝结硬化是一个连续进行的过程。从加水开始拌和到浆体开始失去可塑性的过程称为浆体的初凝,对应的这段时间称为初凝时间;从加水开始拌和到浆体完全失去可塑性,并开始产生强度的过程称为浆体的终凝,对应的时间称为浆体的终凝时间。建筑石膏凝结硬化较快,一般初凝不早于6 min,终凝不迟于30 min。

随着二水石膏沉淀的不断增加,就会产生结晶,结晶体的不断生成和长大,晶体颗粒之间便产生了摩擦力和黏结力,造成浆体的塑性开始下降,这一现象称为石膏的初凝;而后随着晶体颗粒间摩擦力和黏结力的增大,浆体的塑性很快下降,直至消失,这种现象为石膏的终凝。

石膏终凝后,其晶体颗粒仍在不断长大和连生,形成相互交错且孔隙率逐渐减小的结构,其强度也会不断增大,直至水分完全蒸发,形成硬化后的石膏结构,这一过程称为石膏的硬化。石膏浆体的凝结和硬化实际上是交叉进行的。

三、建筑石膏的质量标准和技术性质

(一)建筑石膏的质量标准

作为胶凝材料,建筑石膏的质量要求有细度、凝结时间和强度。《建筑石膏》(GB/T 9776—2008)标准中,按细度、凝结时间和强度将建筑石膏分为优等品、一等品和合格品三个等级,见表3-1。

表3-1 建筑石膏的质量标准

技术指标	要求	优等品	一等品	合格品
抗折强度(MPa)	≥	2.5	2.1	1.8
抗压强度(MPa)	≥	4.9	3.9	2.9
细度,0.2 mm方孔筛筛余(%)	≤	5.0	10.0	15.0
初凝时间(min)	≥	6		
终凝时间(min)	≤	30		

（二）建筑石膏的技术性质

1. 凝结硬化时的膨胀性

建筑石膏凝结硬化是石膏吸收结晶水后的结晶过程，其体积不仅不会收缩，而且会稍有膨胀（0.2%～1.5%），这种膨胀不会对石膏造成危害，还能使石膏的表面较为光滑饱满、棱角清晰完整，避免了普通材料干燥时的开裂。

2. 硬化后的多孔性，质量轻，但强度低

建筑石膏在使用时，为获得良好的流动性，常加入的水分要比水化所需的水量多（理论需水量为18%左右），因此石膏在硬化过程中由于水分的蒸发，使原来的充水部分空间形成孔隙，造成石膏内部的大量微孔，使其质量减轻，但是抗压强度也因此下降。通常，石膏硬化后的表观密度为800～1 000 kg/m^3，抗压强度为3～5 MPa。

3. 良好的隔热与吸声和"呼吸"功能（调湿调温作用）

石膏硬化体中大量不连通的微孔，使其传热性显著下降，因此具有良好的绝热能力；石膏的大量微孔，特别是表面微孔对声音传导或反射的能力也显著下降，使其具有较强的吸声能力。大热容量和大的孔隙率及开口孔结构，使石膏具有"呼吸"水蒸气的功能。

4. 防火性好，但耐水性差、抗冻性差

硬化后石膏的主要成分是二水石膏，当受到高温作用时或遇火后会脱出21%左右的结晶水，并能在表面蒸发形成水蒸气幕，可有效地阻止火势的蔓延，具有良好的防火效果。

由于硬化石膏的强度来自于晶体粒子间的黏结力，遇水后粒子间连接点的黏结力可能被削弱。部分二水石膏溶解而产生局部溃散，所以建筑石膏硬化体的耐水性较差。

5. 有良好的装饰性和可加工性

石膏表面光滑饱满、颜色洁白、质地细腻，具有良好的装饰性。微孔结构使其脆性有所改善，硬度也较低，所以硬化石膏可锯、可刨、可钉，具有良好的可加工性。

四、建筑石膏的应用

建筑石膏在建筑工程中可用作室内粉刷、制造建筑石膏制品等。

（一）室内粉刷

由建筑石膏或建筑石膏与无水石膏混合后再掺入外加剂、细集料等可制成粉刷石膏。按用途分为面层粉刷石膏（M）、底层粉刷石膏（D）和保温层粉刷石膏（W）三类。粉刷石膏是一种新型室内抹灰材料，既具有建筑石膏快硬早强、尺寸稳定、吸湿、防火、轻质等优点，又不会产生开裂、空鼓和起皮现象；不仅可在水泥砂浆或混合砂浆上罩面，还可粉刷在混凝土墙、板、天棚等光滑的底层上（见图3-4）。粉刷成的墙面致密光滑，质地细腻，且施工方便，工效高。

（二）建筑石膏制品

建筑石膏除用于室内粉刷外，主要用于生产各种石膏板和石膏砌块等制品。石膏板（见图3-5）具有质轻、高强、隔热保温、吸声和不燃等性能，且安装和使用方便，是一种较好的新型建筑材料，广泛用作各种建筑物的内隔墙，如顶棚及各种装饰饰面。我国目前生产的石膏板主要有纸面石膏板、石膏空心条板、石膏装饰板、纤维石膏板及石膏吸声板等。石膏砌块是一种自重轻、保温隔热、隔声和防火性能好的新型墙体材料，有实心、空心和夹心三种类型。在建筑石膏中掺入耐水外加剂（如有机硅憎水剂等）可生产耐水建筑石膏制品，掺入无机耐火纤维(如玻璃纤维)可生产耐火建筑石膏制品。

图 3-4　石膏板吊顶

图 3-5　石膏板

【知识链接】　建筑石膏一般采用袋装,可用具有防潮及不易破损的纸袋或其他复合袋包装;包装袋上应清楚标明产品标记、制造厂名、生产批号和出厂日期、质量等级、商标、防潮标志等;运输、储存时不得受潮和混入杂物,不同等级的应分别储运,不得混杂;石膏的储存期为 3 个月(自生产日起算),超过 3 个月的石膏应重新进行质量检验,以确定等级。

石膏制品具有绿色环保、防火、防潮、阻燃、轻质、高强、易加工、可塑性好、装饰性强等特点,使得石膏及其制品备受青睐,具有广阔的发展空间。当前,石膏制品的发展趋势有:用于生产石膏砌块、石膏条板等新型墙体材料;石膏装饰材料,如各种高强、防潮、防火又具有环保功能的石膏装饰板、石膏线条、灯盘、门柱、门窗拱眉等装饰制品及具有吸声、防辐射、防火功能的石膏装饰板;具有轻质、高强、耐水、保温的石膏复合墙体,如轻钢龙骨纸面石膏板夹岩棉复合墙体、纤维石膏板或有膏刨花板等与龙骨的复合墙体、加气(或发泡)石膏保温板或砌块复合墙体、石膏与聚苯泡沫板、稻草板等复合的大板,这些石膏复合墙体正逐渐地取代传统的墙体材料。

第二节　石　灰

人类很早就开始煅烧石灰和使用石灰,其历史可以上溯到距今 5000 年前。根据考古资料,在中国黄河流域多处龙山期文化遗址中(公元前 2800 ~ 前 2300 年),都能见到用石灰抹面的光洁坚实墙壁和地面。据用 ^{14}C 测定,龙山期遗址中所用的石灰已是人工煅烧制成的。

一、石灰的生产原料和成分

(一)生产

关于石灰的生产过程,我们可以用一首诗来介绍:

石灰吟

(于谦:明政治家、军事家)

千锤万凿出深山,
烈火焚烧若等闲,
粉身碎骨浑不怕,
要留清白在人间。

原始的石灰生产工艺是将石灰石与燃料(木材)分层铺放,引火煅烧一周即得。现代则采用机械化、半机械化立窑以及回转窑、沸腾炉等设备进行生产，煅烧时间也相应地缩短，用回转窑生产石灰仅需 2 ~4 h，比用立窑生产可提高生产效率 5 倍以上；今又出现了横流式、双斜坡式及烧油环行立窑和带预热器的短回转窑等节能效果显著的工艺和设备，燃料也扩大为煤、焦炭、重油或液化气等。

（二）原料和成分

凡是以碳酸钙为主要成分的天然岩石，如石灰岩、白垩、白云质石灰岩等，都可用来生产石灰。将主要成分为碳酸钙的天然岩石，在适当温度下煅烧，排除分解出的二氧化碳后，所得的以氧化钙（CaO）为主要成分的产品即为石灰，又称为生石灰。在实际生产中，为加快分解，煅烧温度常提高到 1 000 ~1 100 ℃。由于石灰石原料的尺寸大或煅烧时窑中温度分布不匀等，石灰中常含有欠火石灰和过火石灰。欠火石灰中的碳酸钙未完全分解，使用时缺乏黏结力。过火石灰结构密实，表面常包覆一层熔融物，熟化很慢。由于生产原料中常含有碳酸镁（$MgCO_3$），因此生石灰中还含有次要成分氧化镁（MgO），根据氧化镁含量的多少，生石灰分为钙质石灰（MgO≤5%）和镁质石灰（MgO >5%）。生石灰呈白色或灰色块状，为便于使用，块状生石灰常需加工成生石灰粉、消石灰粉或石灰膏。生石灰粉是由块状生石灰磨细而得到的细粉，其主要成分是 CaO；消石灰粉是块状生石灰用适量水熟化而得到的粉末，又称为熟石灰，其主要成分是 $Ca(OH)_2$；石灰膏是块状生石灰用较多的水（为生石灰体积的 3 ~4 倍）熟化而得到的膏状物，也称为石灰浆，其主要成分也是 $Ca(OH)_2$。

二、石灰的熟化与硬化、深加工、分类

（一）熟化与硬化

生石灰（CaO）与水反应生成氢氧化钙的过程，称为石灰的熟化或消化（见图 3-6）。反应生成的产物氢氧化钙称为熟石灰或消石灰。

图 3-6　石灰熟化的过程

石灰熟化时放出大量的热，体积增大 1.5 ~2 倍。煅烧良好、氧化钙含量高的石灰熟化较快，放热量和体积增大也较多。工地上熟化石灰常用两种方法，即消石灰浆法和消石灰粉法。

根据加水量的不同，石灰可熟化成消石灰粉或石灰膏。石灰熟化的理论需水量为石灰重量的 32%。在生石灰中，均匀加入 60% ~80% 的水，可得到颗粒细小、分散均匀的消石灰粉。若用过量的水熟化，将得到具有一定稠度的石灰膏。石灰中一般都含有过火石灰，过火石灰熟化慢，若在石灰浆体硬化后再发生熟化，会因熟化产生的膨胀而引起隆起和开裂。为了消除过火石灰的这种危害，石灰在熟化后，还应“陈伏”2 周左右。

石灰浆体的硬化包括干燥结晶和碳化两个同时进行的过程。石灰浆体因水分蒸发或被

吸收而干燥,在浆体内的孔隙网中,产生毛细管压力,使石灰颗粒更加紧密而获得强度。这种强度类似于黏土失水而获得的强度,其值不大,遇水会丧失。同时,由于干燥失水引起浆体中氢氧化钙溶液过饱和,结晶出氢氧化钙晶体,产生强度;但析出的晶体数量少,强度增长也不大。在大气环境中,氢氧化钙在潮湿状态下会与空气中的二氧化碳反应生成碳酸钙,并释放出水分,即发生碳化。

碳化所生成的碳酸钙晶体相互交叉连生或与氢氧化钙共生,形成紧密交织的结晶网,使硬化石灰浆体的强度进一步提高。但是,由于空气中的二氧化碳含量很低,表面形成的碳酸钙层结构较致密,会阻碍二氧化碳的进一步渗入,因此碳化过程是十分缓慢的。

(二)石灰的深加工

(1)碳化法:将石灰石等原料煅烧生成石灰(主要成分为氧化钙)和二氧化碳,加水消化石灰生成氢氧化钙,再通入二氧化碳,碳化石灰乳生成碳酸钙沉淀,然后碳酸钙沉淀经脱水、干燥后再经石灰磨粉机粉碎便制得轻质碳酸钙。

(2)纯碱(Na_2CO_3)氯化钙法:在纯碱水溶液中加入氯化钙,即可生成碳酸钙沉淀。

(3)碱法:在生产烧碱(NaOH)过程中,可得到副产品轻质碳酸钙。在纯碱水溶液中加入消石灰即可生成碳酸钙沉淀,并同时得到烧碱水溶液,最后碳酸钙沉淀经脱水、干燥和粉碎便制得轻质碳酸钙。

(4)联钙法:用盐酸处理消石灰得到氯化钙溶液,氯化钙溶液在吸入氨气后用二氧化碳进行碳化便得到碳酸钙沉淀。

(5)苏尔维(Solvay)法:在生产纯碱过程中,可得到副产品轻质碳酸钙。饱和食盐水在吸入氨气后用二氧化碳进行碳化,便得到重碱(碳酸轻钙)沉淀和氯化铵溶液。在氯化铵溶液中加入石灰乳便得到氯化钙氨水溶液,然后用二氧化碳对其进行碳化便得到碳酸钙沉淀。

(三)石灰的分类

1. 根据成品加工方法不同分

块状生石灰:原料经煅烧而得到的块状白色原成品(主要成分 CaO)。

生石灰粉:以块状生石灰为原料,经研磨制得的生石灰粉(主要成分 CaO)。

消石灰粉:以生石灰为原料,经水化和加工制得的消石灰粉(主要成分 $Ca(OH)_2$)。

2. 按化学成分(MgO 含量)分

根据石灰中 MgO 含量,可分为钙质石灰和镁质石灰,见表 3-2。

表 3-2 石灰的分类

品种	MgO 含量	品种	MgO 含量
钙质生石灰	≤5%	钙质消石灰粉	≤4%
镁质生石灰	>5%	镁质消石灰粉	4% ~24%
		白云石消石灰粉	24% ~30%

3. 按熟化速度分

熟化速度是指石灰从加水起到达到最高温度所经历的时间。

快熟石灰:熟化速度在 10 min 以内。

中熟石灰:熟化速度在 10 ~ 30 min。

慢熟石灰:熟化速度在 30 min 以上。

熟化速度不同,所采用的熟化方法也不同,如快熟石灰应先在池中注好水,然后慢慢加入生石灰,以免池中温度过高,否则,既影响熟化石灰的质量,也易对施工人员造成伤害。而慢熟石灰则应先加生石灰,再慢慢向池中注水,以保持池中有较高的温度,从而保证石灰的熟化速度。

三、石灰的质量标准和技术性质

(一)石灰的质量要求

石灰中产生胶结性的成分是有效氧化钙和有效氧化镁,它们的含量是评价石灰质量的主要指标。石灰中的有效氧化钙和有效氧化镁的含量可以直接测定,也可以通过氧化钙与氧化镁的总量和二氧化碳的含量反映。除有效氧化钙和有效氧化镁这两个主要指标外,生石灰还有未消化残渣含量的要求,生石灰粉有细度的要求,消石灰粉则还有体积安定性、细度和游离水含量的要求。

建筑生石灰根据有效氧化钙和有效氧化镁含量、未消化残渣含量、二氧化碳含量以及产浆量划分为优等品、一等品和合格品。各等级应满足表 3-3。

表 3-3　建筑生石灰的技术指标(JC/T 479—1992)

项目	钙质生石灰粉			镁质生石灰粉		
	优等品	一等品	合格品	优等品	一等品	合格品
(CaO + MgO)含量(%)≥	90	85	80	85	80	75
未消化残渣含量(5 mm 圆孔筛余量)(%)≤	5	10	15	5	10	15
CO_2 含量(%)≤	5	7	9	6	8	10
产浆量(L/kg)≥	2.8	2.3	2.0	2.8	2.3	2.0

建筑生石灰粉根据有效氧化钙和有效氧化镁含量、二氧化碳含量及细度划分为优等品、一等品和合格品。各等级应满足表 3-4 的要求。

建筑消石灰粉根据有效氧化钙和有效氧化镁含量、游离水含量、体积安定性及细度划分为优等品、一等品和合格品。各等级应满足表 3-5 的要求。

表 3-4　建筑生石灰粉的技术指标(JC/T 480—1992)

项目		钙质生石灰粉			镁质生石灰粉		
		优等品	一等品	合格品	优等品	一等品	合格品
(CaO + MgO)含量(%)≥		85	80	75	80	75	70
CO_2 含量(%)≤		7	9	11	8	10	12
细度	0.9 mm 筛筛余(%)≤	0.2	0.5	1.5	0.2	0.5	1.5
	0.125 mm 筛筛余(%)≤	7.0	12.0	18.0	7.0	12.0	18.0

表 3-5　建筑消石灰粉的技术指标(JC/T 481—1992)

项目		钙质生石灰粉			镁质生石灰粉			白云石消石灰粉		
		优等品	一等品	合格品	优等品	一等品	合格品	优等品	一等品	合格品
(CaO + MgO)含量(%)≥		70	65	60	65	60	55	65	60	55
游离水含量(%)		0.4～2								
体积安定性		合格		—	合格		—	合格		—
细度	0.9 mm 筛筛余(%)≤	0	0	0.5	0	0	0.5	0	0	0.5
	0.125 mm 筛筛余(%)≤	3	10	15	3	10	15	3	10	15

(二)石灰的技术性质

生石灰熟化后形成的石灰浆中,石灰粒子形成氢氧化钙胶体结构,颗粒极细(粒径约为1 μm),比表面积很大(达 10～30 m^2/g),其表面吸附一层较厚的水膜,可吸附大量的水,因而有较强保持水分的能力,即保水性好。将它掺入水泥砂浆中,配成混合砂浆,可显著提高砂浆的和易性。

石灰依靠干燥结晶以及碳化作用而硬化,由于空气中的二氧化碳含量低,且碳化后形成的碳酸钙硬壳阻止二氧化碳向内部渗透,也妨碍水分向外蒸发,因而硬化缓慢,硬化后的强度也不高,1∶3的石灰砂浆 28 d 的抗压强度只有 0.2～0.5 MPa。在处于潮湿环境时,石灰中的水分不蒸发,二氧化碳也无法渗入,硬化将停止;加上氢氧化钙易溶于水,已硬化的石灰遇水还会溶解溃散。因此,石灰不宜在长期潮湿和受水浸泡的环境中使用。

石灰在硬化过程中,要蒸发掉大量的水分,引起体积显著收缩,易出现干缩裂缝。所以,石灰不宜单独使用,一般要掺入砂、纸筋、麻刀等材料,以减少收缩,增加抗拉强度,并能节约石灰。

石灰具有较强的碱性,在常温下,能与玻璃态的活性氧化硅或活性氧化铝反应,生成有水硬性的产物,产生胶结。因此,石灰还是建筑材料工业中重要的原材料。

石灰与其他胶凝材料相比具有以下特性。

1. 保水性、可塑性好

生石灰熟化为石灰浆时,能自动形成颗粒极细的呈胶体分散状态的氢氧化钙,表面吸附一层厚的水膜,因而保水性能好,且水膜层也大大降低了颗粒间的摩擦力。因此,用石灰膏制成的石灰砂浆具有良好的保水性和可塑性。在水泥砂浆中掺入石灰膏,可使砂浆的保水性和可塑性显著提高。

2. 硬化慢、强度低

石灰浆体硬化过程的特点之一就是硬化速度慢。原因是空气中的二氧化碳浓度低,且碳化是由表及里,在表面形成较致密的壳,使外部的二氧化碳较难进入其内部,同时内部的水分也不易蒸发,所以硬化缓慢,硬化后的强度也不高,如 1∶3石灰砂浆 28 d 的抗压强度通常只有 0.2～0.5 MPa。

3. 体积收缩大

体积收缩大是石灰在硬化过程中的另一特点,一方面是由于蒸发大量的游离水而引起显著的收缩,另一方面碳化也会产生收缩。所以,石灰除调成石灰乳液作薄层涂刷外,不宜单独使用,常掺入砂、纸筋等,以减少收缩、限制裂缝的扩展。

4. 耐水性差

石灰浆体在硬化过程中的较长时间内，主要成分仍是氢氧化钙（表层是碳酸钙），由于氢氧化钙易溶于水，所以石灰的耐水性较差。硬化中的石灰若长期受到水的作用，会导致强度降低，甚至会溃散。

5. 吸湿性强

生石灰极易吸收空气中的水分熟化成熟石灰粉，所以生石灰应长期存放在密闭条件下，并应防潮、防水。

四、石灰的应用和验收、储运及保管

（一）石灰的应用

石灰在土木工程中应用范围很广，主要用途如下。

1. 拌制灰浆、砂浆

如麻刀灰、纸筋灰、石灰砂浆、水泥石灰混合砂浆等，用于砌筑工程、抹面工程。

2. 拌制灰土、三合土

利用石灰与黏性土可拌制成灰土；利用石灰、黏土与砂石或碎砖、炉渣等填料可拌制成三合土或碎砖三合土；利用石灰与粉煤灰、黏性土可拌制成粉煤灰石灰土；利用石灰与粉煤灰、砂、碎石可拌制成粉煤灰碎石土等，大量应用于建筑物基础、地面、道路等的垫层，地基的换土处理等。为方便石灰与黏土等的拌和，宜用磨细的生石灰或消石灰粉，磨细的生石灰还可使灰土和三合土有较高的紧密度、较高的强度和耐水性。

3. 生产建筑生石灰粉

将生石灰磨成细粉，即建筑生石灰粉。建筑生石灰粉加入适量的水拌成的石灰浆可以直接使用，主要是因为粉状石灰熟化速度较快，熟化放出的热促使硬化进一步加快。硬化后的强度要比石灰膏硬化后的强度高。

4. 制作碳化石灰板材

碳化石灰板是将磨细的生石灰掺 30% ~40% 的短玻璃纤维或轻质集料加水搅拌，振动成型，然后利用石灰窑的废气碳化 12 ~24 h 而成的一种轻质板材。它能锯、能钉，适宜用作非承重内隔墙板、天花板等。

5. 生产硅酸盐制品

将磨细的生石灰或消石灰粉与天然砂或粒化高炉矿渣、炉渣、粉煤灰等硅质材料配合均匀，加水搅拌，再经“陈伏”（使生石灰充分熟化）、加压成型和压蒸处理可制成蒸压灰砂砖（见图 3-7）。灰砂砖呈灰白色，如果掺入耐碱颜料，可制成各种颜色。它的尺寸与普通黏土砖相同，也可制成其他形状的砌块（见图 3-8），主要用作墙体材料。

（二）石灰的验收、储运及保管

建筑生石灰粉、建筑消石灰粉一般采用袋装，可以采用符合标准规定的牛皮纸袋、复合纸袋或塑料编织袋包装，袋上应标明厂名、产品名称、商标、净重、批量编号。运输、储存时不得受潮和混入杂物。

保管时应分类、分等级存放在干燥的仓库内，不宜长期存储。运输过程中要采取防水措施。由于生石灰遇水发生反应易放出大量的热，所以生石灰不宜与易燃易爆物品共存、共运，以免酿成火灾。

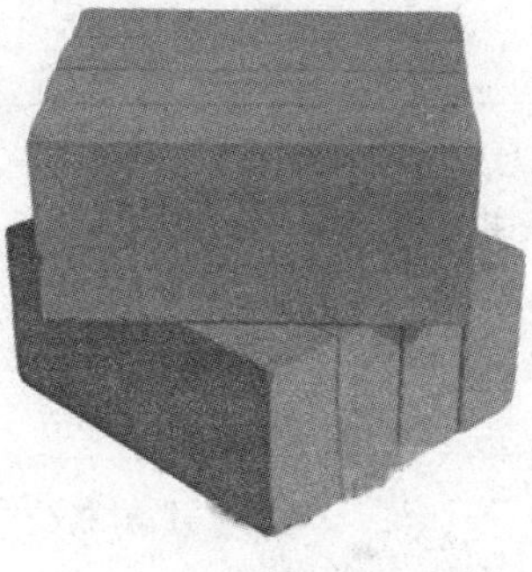

图 3-7　蒸压灰砂砖

图 3-8　蒸压加气混凝土砌块

存放时,可制成石灰膏密封或在上面覆盖砂土等方式与空气隔绝,以防止硬化。

包装质量:建筑生石灰粉有每袋净重 40 kg、50 kg 两种,每袋质量偏差值均不大于 1 kg;建筑消石灰粉有每袋净重 20 kg、40 kg 两种,每袋质量偏差值分别不大于 0.5 kg、1 kg。

本章小结

胶凝材料是建筑物不可或缺的组成材料。本章重点介绍石膏、石灰两种传统的具有稳定性能的气硬性胶凝材料,这两种材料也是现代许多新胶凝材料的基础,并且在现代建筑物中被广泛应用。

(1)石膏可根据煅烧温度的不同分为性能及应用各异的石膏。建筑石膏凝结硬化速度很快,其技术性质要求主要表现在强度、细度、凝结时间三方面,可用于建筑物室内抹灰和粉刷,并大量用于制作石膏制品。

(2)石灰可根据不同分类方法分为很多种类,但都统称为石灰。石灰的强度很低,主要来源于熟石灰的干燥结晶和碳化。

思考练习题

一、填空题

1. 胶凝材料按照化学成分分为__________和__________两类。无机胶凝材料按照硬化条件不同可分为__________和__________两类。

2. 建筑石膏的化学成分是__________,高强石膏的化学成分是__________,生石膏的化学成分是__________。

3. 建筑石膏按__________、__________、__________分为__________、__________和__________三个质量等级。

4. 生石灰的熟化是指__________。熟化过程的特点:一是__________,二是__________。

5. 生石灰按照煅烧程度不同可分为__________、__________和__________,按照 MgO 含量不同可分为__________和__________。

6. 石灰浆体的硬化过程包含了__________、__________和__________三个交错进行的过程。

7. 石灰按成品加工方法不同分为__________、__________、__________、__________、__________五种。

8. 建筑生石灰、建筑生石灰粉和建筑消石灰粉按照其主要活性指标__________的含量划分为__________、__________和__________三个质量等级。

二、简述题

1. 简述气硬性胶凝材料和水硬性胶凝材料的区别。

2. 建筑石膏的特性如何？用途如何？

3. 生石灰在熟化时为什么需要"陈伏"两周以上？为什么在"陈伏"时需在熟石灰表面保留一层水？

4. 石灰的用途如何？在储存和保管时需要注意哪些方面？

第四章　水　泥

【学习目标】

1. 了解水泥的概念,掌握硅酸盐通用水泥的质量标准,了解其他品种的水泥。

2. 会根据工程特点正确选用水泥。

3. 掌握通用硅酸盐水泥的检验、验收和储存要求。

水泥属于水硬性胶凝材料。水硬性胶凝材料不仅能在空气中硬化,而且能更好地在水中硬化,保持并继续发展其强度。

水泥是当代最主要的建筑材料之一,使用广,用量大。它作为胶凝材料,可以和集料、水及增强材料制成各种混凝土与构件,也可配制成各种砂浆,广泛应用于工业与民用建筑、道路、桥梁、涵洞、水利、海港和国防等工程中。水泥按包装不同分为袋装水泥(见图 4-1)和散装水泥(见图 4-2)。

图 4-1　袋装水泥

图 4-2　散装水泥罐

第一节　水泥的品种

水泥种类非常多,按其主要水硬性物质名称分为硅酸盐系水泥、铝酸盐系水泥、硫铝酸盐系水泥、铁铝酸盐系水泥、氟铝酸盐系水泥等系列。按用途和性能又可分为通用水泥、专用水泥和特性水泥三大类。通用水泥是指土木工程中大量使用的一般用途的水泥,如普通硅酸盐水泥、矿渣硅酸盐水泥、粉煤灰质硅酸盐水泥等;专用水泥是指具有专门用途的水泥,如砌筑水泥、油井水泥、道路水泥等;特性水泥是指某种特性比较突出的水泥,如快硬硅酸盐水泥、抗硫酸盐水泥、膨胀水泥等。

目前,硅酸盐系列水泥是水泥中使用最为广泛的一类,占我国水泥产量的 90% 左右,因此本章重点介绍土建工程中最常用的通用硅酸盐水泥的性质和应用,对其他品种的水泥仅作一般性介绍。

一、通用硅酸盐水泥

（一）通用硅酸盐水泥的定义、分类

国家标准《通用硅酸盐水泥》（GB 175—2007）规定：以硅酸盐水泥熟料和适量石膏及规定的混合材料制成的水硬性胶凝材料是通用硅酸盐水泥。通用硅酸盐水泥按混合材料的品种和掺量分为硅酸盐水泥、普通硅酸盐水泥、矿渣硅酸盐水泥、火山灰质硅酸盐水泥、粉煤灰硅酸盐水泥和复合硅酸盐水泥。

（二）通用硅酸盐水泥的代号和组分

通用硅酸盐水泥的代号和组分应符合表 4-1 的规定。由表 4-1 可知，硅酸盐水泥中不含或仅含很少的混合材料，硅酸盐水泥熟料所占比例大；普通水泥掺入了少量的混合材料；而矿渣水泥、火山灰水泥、粉煤灰水泥、复合水泥则掺入了较多的活性混合材料，所含硅酸盐水泥熟料成分相对较少。

表 4-1　通用硅酸盐水泥的代号和组分（GB 175—2007）

品种	代号	组分（质量分数）（%）				
		熟料＋石膏	粒化高炉矿渣	火山灰质混合材料	粉煤灰	石灰石
硅酸盐水泥	P·Ⅰ	100	—	—	—	—
	P·Ⅱ	≥95	≤5	—	—	—
		≥95	—	—	—	≤5
普通硅酸盐水泥	P·O	≥80 且 <95	>5 且≤20			—
矿渣硅酸盐水泥	P·S·A	≥50 且 <80	>20 且≤50	—	—	—
	P·S·B	≥30 且 <50	>50 且≤70	—	—	—
火山灰质硅酸盐水泥	P·P	≥60 且 <80	—	>20 且≤40	—	—
粉煤灰硅酸盐水泥	P·F	≥60 且 <80	—	—	>20且≤40	—
复合硅酸盐水泥	P·C	≥50 且 <80	>20 且≤50			

二、专用水泥

（一）砌筑水泥

在我国住宅建筑中，砖混结构占有相当大的比例，其中所用的砌筑砂浆在施工配制时，如采用通用水泥，由于水泥强度与砂浆强度的比值过大，同时为了满足砂浆和易性的要求，水泥用量又不能过少，结果造成砌筑砂浆强度等级超高，造成较大的浪费。因此，生产专为砌筑用的低强度水泥非常必要。砌筑水泥在生产中可大量利用工业废渣，不仅保护了环境，还降低了生产成本，提高了经济效益。

【知识链接】　砌筑水泥的强度低，硬化较慢，但其和易性、保水性较好，主要用于砌筑和抹面砂浆、垫层混凝土等，不应用于结构混凝土。

（二）道路水泥

道路水泥是指专用于水泥混凝土路面工程的专用特种水泥。由道路硅酸盐水泥熟料、适量石膏及《道路硅酸盐水泥》（GB 13693—2005）标准规定的混合材料磨细制成的水硬性

胶凝材料,称为道路硅酸盐水泥(简称道路水泥),代号P·R。

【知识链接】 道路水泥是一种强度高(尤其是抗折强度高),干缩性小,耐磨性、抗冻性、抗冲击性和抗硫酸盐性均较好的水泥,所以道路水泥可以较好地承受高速车辆的车轮摩擦、循环负荷、冲击和震动、货物装卸时产生的骤然负荷,较好地抵抗路面与路基的温差和干湿度差产生的膨胀应力,抵抗冬季的冻融循环。道路水泥适用于修筑各种道路路面、机场跑道路面、城市广场等要求耐磨、耐用、裂缝和磨耗少的工程,也可用于其他建筑工程,且能取得优于通用硅酸盐水泥的使用效果。

三、特性水泥

(一)快硬硅酸盐水泥

以硅酸盐水泥熟料和适量石膏磨细制成的,以3 d抗压强度表示强度等级的水硬性胶凝材料,称为快硬硅酸盐水泥,简称快硬水泥。

【知识链接】 快硬水泥的凝结硬化快,水化热大且集中,早期强度高,后期强度仍增长。它适用于配制早强、高强度混凝土,用于紧急抢修工程、军事工程、冬季施工工程和预应力钢筋混凝土或预制件中,但不宜用于大体积混凝土工程中。快硬水泥易受潮变质,不易久存,应及时使用。从出厂日起,若超过一个月,应重新检验,合格后方可使用。

(二)低水化热水泥

低水化热水泥原称为大坝水泥,是专门用于要求水化热较低的大坝和大体积工程的水泥品种。主要品种有三种,即中热硅酸盐水泥、低热硅酸盐水泥和低热矿渣硅酸盐水泥。

【知识链接】 低水化热水泥的最大特点是水化热低,可减少和消除大体积混凝土内外温差显著而发生的不均匀收缩和裂缝。它是专用于大体积混凝土(如大坝、大体积建筑物、厚大的基础)工程的水泥,也是水利工程中不可缺少的水泥品种之一。中热水泥主要适用于大坝溢流面的面层和水位变动区等对耐磨性和抗冻性要求较高的工程中,低热水泥和低热矿渣水泥主要适用于大坝或大体积建筑物内部及水下工程中。

(三)抗硫酸盐水泥

按抵抗硫酸盐腐蚀的程度分为中抗硫酸盐硅酸盐水泥和高抗硫酸盐硅酸盐水泥两大类。抗硫酸盐水泥除具有较强的抗腐蚀能力外,还具有较高的抗冻性,主要适用于受硫酸盐腐蚀、冻融循环及干湿交替作用的海港、水利、地下、隧道、涵洞、道路和桥梁基础等工程中。

(四)白色水泥

由氧化铁含量少的硅酸盐水泥熟料、适量石膏及《白色硅酸盐水泥》(GB 2015—2005)标准规定的混合材料磨细制成的水硬性胶凝材料,称为白色硅酸盐水泥(简称白水泥)。

白水泥主要用于建筑物的装饰,如地面、楼梯、外墙饰面,彩色水刷石和水磨石制造,大理石及瓷砖镶贴,混凝土雕塑工艺制品等,还用于与彩色颜料配成彩色水泥,配制彩色砂浆或混凝土,用于装饰工程。

(五)膨胀水泥和自应力水泥

大多数水泥在空气中进行硬化的过程中,由于化学反应、水分蒸发等,都会产生一定的体积收缩,从而使混凝土内部产生细微裂缝,导致其强度、抗渗性、抗冻性等下降。膨胀水泥和自应力水泥则通过掺入膨胀组分,使水泥在凝结硬化中能产生一定量的体积膨胀。根据膨胀值的大小,该类水泥分为膨胀水泥和自应力水泥两大类。膨胀水泥的膨胀值较小,有中膨胀、微膨胀和无收缩之分。自应力水泥的膨胀值较大,它用于钢筋混凝土时,硬化后会使钢筋产生一定的拉应力,混凝土受到相应的压应力,从而使混凝土的微裂缝减少、抗裂性提高、强度提高,因这种应力是水泥自身水化硬化造成的,故称为自应力水泥。

按水泥的主要水硬性物质,还可分为硅酸盐系、铝酸盐系、硫铝酸盐系、铁铝酸盐系的膨胀水泥和自应力水泥。

膨胀水泥硬化后体积不收缩或微膨胀使混凝土结构密实,抗渗、抗裂性强,主要用于补偿收缩混凝土结构工程,防渗抗裂混凝土工程,补强和防渗抹面工程,填充构件接缝、管道接头、固定机器底座和地脚螺栓等。

自应力水泥适用于制造自应力钢筋混凝土压力管及其配件。

(六)铝酸盐水泥

铝酸盐水泥是应用较多的非硅酸盐系水泥,是具有快硬早强性能和较好耐高温性能的胶凝材料,还是膨胀水泥的主要组分,在军事工程、抢修工程、严寒工程、耐高温工程和自应力混凝土等方面应用广泛,是重要的水泥系列之一。

国家标准《铝酸盐水泥》(GB 201—2000)规定,凡以铝酸钙为主的铝酸盐水泥熟料磨细制成的水硬性胶凝材料,称为铝酸盐水泥(又称高铝水泥、矾土水泥),代号CA。

我国铝酸盐水泥按 Al_2O_3 含量分为四类,即CA-50、CA-60、CA-70和CA-80。

第二节　通用硅酸盐水泥的质量标准

一、化学指标

通用硅酸盐水泥中,不溶物、烧失量、三氧化硫、氧化镁、氯离子含量的要求应符合表4-2的规定。

表4-2　通用硅酸盐水泥的化学指标

<table>
<tr><th rowspan="2">品种</th><th rowspan="2">代号</th><th colspan="5">化学指标</th></tr>
<tr><th>不溶物(质量分数)(%)</th><th>烧失量(质量分数)(%)</th><th>三氧化硫(质量分数)(%)</th><th>氧化镁(质量分数)(%)</th><th>氯离子(质量分数)(%)</th></tr>
<tr><td rowspan="2">硅酸盐水泥</td><td>P·Ⅰ</td><td>≤0.75</td><td>≤3.0</td><td rowspan="3">≤3.5</td><td rowspan="3">≤5.0[a]</td><td rowspan="8">≤0.06[c]</td></tr>
<tr><td>P·Ⅱ</td><td>≤1.50</td><td>≤3.5</td></tr>
<tr><td>普通硅酸盐水泥</td><td>P·O</td><td>—</td><td>≤5.0</td></tr>
<tr><td rowspan="2">矿渣硅酸盐水泥</td><td>P·S·A</td><td>—</td><td>—</td><td rowspan="2">≤4.0</td><td>≤6.0[b]</td></tr>
<tr><td>P·S·B</td><td>—</td><td>—</td><td>—</td></tr>
<tr><td>火山灰质硅酸盐水泥</td><td>P·P</td><td>—</td><td>—</td><td rowspan="3">≤3.5</td><td rowspan="3">≤6.0[b]</td></tr>
<tr><td>粉煤灰硅酸盐水泥</td><td>P·F</td><td>—</td><td>—</td></tr>
<tr><td>复合硅酸盐水泥</td><td>P·C</td><td>—</td><td>—</td></tr>
</table>

注:a. 如果水泥压蒸试验合格,则水泥中氧化镁的含量(质量分数)允许放宽至6.0%。

b. 如果水泥中氧化镁的含量(质量分数)大于6.0%,需进行水泥压蒸安定性试验并合格。

c. 当有更低要求时,该指标由买卖双方确定。

（一）不溶物和烧失量

不溶物是指经盐酸、氢氧化钠溶液进行处理过滤后所得的残渣，再经高温灼烧所剩的物质。不溶物含量高会影响水泥的黏结质量。

烧失量是指水泥在一定灼烧温度和时间内，烧失的质量占原来质量的百分数。它是用来限制石膏和混合材料中杂质含量，以保证水泥质量的一个指标。另外，煅烧不理想或受潮的水泥也会引起一定的烧失量。

不溶物、烧失量的测定方法可见《水泥化学分析方法》（GB/T 176—2008）。

（二）氧化镁含量、三氧化硫含量

氧化镁结晶粗大，水化缓慢，且水化生成的 $Mg(OH)_2$ 体积膨胀可达 1.5 倍，过量会引起水泥体积安定性不良，需以压蒸的方法加快其水化，方可判断其安定性；三氧化硫过量会与铝酸钙矿物生成较多的钙矾石，产生较大的体积膨胀，也会引起水泥体积安定性不良。故水泥中对这两者含量要限制。

氧化镁、三氧化硫含量的测定方法可见《水泥化学分析方法》（GB/T 176—2008）。

（三）氯离子含量

氯离子会造成钢筋混凝土中的钢筋锈蚀，故应限制其含量。其测定方法可见《水泥化学分析方法》（GB/T 176—2008）。

二、碱含量（选择性指标）

水泥中碱含量按 $Na_2O + 0.658K_2O$ 计算值表示。若使用活性集料，用户要求提供低碱水泥，水泥中的碱含量应不大于 0.60% 或由买卖双方协商确定。

当混凝土工程中使用活性集料时，为防止碱－集料反应，保证混凝土的耐久性，水泥中的碱含量要有所限制。

碱含量的测定方法可见《水泥化学分析方法》（GB/T 176—2008）。

三、凝结时间

水泥的凝结时间分为初凝时间和终凝时间。初凝时间是从水泥加水拌和起，到水泥的标准稠度净浆开始失去可塑性为止所需的时间；终凝时间是从水泥加水拌和起，到水泥的标准稠度净浆完全失去可塑性并开始产生强度所需的时间。

硅酸盐水泥的初凝时间不小于45 min，终凝时间不大于390 min(6.5 h)；普通硅酸盐水泥、矿渣硅酸盐水泥、火山灰质硅酸盐水泥、粉煤灰硅酸盐水泥和复合硅酸盐水泥的初凝时间不小于45 min，终凝时间不大于600 min(10 h)。

水泥凝结时间对混凝土工程施工有重大意义。水泥的初凝不宜过早，以便施工时有足够的时间来完成混凝土和砂浆的搅拌、运输、浇筑和砌筑等操作；水泥的终凝不宜过迟，使混凝土能尽快硬化达到一定强度，以利于下道工序的进行，避免拖延施工工期。

四、体积安定性

体积安定性是指水泥在凝结硬化过程中体积变化的均匀性。安定性不良的水泥，在浆体硬化过程中或硬化后产生不均匀的体积变化，会使水泥石产生膨胀裂纹、疏松、崩溃，影响工程质量，甚至引起事故。

水泥体积安定性不良的原因是熟料中含有过量的游离氧化钙或游离氧化镁或三氧化硫或掺入的石膏过多。因上述物质均在水泥硬化后开始或继续进行水化反应，其反应产物体积膨胀而使水泥石开裂。因此，国家标准中对水泥熟料中游离氧化镁和三氧化硫的含量有具体限制，同时要求用沸煮法检验水泥的体积安定性必须合格。

【案例4-1】 某工地对刚从水泥厂拉来的水泥进行体积安定性检验时发现其安定性不合格，经过多次与厂家联系，半个月后的一天，厂家派人来重新进行检验时，水泥的体积安定性却变为合格了，为什么？

分析：刚出厂的水泥安定性不合格可能是由于水泥中游离氧化钙含量偏高造成的，但在空气中放置半个月后，水泥中的部分游离氧化钙会吸收空气中的水蒸气而水化（或消解），使游离氧化钙的膨胀作用被减少或消除，因而此时检验的水泥体积安定性变为合格。这样的水泥在重新检验并确认体积安定性合格后可以使用。

想一想 既然体积安定性不合格的水泥放置一段时间后会变为合格，那么把安定性不合格的水泥都放置一段时间后再使用可以吗？为什么？

五、强度与强度等级

强度是水泥的主要技术性质，它是表示水泥力学性能的重要指标，也是评定水泥质量及等级的依据。水泥的强度等级是根据试件在规定龄期时的抗压强度和抗折强度来划分的，分别用32.5、32.5R、42.5、42.5R、52.5、52.5R、62.5、62.5R来表示，有R的表示早强型，早强型水泥的3 d抗压强度可以达到28 d抗压强度的50%；同强度等级的早强型水泥，3 d抗压强度较普通型的可以提高10%～24%。

水泥强度与熟料矿物的成分、混合材料的质量和数量、细度、水灰比大小、水化龄期、环境温湿度、石膏掺量等密切相关。在实际工程中特别要注意环境温湿度，当环境温度偏低时，应考虑采取措施保证局部温度；当环境温度太高时，应采取措施保证环境的湿度。

【知识链接】 温度对水泥的水化以及凝结和硬化（强度）的影响很大，当温度高时，水泥的水化反应快，从而凝结和硬化的速度也就加快，所以采用蒸汽养护是加速水泥凝结和硬化的方法之一。相反，当温度低时，水泥的凝结和硬化速度慢，当温度低于0 ℃时，水化基本停止，因此冬季施工时，需采取保温措施，以保证水泥正常凝结和强度的正常发展。水泥的强度只有在潮湿的环境中才能不断增长，若处于干燥环境中，当水分蒸发完毕后，水化作用将无法继续进行，硬化即行停止，强度也不再增长，所以混凝土工程在浇筑后2～3周的时间内，必须注意洒水养护。

不同品种、不同强度等级的通用硅酸盐水泥，其不同龄期的强度应符合表4-3的规定。

【案例4-2】 某复合硅酸盐水泥各龄期强度的试验结果为：3 d抗压强度为22.3 MPa，3 d抗折强度为4.6 MPa，28 d抗压强度为46.9 MPa，28 d抗折强度为6.7 MPa，则该水泥的强度等级是（ ）

A. 32.5　　B. 42.5R　　C. 42.5　　D. 52.5

分析：确定强度等级方法是根据表4-3的要求，选取4个数据都满足的最大等级作为该水泥的强度等级。通过对比可知，正确答案是B。

想一想 强度等级中带“R”与不带有何性能区别，使用中应如何选用？

表 4-3 通用硅酸盐水泥的强度要求（GB 175—2007） （单位：MPa）

品种	强度等级	抗压强度		抗折强度	
		3 d	28 d	3 d	28 d
硅酸盐水泥	42.5	≥17.0	≥42.5	≥3.5	≥6.5
	42.5R	≥22.0		≥4.0	
	52.5	≥23.0	≥52.5	≥4.0	≥7.0
	52.5R	≥27.0		≥5.0	
	62.5	≥28.0	≥62.5	≥5.0	≥8.0
	62.5R	≥32.0		≥5.5	
普通硅酸盐水泥	42.5	≥17.0	≥42.5	≥3.5	≥6.5
	42.5R	≥22.0		≥4.0	
	52.5	≥23.0	≥52.5	≥4.0	≥7.0
	52.5R	≥27.0		≥5.0	
矿渣硅酸盐水泥、火山灰质硅酸盐水泥、粉煤灰硅酸盐水泥、复合硅酸盐水泥	32.5	≥10.0	≥32.5	≥2.5	≥5.5
	32.5R	≥15.0		≥3.5	
	42.5	≥15.0	≥42.5	≥3.5	≥6.5
	42.5R	≥19.0		≥4.0	
	52.5	≥21.0	≥52.5	≥4.0	≥7.0
	52.5R	≥23.0		≥4.5	

六、细度（选择性指标）

细度是指水泥颗粒的粗细程度。细度对水泥的凝结硬化速度、强度、需水量及硬化收缩均有影响。水泥颗粒越细，总表面积越大，水化速度越快，早期强度越高，但硬化时体积收缩多，磨细所需成本高，过细的水泥储存时还易降低活性。

硅酸盐水泥和普通硅酸盐水泥的细度以比表面积表示，其比表面积不小于 300 m^2/kg。矿渣硅酸盐水泥、火山灰质硅酸盐水泥、粉煤灰硅酸盐水泥和复合硅酸盐水泥的细度以筛余表示，其 80 μm 方孔筛筛余不大于 10% 或 45 μm 方孔筛筛余不大于 30%。

第三节 通用硅酸盐水泥的选用

要想正确地选用水泥，首先要了解各种水泥的特点。通用硅酸盐水泥的性能比较见表 4-4。

表4-4　通用硅酸盐水泥的性能比较和适用情况

项目		水泥品种					
		硅酸盐水泥	普通硅酸盐水泥	矿渣硅酸盐水泥	火山灰质硅酸盐水泥	粉煤灰硅酸盐水泥	复合硅酸盐水泥
组成	混合材料掺量	熟料、石膏、≤5%的混合材料	熟料、石膏、>5%且≤20%的混合材料	熟料、石膏、>20%且≤70%的矿渣	熟料、石膏、>20%且≤40%的火山灰	熟料、石膏、>20%且≤40%的粉煤灰	熟料、石膏、>20%且≤50%的混合材料
	区别	无或很少混合材料	少量混合材料	多量活性混合材料			多量混合材料
				矿渣	火山灰	粉煤灰	两种或两种以上
性能		凝结硬化快，早期、后期强度高，水化热大，放热快，抗冻性好，耐磨性好，抗碳化性好，干缩小，耐腐蚀性差，耐热性差	凝结硬化较快，早期强度较高，水化热较大，放热较快，抗冻性较好，耐磨性较好，抗碳化性较好，干缩较小，耐腐蚀性较差，耐热性较差	凝结硬化较慢，早期强度低、后期强度高，温度敏感性好，水化热低，抗冻性差，耐磨性差，耐腐蚀性好，抗碳化性差			
				耐热性好，泌水性大，抗渗性差，干缩性较大	保水性好，抗渗性好，干燥环境时表面易起粉，干缩性大	水化需水量小，干缩性小，抗裂性好，泌水性大，抗渗性较差	与掺入种类比例有关，与矿渣硅酸盐水泥、火山灰质硅酸盐水泥、粉煤灰硅酸盐水泥相近
主要适用范围		配制高强度等级的混凝土、预应力构件，快硬早强的工程，有抗冻要求的工程，有耐磨和抗碳化要求的混凝土	与硅酸盐水泥基本相同，适用于一般土建工程中混凝土及预应力钢筋混凝土结构等	大体积混凝土工程，蒸汽养护的构件，抗硫酸盐侵蚀的工程			根据所掺入混合材料的种类，参照其他掺混合材料水泥的使用范围和工程经验选用
				高温车间和有耐热、耐火要求的混凝土结构	有抗渗要求的工程	抗裂性要求较高的构件	
不适用范围		大体积混凝土工程，受化学及海水侵蚀的工程，耐热要求高的工程，有流动水及压力水作用的工程	同硅酸盐水泥	有抗碳化要求的工程，有抗冻要求的混凝土工程，早期强度要求较高的混凝土工程			
				有抗渗要求的混凝土工程	干燥环境中的混凝土工程，有耐磨性要求的工程	干燥环境中的混凝土工程，有耐磨性要求的工程	

【知识链接】 大体积混凝土是指混凝土结构物实体最小几何尺寸不小于1 m的大体积混凝土,或预计会因混凝土中胶凝材料水化引起的温度变化和收缩而导致有害裂缝产生的混凝土。

在实际工程中,我们可以根据工程的特点和所处环境条件按表4-5选用。

表4-5 通用硅酸盐水泥的选用

工程特点及所处环境条件			优先选用	可以选用	不宜选用
普通混凝土	1	一般气候环境	普通硅酸盐水泥	矿渣硅酸盐水泥、火山灰质硅酸盐水泥、粉煤灰硅酸盐水泥、复合硅酸盐水泥	—
	2	干燥环境	普通硅酸盐水泥	矿渣硅酸盐水泥、复合硅酸盐水泥	火山灰质硅酸盐水泥、粉煤灰硅酸盐水泥
	3	高湿或长期处于水中	矿渣硅酸盐水泥	普通硅酸盐水泥、火山灰质硅酸盐水泥、粉煤灰硅酸盐水泥、复合硅酸盐水泥	—
	4	厚大体积	矿渣硅酸盐水泥、火山灰质硅酸盐水泥、粉煤灰硅酸盐水泥、复合硅酸盐水泥	—	硅酸盐水泥、普通硅酸盐水泥
有特殊要求的混凝土	1	要求快硬、高强(>C40)、预应力	硅酸盐水泥	普通硅酸盐水泥	矿渣硅酸盐水泥、火山灰质硅酸盐水泥、粉煤灰硅酸盐水泥、复合硅酸盐水泥
	2	严寒地区冻融条件	硅酸盐水泥	普通硅酸盐水泥	矿渣硅酸盐水泥、火山灰质硅酸盐水泥、粉煤灰硅酸盐水泥、复合硅酸盐水泥
	3	严寒地区水位升降范围	普通硅酸盐水泥	—	矿渣硅酸盐水泥、火山灰质硅酸盐水泥、粉煤灰硅酸盐水泥、复合硅酸盐水泥
	4	蒸汽养护	矿渣硅酸盐水泥、火山灰质硅酸盐水泥、粉煤灰硅酸盐水泥、复合硅酸盐水泥	—	硅酸盐水泥、普通硅酸盐水泥
	5	有耐热要求	矿渣水泥	—	—
	6	有抗渗要求	火山灰质硅酸盐水泥、普通硅酸盐水泥	—	矿渣硅酸盐水泥
	7	受腐蚀作用	矿渣硅酸盐水泥、火山灰质硅酸盐水泥、粉煤灰硅酸盐水泥、复合硅酸盐水泥	—	硅酸盐水泥、普通硅酸盐水泥
	8	有耐磨要求	硅酸盐水泥、普通硅酸盐水泥	—	火山灰质硅酸盐水泥、粉煤灰硅酸盐水泥

第四节 通用硅酸盐水泥的检验与验收

工地上使用的水泥到场后，经过验收检验合格后，方可接收入库和使用。规范的验收和检验能及时发现并纠正可能出现的问题，保证建筑工程的质量。水泥验收检验的基本内容包括验收的方法、质量验收依据、取样方法、试验方法、仲裁规定等。

一、水泥验收的步骤

（一）核对包装及标志是否相符

水泥到货后，应先查看水泥的包装及标志是否符合国家标准的规定。《通用硅酸盐水泥》（GB 175—2007）中规定：水泥可以散装或袋装，袋装水泥每袋净含量为 50 kg，且应不少于标志质量的99%；随机抽取20 袋总质量（含包装袋）应不少于1 000 kg。其他包装形式由供需双方协商确定，但有关袋装质量的要求，应符合上述规定。水泥包装袋应符合《水泥包装袋》（GB 9774—2010）的规定。水泥包装袋上应清楚标明：执行标准、水泥品种、代号、强度等级、生产者名称、生产许可证标志（QS）及编号、出厂编号、包装日期、净含量。包装袋两侧应根据水泥的品种采用不同的颜色印刷水泥名称和强度等级，硅酸盐水泥和普通硅酸盐水泥采用红色，矿渣硅酸盐水泥采用绿色，火山灰质硅酸盐水泥、粉煤灰硅酸盐水泥和复合硅酸盐水泥采用黑色或蓝色。散装供应的水泥，应提交与袋装标志相同内容的卡片。

通过核对水泥的包装和标志，不仅可以发现包装的完好程度，盘点和检验数量是否给足，还能确认所购水泥与到货产品是否一致，及时发现和纠正可能出现的产品混杂现象。

（二）校对出厂检验的试验报告

水泥出厂前，水泥厂应按批号进行出厂检验，并填写试验报告。施工部门购进的水泥，必须取得同一编号水泥的出厂检验报告，并认真校验检验报告的编号与实收水泥的编号是否一致，出厂试验报告的内容是否符合国家标准的规定，检验报告中试验项目是否有遗漏，试验结果（测值）是否达标。《通用硅酸盐水泥》（GB 175—2007）中规定，检验报告的内容应包括出厂检验项目、细度、混合材料品种和掺加量、石膏和助磨剂的品种及掺加量、属旋窑或立窑生产及合同约定的其他技术要求。当用户需要时，生产者应在水泥发出之日起7 d内寄发除28 d强度以外的各项检验结果，32 d内补报28 d强度的检验结果。通用水泥出厂检验项目为化学指标、凝结时间、体积安定性和强度，检验结果符合该标准中的技术要求规定的为合格品，其中任何一项检验结果不符合技术要求的为不合格品。

水泥出厂检验的试验报告，不仅是验收水泥的技术保证依据，也是施工单位在工程验收时用料的一个技术凭证，它应作为技术资料保留至工程交付使用。

（三）取样复检（质量验收）

施工单位对购进的水泥（或保管不当、过期的水泥）应进行取样复验，复检合格后才能使用。

水泥复检是水泥验收时质量保证的有效方法，复检的试验应在经过认证的实验室进行，可以进行全项复检，也可以抽重点项目检验。复检的试验报告是需要保留的技术资料，直至工程验收时作为技术凭证。

(四)仲裁检验

当购进的水泥质量经复检符合国家标准的规定时,不需要进行仲裁检验;当双方对水泥质量产生异议时,可进行仲裁检验。

二、通用水泥的质量验收

(一)质量验收依据

《通用硅酸盐水泥》(GB 175—2007)中规定:交货时水泥的质量验收依据有两种:一是以抽取实物试样的检验结果为依据,二是以生产者(厂家)同编号水泥的检验报告为依据。采用何种方法验收由买卖双方商定,并在合同或协议中注明。卖方有告知买方验收方法的责任。当无书面合同或协议,或未在合同、协议中注明验收方法时,卖方应在发票上注明"以本厂同编号水泥的检验报告为验收依据"字样。

(二)编号和取样

水泥出厂前,厂家应按同品种、同强度等级给水泥编号并取样。水泥的出厂编号是按水泥厂的年生产能力来划定的,年生产能力大的水泥厂,每一个编号代表的水泥数量就多,否则就少。国家标准中一个编号代表的数量有 2 400 t、1 000 t、600 t、400 t、200 t 五种。每一个编号为一个取样单位,袋装水泥和散装水泥应分别进行编号和取样。对于每一个出厂编号的水泥,厂家都应该进行抽样、出厂检验和留样。

工程部门复检取样时应按同一水泥厂、同品种、同强度等级、一次进场的同一出厂编号的水泥为一个取样单位,袋装不超过200 t 为一验收批,散装不超过500 t 为一验收批。取样方法按《水泥取样方法》(GB 12573—2008)规定进行,样品要有代表性,可连续取,也可从20 个以上的不同部位取等量样品,总数至少 12 kg,充分拌和均匀后分成两份,一份送实验室按标准进行试验,一份密封保存 3 个月,供仲裁检验时校验用。

三、复检试验

工程部门取样送实验室复检的项目通常是标准稠度用水量、凝结时间、体积安定性和强度。

(一)标准稠度用水量的测定

该项目的测定是作为水泥凝结时间、体积安定性试验时,拌和水泥净浆加水量的依据。标准稠度用水量的测定有不变(固定)水量法和调整水量法两种,有争议时以调整水量法为准,我们这里介绍调整水量法。

1. 试验所需仪器设备

(1)水泥净浆搅拌机:主要由搅拌锅、搅拌叶片、控制系统和传动系统组成,见图 4-3。

(2)维卡仪:是测定水泥标准稠度和凝结时间的仪器,包括试杆、初凝针、终凝针和试模,见图 4-4。

(3)天平、量水器及人工拌和工具。

2. 试验步骤

(1)检查所用仪器是否正常。

(2)称取水泥 500 g,根据经验量取拌和水 W(通常在 120 ~ 150 mL,准确至 0.5 mL)。

图 4-3　水泥净浆搅拌机

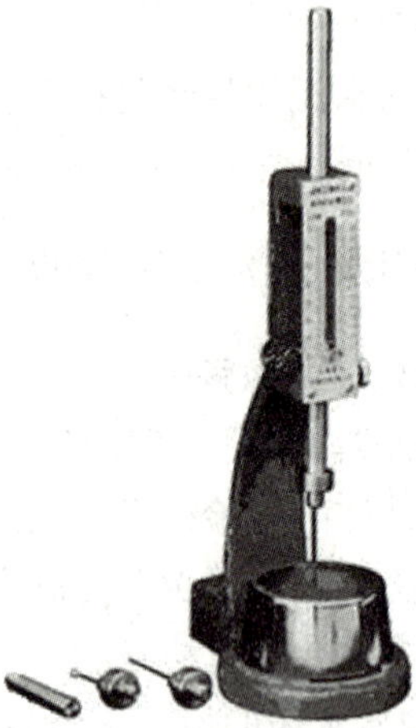

图 4-4　维卡仪

(3)用湿布将搅拌锅、搅拌叶片及用具擦湿,将拌和水倒入搅拌锅中,然后在 5 ~ 10 s 内小心将称好的水泥加入水中,迅速将搅拌锅固定在锅座上,升至搅拌位置,启动搅拌机,低速搅拌 120 s,停拌 15 s,同时将搅拌叶片和锅壁上方的水泥净浆刮入锅中间,然后高速搅拌 120 s 停机。

(4)拌和完毕,立即将水泥净浆装入已置于玻璃板上的试模中,用小刀插捣,轻轻振动数次,抹平后迅速将试模和底板移到维卡仪上,降低试杆至与净浆表面正好接触,拧紧螺丝 1 ~ 2 s 后,突然放松,使试杆垂直自由地沉入水泥净浆中,在试杆停止沉入或释放试杆 30 s 时,记录试杆距底板的距离。

3. 试验记录及结果处理

以试杆沉入净浆并距底板(6 ± 1) mm 的水泥净浆为标准稠度净浆,一次不能满足要求的可调整拌和水用量,重新拌和直至符合要求。水泥标准稠度用水量(P)按水泥质量的百分比计,计算公式如下:

$$P = \frac{\text{拌和水用量}}{\text{水泥用量}} \times 100\% \tag{4-1}$$

(二)水泥净浆凝结时间的测定

该项目主要是测定水泥的初凝时间和终凝时间,以评定水泥是否符合国家标准的规定。

1. 主要仪器设备

(1)水泥净浆搅拌机(同标准稠度用水量一样)。

(2)维卡仪(将测定标准稠度的试杆取下,用初凝针或终凝针替换)。

(3)标准养护箱(带有温度和湿度控制装置)。

(4)天平、量水器及人工拌和工具。

2. 试验步骤

(1)试件制作。用测定的标准稠度拌和水用量和 500 g 水泥,在净浆搅拌机拌制出标准稠度水泥净浆后,将该净浆一次装满置于玻璃板上的试模中(模内壁和玻璃板表面涂有隔离油),振动数次刮平,放入标准养护箱中,同时记录水泥全部加入水中的时刻 t_1。

(2)测定初凝时间。从 t_1 时刻算起,30 min 时开始在维卡仪上进行初凝时刻的测定。

测定时，将试模放在初凝针下，降低试针与水泥净浆表面接触，拧紧螺丝 1～2 s 后，突然放松，试针垂直自由地沉入水泥净浆中，在试针停止沉入或释放试针 30 s 时，记录试针距底板的距离。当试针至距底板(4 ±1) mm 时，水泥达到初凝状态，记录该时刻 t_2。

(3)测定终凝时间。在完成初凝测定后，将试模连同浆体以平移的方式从玻璃板上取下，翻转 180°，使试模大端向上放在玻璃板上，再放入养护箱中继续养护。将维卡仪上的初凝针换成终凝针，用同样的方法测定终凝时间。当终凝针沉入试体 0.5 mm 或环形附件开始不能在试体上留下痕迹时，水泥达到终凝状态，记录该时刻 t_3。

测定时应注意，在最初测定的操作时应轻扶金属柱，使其慢慢下降，以防试针撞弯，但结果以自由下落为准，在整个测试过程中试针沉入的位置至少要距试模内壁 10 mm，每次测定不能让试针落入原针孔，每次测试完毕须将试针擦净并将试模放回养护箱中，整个测试过程中要防止试模受振。临近初凝时，每隔 5 min 测定一次，临近终凝时每隔 15 min 测定一次，到达初凝或终凝时应立即重复测一次，当两次结论相同时，才能定为到达初凝状态或终凝状态。

3. 试验记录及结果处理

初凝时间：$t_2 - t_1$(h 或 min)；

终凝时间：$t_3 - t_1$(h 或 min)。

(三)体积安定性的检验

该项目是通过沸煮检验水泥浆体在硬化时体积变化的均匀性。检验方法有雷氏法(标准法)和试饼法(代用法)两种，雷氏法是测定水泥净浆在雷氏夹中沸煮后的膨胀值，试饼法是观察水泥净浆试饼沸煮后的外形变化。当两种方法有争议时，以雷氏法为准。

1. 主要仪器设备

(1)水泥净浆搅拌机。

(2)标准养护箱。

(3)沸煮箱。

(4)雷氏夹(见图 4-5)和雷氏夹膨胀测定仪(见图 4-6)。

(5)天平、量筒、小刀、玻璃板等。

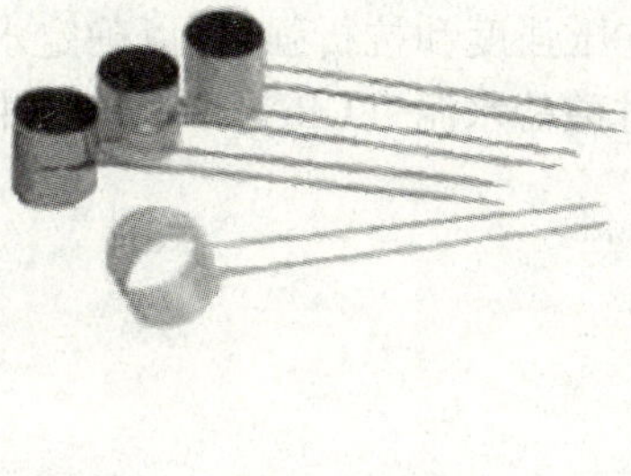

图 4-5　雷氏夹

图 4-6　雷氏夹膨胀测定仪

2. 试验步骤

1）雷氏法

（1）成型试件两个。将已制好的水泥标准稠度净浆一次装满置于玻璃板上的雷氏夹中（内壁和玻璃板表面涂有隔离油），用小刀插捣数次刮平，盖上涂有隔离油的玻璃板，立即将试件放入标准养护箱中。

（2）试件在养护箱中标准养护(24 ±2) h。

（3）用雷氏夹膨胀测定仪测量雷氏夹指针尖端间的距离 A。将养护好的试件脱去玻璃板，测量雷氏夹两指针尖端间的距离 A，精确到0.5 mm。

（4）沸煮试件3 h ±5 min。将两个试件指针朝上放在沸煮箱水中的试件架上，在(30 ±5) min 内加热至沸并恒沸 3 h ±5 min。

（5）将沸煮后的试件取出冷却至室温后，再次用雷氏夹膨胀测定仪测量沸煮后试件指针尖端间的距离 C。

2）试饼法

（1）制备标准稠度水泥净浆（方法同前）。

（2）制作试饼两个。取制好的标准稠度净浆一小部分使之成球形，放在已涂过油、尺寸约100 mm×100 mm 的玻璃板上，轻轻振动玻璃板并用湿布擦过的小刀由边缘向中央抹，做成直径70～80 mm、中心厚约10 mm、边缘渐薄、表面光滑的试饼。

（3）在养护箱中养护试饼(24 ±2) h。

（4）沸煮试饼3 h ±5 min。将养护好的试饼脱去玻璃板，在试饼无缺陷的情况下，将两个试饼放在沸煮箱水中箅板上，在(30 ±5) min 内加热至沸并恒沸 3 h ±5 min 后取出观察。

3. 试验记录及结果处理

1）雷氏法

当两个试件 $C-A$ 的平均值不大于5.0 mm 时，该水泥安定性合格。当两个试件的 $C-A$ 值相差超过4.0 mm 时，应用同一样品重做试验。

2）试饼法

目测沸煮后的试饼，未发现裂缝，用直尺检查也没有弯曲的，为体积安定性合格，否则为不合格。当两个试饼的判断结果有矛盾时，该水泥的安定性判为不合格。

（四）水泥胶砂强度的检验

该检验的目的有两个：①检验水泥3 d、28 d 的抗压强度和抗折强度，以确定水泥的强度等级；②检验已知强度等级的水泥是否达到《通用硅酸盐水泥》（GB 175—2007）中规定的3 d、28 d 龄期强度。

1. 主要仪器设备

（1）水泥胶砂搅拌机（见图4-7）。

（2）天平与量筒。

（3）振实台（见图4-8）、大小播料器、勺子和刮平刀。

（4）试模（见图4-9）：为可装拆的三联模，由隔板、端板、底座组成。

（5）下料漏斗：由漏斗和套模组成。套模与试模匹配，漏斗可将拌和料同时漏入三联试模的每个模内。

（6）抗折强度试验机（见图4-10）。

(7)抗压强度试验机及抗压夹具(见图4-11)。

图4-7　水泥胶砂搅拌机

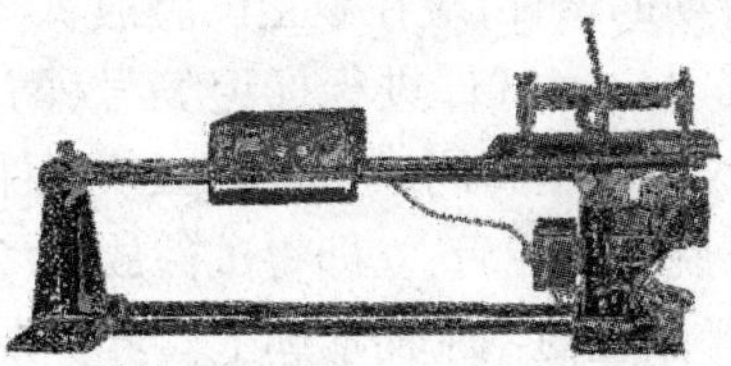

图4-8　振实台

图4-9　三联试模

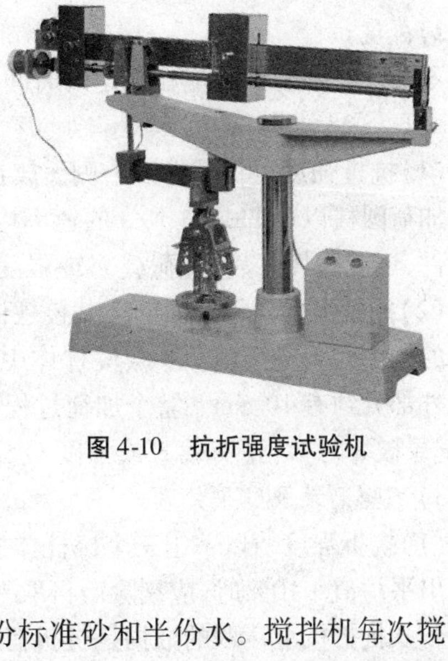

图4-10　抗折强度试验机

2. 试验步骤

1)制备试件和养护

(1)配料。水泥胶砂的质量比是一份水泥、三份标准砂和半份水。搅拌机每次搅拌一锅需要水泥(450 ±2) g、标准砂(1 350 ±5) g、拌和水(225 ±1) mL,可用三联试模成型三条试件。每个检测样品需要搅拌两锅,成型6条试件。

(2)搅拌。把需加入的标准砂放入指定位置后,将水加入锅内,再加入水泥,把锅放好升至固定位置。然后开动搅拌机,低速搅拌30 s后,在第二个30 s搅拌的同时将标准砂均匀地加入,再高速搅拌30 s,停止搅拌90 s(前15 s进行刮胶砂),继续高速搅拌60 s结束。

(3)成型。事先将涂好机油的三联试模和下料漏斗固定在振实台上,用勺子将搅拌好的胶砂分两层装入三联试模,装第一层时,每个槽里约放300 g胶砂,用大播料器垂直架在模套顶部沿每个模槽来回将料层播平,接着振实60次。再装入第二层胶砂,用小播料器播平,再振实60次,去掉模套移出试模,用金属直尺以近似90°的角度架在试模模顶的一端,然后沿试模长度方向以横向锯割动作慢慢向另一端移动,一次将超过试模部分的胶砂刮去,并用同一直尺以近乎水平的情况下将试件表面刮平，进行试模编号，放入养护箱。

(4)试件脱模和养护。对于 24 h 以上龄期的试件，应在成型后 20～24 h 从养护箱中取出进行脱模；对于 24 h 龄期的试件，应在破型试验前 20 min 内取出脱模。脱模同时应对试件进行标记编号，两个龄期以上的试件，在编号时应将同一试模的三条试件分在两个以上龄期内。脱模完成后，立即将试件放入(20 ±1) ℃水中养护，水平放置时刮平面应朝上。养护期间试件之间间隔或试件上表面的水深不得小于 5 mm。每个养护池中只养护同类型的水泥试件，试件在水中养护期间不允许全部换水。除 24 h 龄期或延迟至 48 h 脱模的试件外，任何到龄期的试件应在强度试验(破型)前 15 min 从水中取出，擦去试件表面沉积物，并用湿布覆盖至抗压试验为止。

图 4-11　抗压强度试验机及抗压夹具

2)强度试验

不同龄期强度试验应在规定的时间里进行：24 h ±15 min、48 h ±30 min、3 d ±45 min、7 d ±2 h、>28 d ±8 h。

(1)抗折强度。将试件一个侧面放在抗折机的支撑圆柱上，试件长轴垂直于支撑圆柱，通过加荷圆柱以(50 ±10) N/s 的速率均匀地将荷载垂直地加在棱柱体相对侧面上，直至折断试件，记录破坏时数据(荷载 F 或强度 f_m)。

(2)抗压强度。将折断的半截棱柱体置于抗压夹具(受压面积为 40 mm ×40 mm)中，以试件的侧面作为受压面。半截棱柱体中心与压力机压板中心差应在 0.5 mm 内，试件露在压板外部分约有 10 mm。整个加荷过程中以(2 400 ±200) N/s 的速率均匀地加荷至试件破坏，记录破坏时数据(荷载 F 或强度 f)。

3)试验记录及结果处理

(1)抗折强度。以一组三个棱柱体抗折强度的平均值作为检验结果。当三个强度值中有超出平均值 ±10% 时，应剔除后再取平均值作为抗折强度检验结果。

若从抗折机上读取的数据是抗折荷载 F，按下式计算抗折强度(精确至 0.1 MPa)：

$$f_m = \frac{3FL}{2bh^2} \tag{4-2}$$

式中 f_m——试件的抗折强度，MPa；

F——试件破坏时的最大荷载，N；

L——两支点间的距离，mm，通常水泥抗折机支撑圆柱间的距离 $L = 100$ mm；

b、h——试件横截面的宽和高，mm，水泥试件 $b = h = 40$ mm。

(2)抗压强度。以一组三个棱柱体得到的六个抗压强度的平均值作为检验结果。当六个强度测定值中有一个超出六个平均值的 ±10% 时，应剔除这个结果，以剩下五个的平均数为结果。当五个测定值中再出现超出它们平均值的 ±10% 时，该组结果作废。

若从抗压机上读取的数据是抗压荷载 F，按下式计算抗压强度(精确至 0.1 MPa)：

$$f = \frac{F}{A} \tag{4-3}$$

式中 f——试件的抗压强度，MPa；

F——试件受压破坏时的最大荷载，N；

A——试件受压面积，mm^2，水泥试件抗压夹具中 $A = 40\ mm \times 40\ mm$。

（五）合格性判定

《通用硅酸盐水泥》（GB 175—2007）中规定：六种通用水泥的化学指标、凝结时间、安定性和强度的检验结果，符合规定为合格品，其中任何一项检验结果不符合技术要求的为不合格品。

四、关于仲裁检验

以抽取实物试样的检验结果为验收依据时，买卖双方应在发货前或交货地共同取样和签封。一份由卖方保存 40 d，另一份由买方按标准规定的项目和方法进行检验。在 40 d 内，买方检验认为产品质量不符合标准要求，而卖方又有异议时，则双方应将卖方保存的另一份试样送省级或省级以上国家认可的水泥质量监督检验机构进行仲裁检验。水泥安定性仲裁检验时，应在取样之日起 10 d 内完成。

以生产者同编号水泥的检验报告为验收依据时，在发货前或交货时买方在同编号水泥中取样，双方共同签封后由卖方保存 90 d，或认可卖方自行取样、签封并保存 90 d 的同编号水泥的封存样。在 90 d 内，买方对水泥质量有疑问时，则买卖双方应将共同认可的试样送省级或省级以上国家认可的水泥质量监督检验机构进行仲裁检验。

第五节　通用水泥的运输和保管

一、防潮、防水

水泥是吸湿性强的材料，遇水即发生水化反应。因此，水泥在运输与保管时不得受潮，要采取防雨水、雪水措施。储存水泥的库房应保持干燥通风，注意防潮、防漏。水泥不得直接堆在土地上，地面应铺放防水隔离材料或用木板加设隔离层，通常水泥垛离地面、墙面都应有一定的距离（一般为 30 cm），袋装水泥堆放高度一般不超过 10 袋，以免下部水泥受压结块。

二、防止水泥过期

水泥即使在良好的储存条件下也不宜久存，因空气中存在的水蒸气和二氧化碳的作用，水泥会发生部分水化和碳化，使其胶结能力及强度下降。一般水泥储存 3 个月后，强度降低 10% ~20%，6 个月后降低 15% ~30%，1 年后降低 25% ~40%，故通用水泥储存期从出厂日算起一般为 3 个月。因此，库房安排存放位置要有预见性，尽量做到“先进先用”，避免水泥过期导致强度下降。同时，还要有周密的进料、发料计划，预防水泥压库。

【阅读与应用】　水泥库房怎样设置才能做到“先进先用”。

三、避免水泥品种混乱

水泥在运输和保管时不得混入杂物，不同品种和强度等级的水泥应该分别储运，避免由于错用水泥造成的工程事故。

四、加强水泥的使用管理

为保证工程质量，施工时要根据需要合理选用水泥的品种和强度等级，不可将品种不同的水泥随意换用或混合使用。凡超过3个月储存期的过期水泥或受潮结块水泥应重新进行强度试验，并按新测定的实际强度等级使用。同时，还要加强检查，坚持限额领料，杜绝使用中的各种浪费现象。

本章小结

水泥是工程上广泛应用的水硬性胶凝材料，是本课程的重点内容之一。在水泥混凝土中它也是最主要的组成材料之一。建筑工程中应用最广泛的是通用硅酸盐水泥，因此本章基本内容侧重于通用硅酸盐水泥。通过对《通用硅酸盐水泥》(GB 175—2007)中规定的六种通用水泥的定义和组分的了解知道，硅酸盐水泥和普通硅酸盐水泥中掺混合材料较少，而矿渣硅酸盐水泥、火山灰质硅酸盐水泥、粉煤灰硅酸盐水泥和复合硅酸盐水泥中掺混合材料较多，且不同的混合材料具有不同的性能，造成六种通用水泥的性质有差异，理解六种通用水泥性能差异的原因。由于这种差异的存在，我们可以根据其特性和工程特点合理地选用水泥品种，使其满足工程要求。六种通用水泥的特性和选用原则已概括为表4-4和表4-5，供参考掌握。为保证工程质量，必须掌握国家标准对六种通用水泥技术性质的要求。水泥性能的检验既是水泥验收的依据，也是培养学生实践能力、理解水泥性能的重要部分。另外，水泥的验收、储存知识也是从事工程管理工作不可缺少的内容之一，应掌握。

为满足不同的、特殊的工程需要，本章还简要介绍了一些较常用的专用水泥、特性水泥和铝酸盐水泥。

思考练习题

一、单项选择题

1. 硅酸盐水泥体积安定性不良可能由于(　　)所致。

A. 水泥细度不够　　B. 养护不当

C. C_3A 含量过多　　D. 游离 CaO 和 MgO 含量过多

2. 下列水泥代号表示普通硅酸盐水泥的是(　　)。

A. P·O　　B. P·P　　C. P·S·A　　D. P·Ⅰ

3. GB 175—2007 规定：硅酸盐水泥的细度用(　　)表示。

A. 水泥颗粒粒径　　B. 比表面积

C. 筛余百分率　　D. 细度模数

4. 国家标准规定硅酸盐水泥的强度等级是以水泥胶砂试件在(　　)龄期的强度来评

定的。

A. 28 d　　B. 3 d、7 d 和 28 d

C. 3 d 和 28 d　　D. 7 d 和 28 d

5. 通用硅酸盐水泥强度等级 42.5 中的数值是指(　　)。

A. 水泥 7 d 的抗压强度　　B. 水泥 3 d 的抗折强度

C. 水泥 28 d 的抗压强度　　D. 水泥 28 d 的抗折强度

6. 硅酸盐水泥适用于(　　)混凝土工程。

A. 快硬高强　　B. 大体积

C. 与海水接触的　　D. 受热的

7. (　　)的耐热性最好。

A. 硅酸盐水泥　　B. 粉煤灰硅酸盐水泥

C. 矿渣硅酸盐水泥　　D. 普通硅酸盐水泥

8. 抗渗性最好的水泥是(　　)。

A. 普通硅酸盐水泥　　B. 粉煤灰硅酸盐水泥

C. 矿渣硅酸盐水泥　　D. 硅酸盐水泥

二、多项选择题

1. 对于硅酸盐水泥,下列叙述错误的是(　　)

A. 不适用早期强度要求高的工程　　B. 不适宜大体积混凝土工程

C. 不适用配制耐热混凝土　　D. 不适用配制有耐磨性要求的混凝土

E. 现行国家标准规定硅酸盐水泥初凝时间不早于 45 min、终凝时间不迟于 10 h

2. 与普通硅酸盐水泥相比,粉煤灰硅酸盐水泥具有的特点是(　　)。

A. 抗冻性好　　B. 水化放热量低

C. 耐热性好　　D. 早期强度高

E. 抗腐蚀性好

3. 蒸汽养护的构件,可选用(　　)

A. 硅酸盐水泥　　B. 普通硅酸盐水泥

C. 矿渣硅酸盐水泥　　D. 火山灰质硅酸盐水泥

E. 粉煤灰硅酸盐水泥

4. 下列水泥不能用于配制严寒地区处在水位升降范围内的混凝土的是(　　)。

A. 普通硅酸盐水泥　　B. 矿渣硅酸盐水泥

C. 火山灰质硅酸盐水泥　　D. 粉煤灰硅酸盐水泥

E. 复合硅酸盐水泥

5. 下列水泥品种中不宜用于大体积混凝土工程的有(　　)。

A. 硅酸盐水泥　　B. 普通硅酸盐水泥

C. 火山灰质硅酸盐水泥　　D. 粉煤灰硅酸盐水泥

E. 高铝水泥

6. 对于一项紧急抢修工程,可选用的水泥品种是(　　)。

A. 白色硅酸盐水泥　　B. 粉煤灰硅酸盐水泥

C. 快硬硅酸盐水泥　　D. 高铝水泥

E. 火山灰质硅酸盐水泥

7. 在水泥的储运与管理中，应注意的问题是(　　)。

A. 防止水泥受潮　　B 水泥存放期不宜过长

C. 对于过期水泥作废品处理　　D. 不同批次水泥不能混放

E. 严防不同品种、不同强度等级的水泥在保管中发生混乱

三、问答题

1. 温度、湿度对硅酸盐水泥的强度有何影响？举例说明施工中不同季节应采取哪些技术措施？

2. 何谓水泥的凝结时间？国家标准规定水泥凝结时间的实际工程意义是什么？

3. 某工程有一批水泥经检验，28 d 抗压强度不达标，该批水泥应如何处理？

4. 建筑工程在施工过程中因价格原因能否更换水泥生产厂家？

5. 工程现场在设置水泥仓库时，采取什么措施可以保证水泥先进场先使用？

6. 某工地建筑材料仓库存有白色胶凝材料 3 袋，分别为生石灰粉、建筑石膏和白水泥，后因保管不善，标志不清，问可用什么简易方法来加以辨认？

7. 某建筑工程，因甲方原因造成工程停工 3 个月，问停工前工地仓库中存放的水泥应如何处理？

8. 测得某硅酸盐水泥各龄期的破坏荷载如表 4-6 所示，试评定其强度等级。

表 4-6

破坏类型	抗折荷载(N)		抗压荷载(kN)	
龄期	3 d	28 d	3 d	28 d
试验结果	2 000	3 200	40	90
			42	94
	1 900	3 300	39	89
			40	91
	1 800	3 100	41	90
			43	93

第五章　混凝土

【学习目标】

1. 了解混凝土的基本组成材料的技术性质，了解混凝土外加剂和掺合料的作用与效果。

2. 掌握混凝土拌和物与硬化混凝土的主要技术性质，掌握混凝土的配合比设计及质量评定方法。

3. 掌握混凝土的集料检测。

4. 会根据工程特点正确选用和使用混凝土。

混凝土是现代建筑工程中用量最大、用途最广的建筑材料之一。它广泛应用于工业与民用建筑、道路、桥梁、涵洞、水利、海港和国防等工程。图 5-1 为正在施工的秦山核电站。

图 5-1　正在施工的秦山核电站

第一节　概　述

一、混凝土的概念

（一）混凝土

由胶凝材料、细集料、粗集料、水以及必要时掺入的化学外加剂组成，经过胶凝材料凝结硬化后，形成具有一定强度和耐久性的人造石材，称为混凝土。由于胶凝材料、细集料和粗集料的品种很多，因此混凝土的种类也很多。该意义上的混凝土即广义的混凝土。

（二）普通混凝土

由水泥、砂、石子、水以及必要时掺入的化学外加剂组成，经过水泥凝结硬化后形成的、干体积密度为 2 000 ~ 2 800 kg/m^3，具有一定强度和耐久性的人造石材，称为普通混凝土，又称为水泥混凝土，简称为混凝土。这类混凝土在工程中应用极为广泛，因此本章主要讲述普通混凝土。

(三)特种混凝土

除普通混凝土外,其他混凝土均称为特种混凝土。

二、混凝土的种类

(1)按胶凝材料不同,可分为水泥混凝土、石膏混凝土、水玻璃混凝土、菱镁混凝土、硅酸盐混凝土、沥青混凝土、聚合物水泥混凝土、聚合物浸渍混凝土等品种。

(2)按体积密度不同,可分为重混凝土(体积密度大于2 800 kg/m^3)、普通混凝土(体积密度为2 000 ~2 800 kg/m^3)、轻混凝土(体积密度小于2 000 kg/m^3)等。

(3)按用途不同,可分为结构混凝土、防水混凝土、耐热混凝土、道路混凝土、耐酸混凝土、装饰混凝土、大体积混凝土、膨胀混凝土、防辐射混凝土等。

(4)按施工方法不同,可分为预拌混凝土(商品混凝土)、泵送混凝土、喷射混凝土、碾压混凝土、离心混凝土、挤压混凝土、真空吸水混凝土、压力灌浆混凝土、热拌混凝土等。

(5)按强度不同,可分为普通混凝土(强度等级一般在C60级以下)、高强混凝土(强度等级大于或等于C60级)、超高强混凝土(抗压强度在100 MPa以上)等。

(6)按配筋情况不同,可分为素混凝土、钢筋混凝土、预应力混凝土、钢纤维混凝土等。

三、混凝土的特点

混凝土具有抗压强度高、耐久、耐火、维修费用低等许多优点,混凝土硬化后的强度可达100 MPa以上,是一种较好的结构材料。普通混凝土使用的组成材料体积中,70%以上均为天然集料砂、石子,因此可就地取材,降低了成本。混凝土拌和物具有良好的可塑性,可以根据需要浇筑成任意形状的构件,即混凝土具有良好的可加工性。混凝土与钢筋黏结良好,一般不会锈蚀钢筋,质量符合标准要求的混凝土,对钢筋有较好的保护作用。基于以上优点,混凝土广泛应用于钢筋混凝土结构中。

但混凝土也具有抗拉强度低(为抗压强度的1/10 ~1/20)、变形性能差、导热系数大(约为1.8 W/(m·K))、体积密度大(约为2 400 kg/m^3)、硬化较缓慢等缺点,在工程中尽量利用混凝土的优点,采取相应的措施防止混凝土的缺点对使用的影响。

第二节　混凝土的基本组成材料

普通混凝土由水泥、砂、石子、水以及必要时掺入的化学外加剂组成,其中水泥为胶凝材料,砂为细集料,石子为粗集料。

水泥和水形成水泥浆,均匀填充砂子之间的空隙并包裹砂子表面形成水泥砂浆;水泥砂浆再均匀填充石子之间的空隙并略有富余,即形成混凝土拌和物(又称为新拌混凝土);水泥凝结硬化后即形成硬化混凝土。硬化后的混凝土结构断面如图5-2所示。

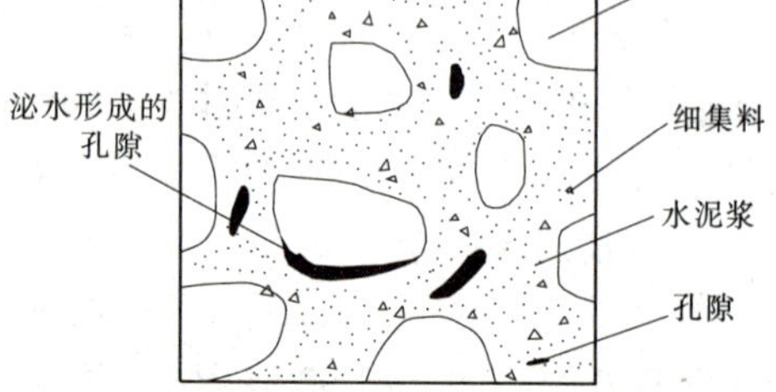

图5-2　硬化后的混凝土结构断面示意图

在硬化混凝土的体积中,水泥石占25%左

右，砂和石子占70%以上，孔隙和自由水占1%～5%。各组成材料在混凝土硬化前后的作用如表5-1所示。

表5-1　各组成材料在混凝土硬化前后的作用

组成材料	硬化前的作用	硬化后的作用
水泥+水	润滑作用	胶结作用
砂+石子	填充作用	骨架作用

砂在混凝土中可以使混凝土结构均匀，同时可以抑制和减小水泥石硬化过程中产生的体积收缩，如化学收缩、干燥收缩等，避免或减少混凝土硬化后产生收缩裂纹。

普通混凝土的质量和性能主要与组成材料的性能、组成材料的相对含量即配合比以及混凝土的施工工艺（配料、搅拌、运输、浇筑、成型、养护等）因素有关。因此，为了保证混凝土的质量，提高混凝土的技术性能和降低成本，必须合理地选择组成材料。

一、水泥

水泥是混凝土中重要的组成材料，水泥的选择主要包括品种和强度等级的选择。

（一）品种的选择

配制普通混凝土的水泥品种应根据混凝土的工程特点或所处的环境条件，结合水泥的性能，且考虑当地生产的水泥品种情况等，进行合理的选择，这样不仅可以保证工程质量，而且可以降低成本。水泥的选择参考表4-5。

（二）强度等级的选择

水泥强度等级应根据混凝土的设计强度等级进行选择。原则上，配制高强度等级的混凝土，选择高强度等级的水泥。一般情况下，水泥强度等级为混凝土强度度等级的1.5～2.0倍。配制高强混凝土时，可选择水泥强度等级为混凝土强度等级的1倍左右。

当用低强度等级水泥配制较高强度等级混凝土时，会使水泥用量过大，一方面混凝土硬化后的收缩和水化热增大，混凝土的水灰比过小而使拌和物流动性差，造成施工困难，不易成型密实；另一方面也不经济。

当用高强度等级的水泥配制较低强度等级混凝土时，水泥用量偏小，水灰比偏大，混凝土拌和物的和易性与耐久性较差。为了保证混凝土的和易性、耐久性，可以掺入一定数量的外掺料，如粉煤灰，但掺量必须经过试验确定。

二、细集料

（一）砂的分类

细集料是指粒径在4.75 mm以下的岩石颗粒。

1. 按产源分

普通混凝土常用的细集料按产源分为天然砂和人工砂两大类。

（1）天然砂是由自然风化、水流搬运和分选、堆积形成的，粒径小于4.75 mm的岩石颗粒，但不包括软质岩、风化岩石的颗粒。天然砂包括河砂、湖砂、山砂和淡化海砂，山砂和海砂含杂质较多，拌制的混凝土质量较差；河砂颗粒坚硬、含杂质较少，拌制的混凝土质量较好。工程中常用河砂拌制混凝土。

(2)人工砂是经除土处理的机制砂和混合砂的统称。机制砂是由机械破碎、筛分制成的,粒径小于4.75 mm的岩石颗粒,但不包括软质岩、风化岩石的颗粒。混合砂是由机制砂和天然砂混合制成的砂。

2.按技术要求分

按照砂的技术要求,将其分为Ⅰ类、Ⅱ类、Ⅲ类。Ⅰ类宜用于强度等级大于C60的混凝土,Ⅱ类宜用于强度等级为C30~C60及有抗冻、抗渗或其他要求的混凝土,Ⅲ类宜用于强度等级小于C30的混凝土和建筑砂浆。

(二)普通混凝土用砂的技术要求

1.颗粒级配和粗细程度

砂的颗粒级配是指各粒级的砂按比例搭配的情况,粗细程度是指各粒级的砂搭配在一起总的粗细情况。砂的公称粒径用砂筛分时筛余颗粒所在筛的筛孔尺寸表示,相邻两公称粒径的尺寸范围称为砂的公称粒级。

颗粒级配较好的砂,颗粒之间搭配适当,大颗粒之间的空隙由小一级颗粒填充,这样颗粒之间逐级填充,能使砂的空隙率达到最小,从而可减少水泥用量,达到节约水泥的目的,或在水泥用量一定的情况下可提高混凝土拌和物的和易性。总的来说,砂颗粒越粗,则其总表面积较小,包裹砂颗粒表面的水泥浆数量可减少,也可减少水泥用量,达到节约水泥的目的,或在水泥用量一定的情况下可提高混凝土拌和物的和易性。因此,在选择和使用砂时,应尽量选择在空隙率小的条件下尽可能粗的砂,即选择级配适宜、颗粒尽可能粗的砂配制混凝土。

砂的颗粒级配和粗细程度采用筛分法测定。筛分试验采用的标准砂筛由7个标准筛及底盘组成,筛孔尺寸为9.50 mm、4.75 mm、2.36 mm、1.18 mm、600 μm、300 μm和150 μm。

称取烘干至恒量的砂500 g,将砂倒入按筛孔尺寸从大到小排列的标准砂筛中,按规定方法进行筛分后,测定4.75 mm~150 μm各筛的筛余量m_1、m_2、m_3、…、m_6,计算各号筛的分计筛余百分率和累计筛余百分率,具体计算方法见表5-2。

表5-2　分计筛余百分率和累计筛余百分率的计算

方筛孔	筛余量m_n(g)	分计筛余百分率	累计筛余百分率
4.75 mm	m_1	$a_n=\frac{m_n}{500}\times 100\%$	$A_1=a_1$
2.36 mm	m_2		$A_2=a_1+a_2$
1.18 mm	m_3		$A_3=a_1+a_2+a_3$
600 μm	m_4		$A_4=a_1+a_2+a_3+a_4$
300 μm	m_5		$A_5=a_1+a_2+a_3+a_4+a_5$
150 μm	m_6		$A_6=a_1+a_2+a_3+a_4+a_5+a_6$

普通混凝土用砂,按600 μm筛的累计筛余百分率(A_4)大小划分为1区、2区和3区三个级配区,各号筛累计筛余百分率范围见表5-3。砂的颗粒级配应符合表5-3的规定。

配制混凝土时,宜优先选择级配在2区的砂,使混凝土拌和物获得良好的和易性。当采用1区砂时,由于砂颗粒偏粗,配制的混凝土流动性大,但黏聚性和保水性较差,因此应适当提高砂率，以保证混凝土拌和物的和易性；当采用3区砂时，由于颗粒偏细，配制的混凝土黏聚性和保水性较好，但流动性较差，因此应适当减小砂率，以保证混凝土硬化后的强度。

表5-3　砂的颗粒级配区

方筛孔	累计筛余百分率(%)		
	1区	2区	3区
9.50 mm	0	0	0
4.75 mm	10~0	10~0	10~0
2.36 mm	35~5	25~0	15~0
1.18 mm	65~35	50~10	25~0
600 μm	85~71	70~41	40~16
300 μm	95~80	92~70	85~55
150 μm	100~90	100~90	100~90

注：1. 砂的实际颗粒级配与表中所列数字相比，除4.75 mm和600 μm筛档外，可以略有超出，但超出总量应小于5%。
2. 1区人工砂中150 μm筛孔的累计筛余可以放宽到100~85，2区人工砂中150 μm筛孔的累计筛余可以放宽到100~80，3区人工砂中150 μm筛孔的累计筛余可以放宽到100~75。

砂的粗细程度用细度模数表示。细度模数M_x的计算如下：

$$M_x = \frac{(A_2 + A_3 + A_4 + A_5 + A_6) - 5A_1}{100 - A_1} \tag{5-1}$$

式中　M_x——细度模数；

A_1、A_2、A_3、A_4、A_5、A_6——4.75 mm、2.36 mm、1.18 mm、600 μm、300 μm、150 μm各筛的累计筛余百分率(%)。

混凝土用砂按细度模数的大小分为粗砂、中砂和细砂三种：粗砂：$M_x = 3.7 \sim 3.1$，中砂：$M_x = 3.0 \sim 2.3$，细砂：$M_x = 2.2 \sim 1.6$。

2. 含泥量、泥块含量和石粉含量

含泥量是指天然砂中粒径小于75 μm的颗粒含量；泥块含量是指砂中原粒径大于1.18 mm，经水浸洗、手捏后小于600 μm的颗粒含量；石粉含量是指人工砂中粒径小于75 μm的颗粒含量。

人工砂在生产时会产生一定的石粉，虽然石粉与天然砂中的含泥量均是指粒径小于75 μm的颗粒含量，但石粉的成分、粒径分布和在砂中所起的作用不同。

天然砂的含泥量会影响砂与水泥石的黏结，使混凝土达到一定流动性的需水量增加，混凝土的强度降低，耐久性变差，同时硬化后的干缩性较大。人工砂中适量的石粉对混凝土是有一定益处的。人工砂颗粒坚硬、多棱角，拌制的混凝土在同样条件下比天然砂的和易性差，而人工砂中适量的石粉可弥补人工砂形状和表面特征引起的不足，起到完善砂级配的作用。

根据《建筑用砂》(GB/T 14684—2001)，天然砂中含泥量和泥块含量见表5-4，人工砂中石粉含量和泥块含量规定见表5-5。

3. 有害物质

混凝土用砂中不应有草根、树叶、树枝、塑料、煤块、炉渣等杂物。砂中当含有云母、轻物质、有机物、硫化物及硫酸盐、氯化物等有害物质时，其含量应符合表5-6的规定。

表 5-4　天然砂中含泥量和泥块含量规定

项目	指标		
	Ⅰ类	Ⅱ类	Ⅲ类
含泥量(按质量计,%)	<1.0	<3.0	<5.0
泥块含量(按质量计,%)	0	<1.0	<2.0

表 5-5　人工砂中石粉含量和泥块含量规定

项目				指标		
				Ⅰ类	Ⅱ类	Ⅲ类
1	亚甲蓝试验	*MB* 值<1.40 或合格	石粉含量(按质量计,%)	≤10.0	≤10.0	≤10.0
2			泥块含量(按质量计,%)	0	≤1.0	≤2.0
3		*MB* 值≥1.40 或不合格	石粉含量(按质量计,%)	≤1.0	≤3.0	≤5.0
4			泥块含量(按质量计,%)	0	≤1.0	≤2.0
根据使用地区和用途,在试验验证的基础上,可由供需双方商定						

注:亚甲蓝 *MB* 值是指用于判定人工砂中粒径小于 75 μm 颗粒含量主要是泥土还是与被加工母岩化学成分相同的石粉的指标。

表 5-6　砂中有害物质含量

项目	指标		
	Ⅰ类	Ⅱ类	Ⅲ类
云母(按质量计,%)	1.0	2.0	2.0
轻物质(按质量计,%)	1.0	1.0	1.0
有机物(比色法)	合格	合格	合格
硫化物及硫酸盐(按 SO_3 性能计,%)	0.5	0.5	0.5
氯化物(以氯离子质量计,%)	0.01	0.02	0.06

注:轻物质是指表观密度小于 2 000 kg/m^3 的物质。

4. 坚固性

砂的坚固性是指砂在自然风化和其他外界物理化学因素作用下抵抗破坏的能力。天然砂采用硫酸钠溶液法进行试验,砂样经 5 次循环后,其质量损失应符合表 5-7 的规定;人工砂采用压碎指标法进行试验,压碎指标值应符合表 5-8 的规定。

表 5-7　天然砂的坚固性指标

项目	指标		
	Ⅰ类	Ⅱ类	Ⅲ类
质量损失(%)	<8	<8	<10

表 5-8　人工砂的压碎指标

项目	指标		
	Ⅰ类	Ⅱ类	Ⅲ类
单级最大压碎指标(%)	<20	<25	<30

三、粗集料(卵石和碎石)

(一)分类

粗集料是指粒径大于或等于4.75 mm的岩石颗粒。普通混凝土常用的粗集料分为卵石和碎石两种。卵石是由自然风化、水流搬运和分选、堆积形成的岩石颗粒,按产源不同分为山卵石、河卵石和海卵石等,其中河卵石应用较多。碎石是采用天然岩石经机械破碎、筛分制成的岩石颗粒。

卵石和碎石的规格按粒径尺寸分为单粒粒级和连续粒级,亦可以根据需要采用不同单粒级卵石、碎石混合成特殊粒级的卵石、碎石。

卵石、碎石按技术要求分为Ⅰ类、Ⅱ类、Ⅲ类。Ⅰ类宜用于强度等级大于C60的混凝土,Ⅱ类宜用于强度等级为C30~C60及有抗冻、抗渗或其他要求的混凝土,Ⅲ类宜用于强度等级小于C30的混凝土。

(二)普通混凝土用卵石、碎石的技术要求

1. 颗粒级配

粗集料的颗粒级配是通过筛分试验确定的。采用方孔筛的尺寸为2.36 mm、4.75 mm、9.50 mm、16.0 mm、19.0 mm、26.5 mm、31.5 mm、37.5 mm、53.0 mm、63.0 mm、75.0 mm和90 mm,共12个筛进行筛分。按规定方法进行筛分试验,计算各号筛的分计筛余百分率和累计筛余百分率,判定卵石、碎石的颗粒级配,具体的试验方法见本章第九节。卵石、碎石的颗粒级配应符合《建筑用卵石、碎石》(GB/T 14685—2001)的规定。

粗集料的级配分为连续级配和间断级配两种。

连续级配是指颗粒从大到小连续分级,每一粒级的累计筛余百分率均不为零的级配,如天然卵石。连续级配具有颗粒尺寸级差小、上下级粒径之比接近2、颗粒之间的尺寸相差不大等特点,因此采用连续级配拌制的混凝土具有和易性较好、不易产生离析等优点,在工程中的应用较广泛。

间断级配是指为了减小空隙率,人为地筛除某些中间粒级的颗粒,大颗粒之间的空隙直接由粒径小很多的颗粒填充的级配。间断级配的颗粒相差大,上下粒径之比接近6,空隙率大幅度降低,拌制混凝土时可节约水泥。但混凝土拌和物易产生离析现象,造成施工较困难。间断级配适用于配制采用机械拌和、振捣的低塑性及干硬性混凝土。

单粒粒级主要适用于配制所要求的连续粒级,或与连续粒级配合使用,以改善级配或粒度。工程中不宜采用单粒粒级的粗集料配制混凝土。

2. 最大粒径

粗集料的最大粒径是指公称粒级的上限值。粗集料的粒径越大,其比表面积越小,达到一定流动性时包裹其表面的水泥砂浆数量减小,可节约水泥;或在和易性一定、水泥用量一定时,可以减少混凝土的单位用水量,提高混凝土的强度。

但粗集料的最大粒径不宜过大,实践证明,当粗集料的最大粒径超过40 mm时,会造成混凝土施工操作较困难,混凝土不易密实,引起强度降低和耐久性变差。

按《混凝土结构工程施工质量验收规范》(GB 50204—2002)的规定,混凝土用粗集料的最大粒径须同时满足:不得超过构件截面最小边长的1/4;不得超过钢筋间最小净距的3/4;对于混凝土实心板,可允许采用最大粒径达板厚1/2的粗集料,但最大粒径不得超过50

mm;对于泵送混凝土,最大粒径与输送管内径之比,碎石宜小于或等于 1∶3;卵石宜小于或等于 1∶2.5。

3. 含泥量和泥块含量

卵石、碎石的含泥量是指粒径小于 75 μm 的颗粒含量;泥块含量是指卵石、碎石中原粒径大于 4.75 mm,经水洗、手捏后小于 2.36 mm 的颗粒含量。当含泥量和泥块含量过大时,会影响粗集料与水泥石之间的黏结,降低混凝土的强度和耐久性。卵石、碎石中的含泥量和泥块含量应符合表 5-9 的规定。

表 5-9　卵石、碎石含泥量和泥块含量

项目	指标		
	Ⅰ类	Ⅱ类	Ⅲ类
含泥量(按质量计,%)	<0.5	<1.0	<1.5
泥块含量(按质量计,%)	0	<0.5	<0.7

4. 针、片状颗粒含量

粗集料中针状颗粒是指卵石和碎石颗粒的长度大于该颗粒所属相应粒级的平均粒径 2.4 倍者;片状颗粒是指颗粒厚度小于该颗粒所属粒级的平均粒径 0.4 倍者。平均粒径是指该粒级上下限粒径的平均值。

针、片状颗粒本身的强度不高,在承受外力时容易产生折断,因此不仅会影响混凝土的强度,而且会增大石子的空隙率,使混凝土的和易性变差。

针、片状颗粒含量分别采用针状规准仪和片状规准仪来测定。卵石和碎石中针、片状颗粒含量应符合表 5-10 的规定。

表 5-10　卵石和碎石中针、片状颗粒含量

项目	指标		
	Ⅰ类	Ⅱ类	Ⅲ类
针、片状颗粒(按质量计,%)	<5	<15	<25

5. 有害物质

卵石、碎石中不应混有草根、树叶、树枝、塑料、煤块和炉渣等杂物,其有害物质含量应符合表 5-11 的规定。

表 5-11　卵石、碎石中有害物质含量

项目	指标		
	Ⅰ类	Ⅱ类	Ⅲ类
有机物	合格	合格	合格
硫化物和硫酸盐(按质量计,%)	<0.5	<1.0	<1.0

6. 坚固性

坚固性是指卵石、碎石在自然风化和其他外界物理化学因素作用下抵抗破裂的能力。某些页岩、砂岩等,配制混凝土时容易遭受冰冻、内部盐类结晶等作用而导致破坏。当集料越密实、强度越高、吸水率越小时,其坚固性越好;而结构疏松、矿物成分复杂、构造不均匀的集料,其坚固性差。

粗集料的坚固性采用硫酸钠溶液法进行试验，卵石和碎石经5次循环后，其质量损失应符合表5-12的规定。

表5-12 卵石、碎石的坚固性指标

项目	指标		
	Ⅰ类	Ⅱ类	Ⅲ类
质量损失(%)	<5	<8	<12

7. 强度

1)岩石抗压强度

天然岩石的抗压强度是指采用碎石母岩，制成50 mm×50 mm×50 mm的立方体试件或ϕ50 mm×50 mm的圆柱体试件，浸没于水中浸泡48 h，所测定的抗压极限强度。在水饱和状态下，其火成岩抗压强度应不小于80 MPa，变质岩应不小于60 MPa，水成岩应不小于30 MPa。

2)压碎指标

压碎指标检验是将一定质量气干状态下粒径为9.0～9.5 mm的石子装入标准圆模内，放在压力机上均匀加荷至200 kN，卸载后称取试样质量G_1，然后用孔径为2.36 mm的筛筛除被压碎的颗粒，称出剩余在筛上的试样质量G_2，按下式计算压碎指标值Q_c，即

$$Q_c = \frac{G_1 - G_2}{G_1} \times 100\% \tag{5-2}$$

卵石、碎石的压碎指标值越小，则表示石子抵抗压碎的能力越强。按《建筑用卵石、碎石》(GB/T 14685—2001)规定，卵石、碎石的压碎指标见表5-13。

表5-13 卵石、碎石的压碎指标

项目	指标		
	Ⅰ类	Ⅱ类	Ⅲ类
碎石压碎指标(%)	<10	<20	<30
卵石压碎指标(%)	<12	<16	<16

8. 表观密度、连续级配松散堆积空隙率

卵石、碎石的表观密度、连续级配松散堆积空隙率应符合如下规定：表观密度大于2 600 kg/m^3，连续级配松散堆积空隙率Ⅰ级≤43%、Ⅱ级≤45%、Ⅲ级≤47%。

9. 碱－集料反应

碱－集料反应是指水泥、外加剂等混凝土组成物及环境中的碱与集料中碱活性矿物在潮湿环境下缓慢发生并导致混凝土开裂破坏的膨胀反应。标准规定，经碱－集料反应试验后，由卵石、碎石制备的试件无裂缝、酥裂、胶体外溢等现象，且在规定的试验龄期膨胀率应小于0.10%。

四、水

混凝土拌和用水不得影响混凝土的凝结硬化，不得降低混凝土的耐久性，不得加快钢筋

锈蚀和预应力钢丝脆断。混凝土拌和用水按水源分为饮用水、地表水、地下水、海水以及经适当处理的工业废水。混凝土拌和用水宜选择洁净的饮用水。

(1)地表水和地下水常溶解有较多的有机质与矿物盐,必须按标准规定的方法检验合格后,方可使用。

(2)海水中含有较多的硫酸盐和氯盐,会影响混凝土的耐久性和加速混凝土中钢筋的锈蚀,因此对于钢筋混凝土结构和预应力混凝土结构,不得采用海水拌制;对于有饰面要求的混凝土,也不得采用海水拌制,以免因表面盐析产生白斑而影响装饰效果。

(3)工业废水经检验合格后,方可用于拌制混凝土。

第三节　混凝土的技术性质

普通混凝土组成材料按一定比例混合,经拌和均匀后即形成混凝土拌和物,又称为新拌混凝土;水泥凝结硬化后,即形成硬化混凝土。

混凝土拌和物应具有良好的和易性,以便于施工操作,得到结构均匀、成型密实的混凝土,保证混凝土的强度和耐久性。硬化混凝土的性质主要包括强度、变形性质和耐久性等。

一、混凝土拌和物的技术性质

(一)和易性的概念

混凝土拌和物的和易性是指拌和物便于施工操作(主要包括搅拌、运输、浇筑、成型、养护等),能够获得结构均匀、成型密实的混凝土的性能。和易性是一项综合性能,主要包括流动性、黏聚性和保水性三个方面的性质。

流动性是指混凝土拌和物在本身自重或施工机械振捣作用下能产生流动并且均匀密实地填满模板的性能。流动性好的混凝土拌和物,施工操作方便,易于使混凝土成型密实。

黏聚性是指混凝土拌和物各组成材料之间具有一定的黏聚力,在运输和浇筑过程中不致产生离析与分层现象的性能。

保水性是指混凝土拌和物具有一定的保持内部水分的能力,在施工过程中不致发生泌水现象的性能。保水性差的混凝土拌和物,其内部固体粒子下沉、水分上浮,在拌和物表面析出一部分水分,内部水分向表面移动过程中产生毛细管通道,使混凝土的密实度下降、强度降低、耐久性下降,且混凝土硬化后表面易起砂。

混凝土拌和物的流动性、黏聚性和保水性,三者之间是对立统一的关系。流动性好的拌和物,黏聚性和保水性往往较差;而黏聚性、保水性好的拌和物,一般流动性可能较差。在实际工程中,应尽可能达到三者统一,即满足混凝土施工时要求的流动性,同时具有良好的黏聚性和保水性。

(二)和易性的评定

混凝土拌和物和易性的评定通常采用测定混凝土拌和物的流动性、辅以直观经验评定黏聚性和保水性的方法。定量测定流动性的常用方法主要有坍落度法和维勃稠度法两种。

1. 坍落度法

测定混凝土拌和物在自重作用下产生的变形值——坍落度(单位:mm)。将混凝土拌和物按规定的试验方法装入坍落度筒内，提起坍落度筒后，拌和物因自重而向下坍落，坍落的尺寸即为混凝土拌和物的坍落度值，用 *T* 表示，见图 5-3。在测定坍落度时观察黏聚性和保水性，具体方法见本章第十节。坍落度法适用于集料最大粒径不大于 40 mm、坍落度值不小于 10 mm 的低塑性混凝土、塑性混凝土的流动性测定。

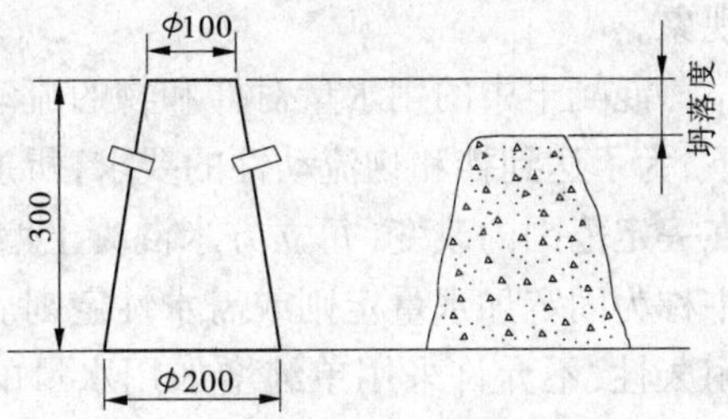

图 5-3　坍落度的测定　（单位：mm）

按《混凝土质量控制标准》（GB 50164—92）的规定：混凝土拌和物按坍落度值的大小分为四级，见表 5-14。

表 5-14　混凝土按坍落度的分级

级别	名称	坍落度（mm）
T_1	低塑性混凝土	10 ~ 40
T_2	塑性混凝土	50 ~ 90
T_3	流动性混凝土	100 ~ 150
T_4	大流动性混凝土	≥160

2. 维勃稠度法

维勃稠度法的原理是测定使混凝土拌和物密实所需要的时间（s）。它适用于集料最大粒径不大于 40 mm、维勃稠度在 5 ~ 30 s 的干硬性混凝土拌和物的流动性测定。

（三）混凝土施工时坍落度的选择

混凝土拌和物坍落度的选择应根据施工条件、构件截面尺寸、配筋情况、施工方法等来确定。一般来说，构件截面尺寸较小、钢筋较密或采用人工拌和与插捣时，坍落度应选择大些。混凝土浇筑时的坍落度宜按表 5-15 选用。

表 5-15　混凝土浇筑时的坍落度

结构种类	坍落度（mm）
基础或地面等的垫层，无配筋的大体积结构（挡土墙、基础等）或配筋稀疏的结构	10 ~ 30
板、梁和大型及中型截面的柱子等	30 ~ 50
配筋密列的结构（如薄壁、斗仓、筒仓、细柱等）	50 ~ 70
配筋特密的结构	70 ~ 90

（四）影响混凝土拌和物和易性的因素

混凝土拌和物的和易性主要取决于胶凝材料浆料数量和单位用水量、集料的品种、级配和粗细程度、砂率、外加剂、外部环境条件等因素。

1. 胶凝材料浆料数量和单位用水量

在混凝土集料用量、水胶比和一定的条件下，填充在集料之间的胶凝材料浆料数量越多，胶凝材料浆料对集料的润滑作用越充分，混凝土拌和物的流动性增大。但增加胶凝材料浆料数量过多，不仅浪费胶凝材料而且会使拌和物的黏聚性、保水性变差，产生分层、泌水现象。

混凝土中的用水量对拌和物的流动性起决定性的作用。实践证明，在集料一定的条件下，为了达到拌和物流动性的要求，所加的拌和水量基本是一个固定值，即使胶凝材料用量在一定范围内改变（每立方米混凝土增减 50 ~ 100 kg)，也不会影响流动性。这在混凝土学中称为固定加水量定则或需水性定则。必须指出的是，在施工中为了保证混凝土的强度和耐久性，不允许采用单纯增加用水量的方法来提高拌和物的流动性，应在保持水胶比一定时，同时增加胶凝材料浆料的数量，集料绝对数量一定但相对数量减少，使拌和物满足施工要求。

2. 集料的品种、级配和粗细程度

采用级配合格、2 区的中砂拌制混凝土时，因其空隙率较小且比表面积小，填充颗粒之间的空隙及包裹颗粒表面的水泥浆数量可减少；在水泥浆数量一定的条件下，相当于增加水泥浆数量，因此可提高拌和物的流动性，且黏聚性和保水性也相应提高。

天然卵石呈圆形或卵圆形，表面较光滑，颗粒之间的摩擦阻力较小；碎石形状不规则，表面粗糙且多棱角，颗粒之间的摩擦阻力较大。在其他条件完全相同的情况下，采用卵石拌制的混凝土比用碎石拌制的混凝土的流动性好。另外，在允许的情况下，应尽可能选择最大粒径较大的石子，可降低粗集料的总表面积，使水泥浆的富余量加大，可提高拌和物的流动性。但砂、石子过粗，会使混凝土拌和物的黏聚性和保水性下降，同时也不易拌和均匀。

3. 砂率

砂率是指混凝土拌和物中砂的质量占砂、石子总质量的百分数，用下式表示：

$$\beta_S = \frac{m_S}{m_S + m_g} \times 100\% \tag{5-3}$$

式中 β_S——混凝土砂率；

m_S——混凝土中砂用量，kg；

m_g——混凝土中石子用量，kg。

在混凝土集料中，砂的比表面积大，砂率的改变会使混凝土集料的总表面积发生较大变化。

砂率过大，集料总表面积及空隙率会增大，在一定水泥浆用量的情况下，包裹集料表面的水泥浆数量减少，水泥浆的润滑作用减弱，拌和物的流动性变差。砂率过小，砂不能填满石子之间的空隙，或填满后不能保证石子之间有足够厚度的砂浆层，不仅会降低拌和物的流动性，而且会影响拌和物的黏聚性和保水性。因此，合适的砂率既能保证拌和物具有良好的流动性，而且能使拌和物的黏聚性、保水性良好，这一砂率称为合理砂率。

合理砂率是指在水泥浆数量一定的条件下，能使混凝土拌和物的流动性（坍落度）达到最大，且黏聚性和保水性良好时的砂率；或指在流动性（坍落度）、强度一定，黏聚性良好时，水泥用量最少时的砂率。合理砂率可以通过试验确定。

4. 外加剂

在混凝土中掺入一定数量的外加剂，如减水剂、引气剂等，在组成材料用量一定的条件下，可以提高拌和物的流动性，同时提高黏聚性和保水性。具体内容见本章第四节。

影响混凝土拌和物和易性的因素还很多，如施工环境的温度、搅拌制度（如投料顺序、搅拌时间）等。这里不作重点描述。

二、硬化混凝土的性质

（一）混凝土的强度

混凝土的强度包括抗压、抗拉、抗剪和抗弯等强度。其中以抗压强度值最大，因此在使用中主要利用混凝土抗压强度高的特点，用于承受压力的工程部位。混凝土的抗压强度与其他强度之间有一定的相关性，可根据抗压强度值的大小估计其他强度值。

1. 抗压强度和强度等级

1）立方体抗压强度

《普通混凝土力学性能试验方法标准》（GB/T 50081—2002）规定：混凝土立方体抗压强度是指制作以边长为 150 mm 的标准立方体试件，成型后立即用不透水的薄膜覆盖表面，在温度为（20 ±5）℃的环境中静置一昼夜至两昼夜，然后在标准养护条件下（温度为（20 ±2）℃、相对湿度 95% 以上或在温度为（20 ±2）℃的不流动的 $Ca(OH)_2$ 饱和溶液中）养护至 28 d 龄期（从搅拌加水开始计时），采用标准试验方法测得的混凝土极限抗压强度，用 f_{cu} 表示。混凝土立方体抗压强度是评定混凝土质量的重要指标之一。

立方体抗压强度测定采用的标准试件尺寸为 150 mm×150 mm×150 mm。也可根据粗集料的最大粒径选择尺寸为 100 mm×100 mm×100 mm 和 200 mm×200 mm×200 mm 的非标准试件，但强度测定结果必须乘以换算系数，具体见表 5-16。

表 5-16　试件的尺寸选择及换算系数

试件种类	试件尺寸（mm×mm×mm）	粗集料最大粒径（mm）	换算系数
标准试件	150×150×150	≤40	1.00
非标准试件	100×100×100	≤31.5	0.95
	200×200×200	≤63	1.05

2）棱柱体抗压强度

棱柱体抗压强度又称为轴心抗压强度，是以尺寸为 150 mm×150 mm×300 mm 的标准试件，在标准养护条件下养护 28 d 测得的抗压强度，用 f_{cp} 表示。

混凝土的棱柱体抗压强度是钢筋混凝土结构设计的依据。在钢筋混凝土结构计算中，计算轴心受压构件时以棱柱体抗压强度作为依据，因为其接近于混凝土构件的实际受力状态。由于棱柱体抗压强度受压时受到的摩擦力作用范围比立方体试件的小，因此棱柱体抗压强度值比立方体抗压强度值低，实际中 $f_{cp}=(0.70\sim0.80)f_{cu}$，在结构设计计算时，一般取 $f_{cp}=0.67f_{cu}$。

3）强度等级

混凝土强度等级是根据混凝土立方体抗压强度标准值划分的级别，用 C 和混凝土立方体抗压强度标准值 $f_{cu,k}$ 表示，主要有 C10、C15、C20、C25、C30、C35、C40、C45、C50、C55、C60、C65、C70、C75 及 C80 等 15 个强度等级。

混凝土立方体抗压强度标准值 $f_{cu,k}$ 是指对按标准方法制作和养护的边长为 150 mm 的立方体试件，在 28 d 龄期用标准试验方法测得的抗压强度总体分布中的一个值，强度低于该值的百分率不超过 5%。

2. 抗拉强度

混凝土的抗拉强度采用劈裂抗拉试验法测得，但其值较低，一般为抗压强度的 1/20 ~

1/10。在工程设计时，一般没有考虑混凝土的抗拉强度。但混凝土的抗拉强度对抵抗裂缝的产生具有重要意义，在结构设计中，混凝土抗拉强度是确定混凝土抗裂度的重要指标。

3. 影响混凝土抗压强度的主要因素

由于混凝土是由多种材料组成，由人工经配制和施工操作后形成的，因此影响混凝土抗压强度的因素较多。概括起来主要有五个方面的因素，即人、机械、材料、施工工艺及环境条件。本书着重探讨材料、环境等因素对混凝土抗压强度的影响。

试验证明，混凝土受力破坏时总是最先出现在水泥石与集料的界面上。因此，混凝土的强度主要取决于水泥石的强度、水胶比及集料的性质。此外，混凝土的强度还受外加剂、养护条件、龄期、施工条件等因素的影响。

1）胶凝材料的影响

在混凝土中，由于胶凝材料黏结了集料，使混凝土成为具有一定强度的人造石材，因此胶凝材料强度直接影响混凝土强度，在配合比相同的情况下，所用胶凝材料强度越高，则胶凝材料与集料的黏结强度越大，混凝土的强度越高。

水胶比是混凝土中用水量与胶凝材料用量的比值。在拌制混凝土时，为了使拌和物具有较好的和易性，通常加入较多的水（占水泥质量的40%～70%）。而水泥水化需要的水分只占水泥质量的23%左右，剩余的水分或泌出，或积聚在水泥石与集料黏结的表面，会增大混凝土内部孔隙和降低水泥石与集料之间的黏结力。因此，在水泥强度及其他条件相同时，混凝土的抗压强度主要取决于水胶比，这一规律称为水胶比定则。水胶比越小，则混凝土的强度越高。但水胶比过小，拌和物和易性不易保证，硬化后的强度反而降低。

根据大量试验结果及工程实践，混凝土强度与水泥强度及灰水比有如下关系：

$$f_{cu} = \alpha_a f_{ce}\left(\frac{C}{W} - \alpha_b\right) \tag{5-4}$$

式中 f_{cu}——混凝土28 d龄期的抗压强度值，MPa；

f_{ce}——水泥28 d抗压强度的实测值，MPa；

$\frac{C}{W}$——混凝土胶水比，即水胶比的倒数；

α_a、α_b——回归系数，与水泥、集料的品种有关，见表5-17。

表5-17 回归系数 α_a 和 α_b 的选用

系数	石子品种	
	碎石	卵石
α_a	0.46	0.48
α_b	0.07	0.33

利用上述经验公式，可以根据水泥强度和水灰比值的大小估计混凝土的强度，也可以根据水泥强度和要求的混凝土强度计算混凝土的水灰比。

2）粗集料的品种

粗集料在混凝土硬化后主要起骨架作用。由于水泥石的强度、粗集料的强度均高于混凝土的抗压强度，因此在混凝土抗压破坏时，一般不会出现水泥石和集料先破坏的情况，最薄弱的环节是水泥石与集料黏结的表面。水泥石与集料的黏结强度不仅取决于水泥石的强度，而且与粗集料的品种有关。碎石形状不规则，表面粗糙、多棱角，与水泥石的黏结强度较高；卵石呈圆形或卵圆形，表面光滑，与水泥石的黏结强度较低，因此在水泥石强度及其他条件相同时，碎石混凝土的强度高于卵石混凝土的强度。

3）养护条件

为混凝土创造适当的温度、湿度条件以利其水化和硬化的工序称为养护。养护的基本条件是温度和湿度。在适当的温度和湿度条件下，水泥的水化才能顺利进行，促使混凝土强度发展。

混凝土所处的温度环境对水泥的水化影响较大：温度越高，水化速度越快，混凝土的强度发展也越快。为了加快混凝土强度发展，在工程中采用自然养护时，可以采取一定的措施，如覆盖、利用太阳能养护。另外，采用热养护，如蒸汽养护、蒸压养护，可以加速混凝土的硬化，提高混凝土的早期强度。当环境温度低于0 ℃时，混凝土中的大部分或全部水分结成冰，水泥不能与固态的冰发生化学反应，混凝土的强度将停止发展。

环境的湿度是保证混凝土中水泥正常水化的重要条件。在适当的湿度条件下，水泥能正常水化，有利于混凝土强度的发展。湿度过低，混凝土表面会产生失水，迫使内部水分向表面迁移，在混凝土中形成毛细管通道，使混凝土的密实度、抗冻性、抗渗性下降，强度降低；或混凝土表面产生干缩裂缝，不仅强度较低，而且影响表面质量和耐久性。

为了使混凝土正常硬化，必须保证混凝土成型后的一定时间内保持一定的温度和湿度。在自然环境中，利用自然气温进行的养护称为自然养护。《混凝土结构工程施工质量验收规范（2010版）》（GB 50204—2002）规定：对已浇筑完毕的混凝土，应在12 h内加以覆盖和浇水，覆盖可采用锯末、塑料薄膜、麻袋片等；浇水养护的时间，对于硅酸盐水泥、普通硅酸盐水泥或矿渣硅酸盐水泥拌制的混凝土，不得少于7昼夜，对于掺缓凝型外加剂或有抗渗要求的混凝土，不得少于14昼夜，浇水次数应能保持混凝土表面长期处于潮湿状态。当环境温度低于4 ℃时，不得浇水养护。

4）龄期

龄期是指混凝土在正常养护条件下所经历的时间。在正常的养护条件下，混凝土的抗压强度随龄期的增加而不断发展，在7～14 d内强度发展较快，以后逐渐缓慢，28 d后强度发展更慢。由于水泥的水化作用，混凝土的强度发展可持续数十年。

试验证明，当采用普通水泥拌制的、中等强度等级的混凝土，在标准养护条件下，混凝土的抗压强度与其龄期的常用对数成正比关系，其经验公式如下：

$$\frac{f_n}{\lg n} = \frac{f_{28}}{\lg 28} \tag{5-5}$$

式中　f_n、f_{28}——混凝土 n d、28 d龄期的抗压强度，MPa，其中 n 大于3。

根据上述经验公式，可以根据测定出的混凝土 n d抗压强度推算出混凝土 a d（包括28 d）的强度。

5）外加剂

在混凝土拌和过程中掺入适量减水剂，可在保持混凝土拌和物和易性不变的情况下，减少混凝土的单位用水量，提高混凝土的强度。在混凝土中掺入早强剂可以提高混凝土的早期强度，而对后期强度无影响。

4.提高混凝土抗压强度的主要措施

根据影响混凝土抗压强度的主要因素，在工程实践中，可采取以下一些措施：

(1)采用高强度等级水泥;

(2)采用单位用水量较小、水灰比较小的干硬性混凝土;

(3)采用合理砂率以及级配合格、强度较高、质量良好的碎石;

(4)改进施工工艺,加强搅拌和振捣;

(5)采取加速硬化措施,提高混凝土的早期强度;

(6)在混凝土拌和时掺入减水剂或早强剂。

(二)混凝土的耐久性

1. 混凝土耐久性的概念及主要内容

混凝土的耐久性是指混凝土在长期使用过程中,能抵抗各种外界因素的作用,而保持其强度和外观完整性的能力。混凝土的耐久性主要包括抗渗性、抗冻性、抗侵蚀性、抗碳化性及抗碱－集料反应等。

1)抗渗性

混凝土的抗渗性是指混凝土抵抗压力水渗透的能力。混凝土渗水的主要原因是混凝土内部存在连通的毛细孔和裂缝,形成了渗水通道。渗水通道主要来源于水泥石内的孔隙、水泥浆泌水形成的泌水通道、收缩引起的微小裂缝等。因此,提高混凝土的密实度可以提高抗渗性。

混凝土的抗渗性用抗渗等级表示。抗渗等级是以28 d龄期的标准试件,按规定方法进行试验时所能承受的最大静水压力来确定的。抗渗等级共分为P4、P6、P8、P10和P12五个等级,分别表示混凝土能抵抗0.4 MPa、0.6 MPa、0.8 MPa、1.0 MPa和1.2 MPa的静水压力而不发生渗透。

影响混凝土抗渗性的因素有水灰比、集料的最大粒径、养护方法、水泥品种、外加剂及掺合料等。

(1)水灰比:混凝土水灰比的大小对其抗渗性能起决定性作用。水灰比越大,其抗渗性越差。在成型密实的混凝土中,水泥石的抗渗性对混凝土的抗渗性影响最大。

(2)集料的最大粒径:在水灰比相同时,混凝土集料的最大粒径越大,其抗渗性越差。这是由于集料和水泥浆的界面处易产生裂隙和较大集料下方易泌水形成孔穴。

(3)养护方法:蒸汽养护的混凝土,其抗渗性较潮湿养护的混凝土要差。在干燥条件下,混凝土早期失水过多,容易形成收缩裂隙,因而降低混凝土的抗渗性。

(4)水泥品种:水泥的品种、性质也影响混凝土的抗渗性。水泥的细度越大,水泥硬化体孔隙率越小,强度就越高,则其抗渗性越好。

(5)外加剂:在混凝土中掺入某些外加剂,如减水剂等,可减小水灰比,改善混凝土的和易性,因而可改善混凝土的密实性,即提高了混凝土的抗渗性能。

(6)掺合料:在混凝土中加入掺合料,如掺入优质粉煤灰,由于优质粉煤灰能发挥其形态效应、活性效应、微集料效应和界面效应等,可提高混凝土的密实度、细化孔隙,从而改善了孔结构和集料与水泥石界面的过渡区结构,因而提高了混凝土的抗渗性。

2)抗冻性

混凝土的抗冻性是指混凝土在饱和水状态下,能抵抗冻融循环作用而不发生破坏,强度也不显著降低的性质。在寒冷地区,特别是在严寒地区处于潮湿环境或干湿交替环境的混凝土,抗冻性是评定混凝土耐久性的重要指标。

混凝土的抗冻性用抗冻等级表示。抗冻等级是以28 d龄期的混凝土标准试件,在饱和水状态下,强度损失不超过25%且质量损失不超过5%时混凝土所能承受的最大冻融循环次数来表示的,有F10、F15、F25、F50、F100、F200、F250和F300八个抗冻等级。

混凝土的抗冻性主要取决于混凝土的孔隙率及孔隙特征、含水程度等因素。孔隙率较小且具有封闭孔隙的混凝土,其抗冻性较好。

3)抗侵蚀性

混凝土的抗侵蚀性主要取决于水泥石的抗侵蚀性。合理选择水泥品种、提高混凝土制品的密实度均可以提高抗侵蚀性。当混凝土所处环境中含有侵蚀性介质时,混凝土便会遭受侵蚀,通常有软水侵蚀、硫酸盐侵蚀、镁盐侵蚀、碳酸侵蚀、一般酸类侵蚀和强碱侵蚀等。混凝土在海岸、海洋工程中的应用也很广,海水对混凝土的侵蚀作用除化学作用外,尚有反复干湿的物理作用;盐分在混凝土内的结晶与聚集、海浪的冲击磨损、海水中氯离子对混凝土内钢筋的锈蚀作用等,也都会使混凝土遭受破坏。

混凝土的抗侵蚀性与所用水泥的品种、混凝土的密实程度和孔隙特征有关。密实和孔隙封闭的混凝土,环境水不易侵入,则其抗侵蚀性较强。所以,提高混凝土抗侵蚀性的措施主要是合理选择水泥品种、降低水灰比、提高混凝土的密实度和改善孔隙结构。

4)抗碳化性

混凝土的碳化主要指水泥石的碳化。水泥石的碳化是指水泥石中的$Ca(OH)_2$与空气中的CO_2在潮湿条件下发生化学反应。混凝土碳化对混凝土性能既有有利的影响,也有不利的影响。碳化使混凝土碱度降低,减弱了对钢筋的保护作用,可能导致钢筋锈蚀。碳化将显著增加混凝土的收缩,是由于在干缩产生的压应力下的氢氧化钙晶体溶解和碳酸钙在无压力处沉淀所致,此时暂时地加大了水泥石的可压缩性。碳化使混凝土的抗压强度增大,其原因是碳化放出的水分有助于水泥的水化作用,而且碳酸钙减少了水泥石内部的孔隙。但增大值随水泥品种而异(高铝水泥混凝土碳化后强度明显下降)。但是由于混凝土的碳化层产生碳化收缩,对其核心形成压力,而表面碳化层产生拉应力,可能产生微细裂缝,而使混凝土抗拉、抗折强度降低。另外,混凝土在水泥用量固定条件下,水灰比越低,碳化速度就越慢,而当水灰比固定时,碳化速度随水泥用量的提高而减小。混凝土所处环境条件(主要是空气中的二氧化碳浓度、空气相对湿度等因素)也会影响混凝土的碳化速度。二氧化碳浓度增大自然会加速碳化进程。例如,一般室内较室外快,二氧化碳含量较高的工业车间(如铸造车间)碳化快。混凝土在水中或在相对湿度100%条件下,由于混凝土孔隙中的水分阻止二氧化碳向混凝土内部扩散,碳化停止。同样,处于特别干燥条件(如相对湿度在25%以下)的混凝土,则由于缺乏使二氧化碳及氢氧化钙作用所需的水分,碳化也会停止。一般认为,相对湿度50%~75%时碳化速度最快。

5)抗碱-集料反应

碱-集料反应是指水泥、外加剂等混凝土组成物及环境中的碱与集料中碱活性矿物在潮湿环境下缓慢发生并导致混凝土开裂破坏的膨胀反应。常见的碱-集料反应为碱-氧化硅反应,碱-集料反应后,会在集料表面形成复杂的碱-硅酸凝胶,吸水后凝胶不断膨胀而使混凝土产生膨胀性裂纹,严重时会导致结构破坏。为了防止碱-集料反应,应严格控制水泥中碱的含量和集料中碱活性物质的含量。

2. 提高混凝土耐久性的措施

混凝土所处的环境条件不同,其耐久性的含义也有所不同,应根据混凝土所处环境条件采取相应的措施来提高耐久性。提高混凝土耐久性的主要措施有:

(1)合理选择混凝土的组成材料。

①应根据混凝土的工程特点或所处的环境条件,合理选择水泥品种。

②选择质量良好、技术要求合格的集料。

(2)提高混凝土制品的密实度。

①严格控制混凝土的水胶比和水泥用量。混凝土的最大水胶比和最小水泥用量必须符合表 5-18 的规定。

表 5-18　混凝土的最大水胶比和最小水泥用量

环境条件		结构物类别	最大水灰比			最小水泥用量(kg)		
			素混凝土	钢筋混凝土	预应力混凝土	素混凝土	钢筋混凝土	预应力混凝土
干燥环境		• 正常的居住或办公用房屋内	不作规定	0.65	0.60	200	260	300
潮湿环境	无冻害	• 高湿度的室内部件; • 室外部件; • 在非侵蚀性土和(或)水中的部件	0.70	0.60	0.60	225	280	300
潮湿环境	有冻害	• 经受冻害的室外部件; • 在非侵蚀性土和(或)水中且经受冻害的部件; • 高湿度且经受冻害的室内部件	0.55	0.55	0.55	250	280	300
有冻害和有除冰剂的潮湿环境		• 经受冻害和有除冰剂作用的室内和室外部件	0.50	0.50	0.50	300	300	300

②选择级配良好的集料及合理砂率值,保证混凝土的密实度。

③掺入适量减水剂,可减少混凝土的单位用水量,提高混凝土的密实度。

④严格按操作规程进行施工操作,加强搅拌,合理浇筑,振捣密实,加强养护,确保施工质量,提高混凝土制品的密实度。

(3)改善混凝土的孔隙结构。在混凝土中掺入适量引气剂,可改善混凝土内部的孔隙结构,封闭孔隙的存在,可以提高混凝土的抗渗性、抗冻性及抗侵蚀性。

(4)采用机械施工,以保证搅拌均匀、振捣密实,同时加强养护,特别是早期养护。

第四节　混凝土外加剂和掺合料

一、混凝土外加剂

混凝土外加剂是指在混凝土拌和过程中掺入的,能够改善混凝土性能的化学药剂,掺量一般不超过水泥用量的 5%。

混凝土外加剂在掺量较少的情况下,可以明显改善混凝土的性能,包括改善混凝土拌和物和易性、调节凝结时间、提高混凝土强度及耐久性等。混凝土外加剂在工程中的应用越来越广泛,被誉为混凝土的第五种组成材料。

根据《混凝土外加剂》(GB 8076—1997)的规定,混凝土外加剂按照其主要功能分为以下四类:

(1)改善混凝土拌和物流变性能的外加剂,包括各种减水剂、引气剂和泵送剂等。

(2)调节混凝土凝结时间、硬化性能的外加剂,包括缓凝剂、早强剂和速凝剂等。

(3)改善混凝土耐久性的外加剂,包括引气剂、防水剂和阻锈剂等。

(4)改善混凝土其他性能的外加剂,包括加气剂、膨胀剂、防冻剂、着色剂、防水剂和泵送剂等。

在建筑施工过程中,最常用的外加剂是减水剂、早强剂等,因此本书主要讲述混凝土减水剂和早强剂,对于其他外加剂,只作简单介绍。

(一)减水剂

混凝土减水剂是指在保持混凝土拌和物和易性一定的条件下,具有减水和增强作用的外加剂,又称为塑化剂,高效减水剂又称为超塑化剂。根据减水剂的作用效果及功能不同,减水剂可分为普通减水剂、高效减水剂、早强减水剂、缓凝减水剂、引气减水剂、缓凝高效减水剂等。

1.减水剂的作用机制

常用的减水剂属于离子型表面活性剂。当表面活性剂溶于水后,受水分子的作用,亲水基团指向水分子,溶于水中,憎水基团则吸附于固相表面,溶解于油类或指向空气中,作定向排列,降低了水的表面张力。

在水泥加水拌和形成水泥浆的过程中,由于水泥为颗粒状材料,其比表面积大,颗粒之间容易吸附在一起,把一部分水包裹在颗粒之间而形成絮凝状结构,包裹的水分不能起到使水泥浆流动的作用,因此混凝土拌和物流动性降低。

当水泥浆中加入表面活性剂后,一方面,表面活性剂在水泥颗粒表面作定向排列使水泥颗粒表面带有同种电荷,这种排斥力远远大于水泥颗粒之间的分子引力,使水泥颗粒分散,絮凝状结构中的水分释放出来,混凝土拌和用水的作用得到充分的发挥,拌和物的流动性明显提高,其原理见图5-4。另一方面,表面活性剂的极性基与水分子产生缔合作用,使水泥颗粒表面形成一层溶剂化水膜,阻止了水泥颗粒之间直接接触,起到了润滑作用,改善了混凝土拌和物的流动性。

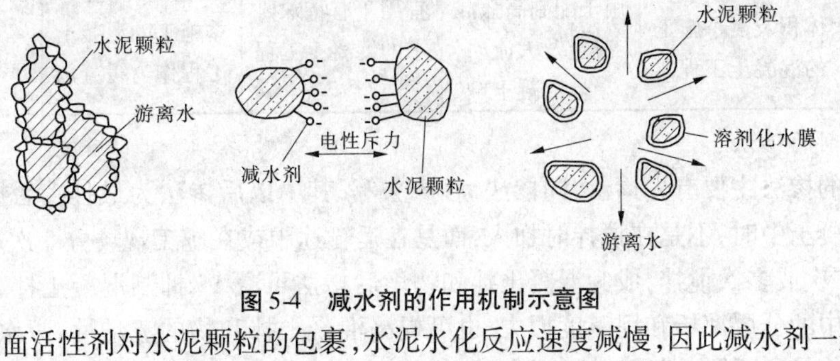

图5-4　减水剂的作用机制示意图

由于表面活性剂对水泥颗粒的包裹,水泥水化反应速度减慢,因此减水剂一般具有一定的缓凝作用。

2.减水剂的作用效果

在混凝土中掺入减水剂后，具有以下技术经济效果：

(1)减少混凝土拌和物的用水量，提高混凝土的强度。在混凝土中掺入减水剂后，可在混凝土拌和物坍落度基本一定的情况下，减少混凝土的单位用水量5%～25%（普通型5%～15%，高效型10%～30%），从而降低了混凝土水灰比，使混凝土强度得到了提高。

(2)提高混凝土拌和物的流动性。在混凝土各组成材料用量一定的条件下，加入减水剂能明显提高混凝土拌和物的流动性，一般坍落度可提高100～200 mm。

(3)节约水泥。在混凝土拌和物坍落度、强度一定的情况下，拌和物用水量减少的同时，水泥用量也可以减少，可节约水泥5%～20%。

(4)改善混凝土拌和物的性能。掺入减水剂后，可以减少混凝土拌和物的泌水、离析现象，延缓拌和物的凝结时间，减缓水泥水化放热速度，显著提高混凝土硬化后的抗渗性和抗冻性，提高混凝土的耐久性。

3.常用的减水剂

减水剂是目前应用最广的外加剂，按化学成分分为木质素系减水剂、萘系减水剂、树脂系减水剂、糖蜜系减水剂及腐殖酸系减水剂等。各系列减水剂的主要品种、性能及适用范围见表5-19。

表5-19　常用减水剂的品种及性能

种类	木质素系减水剂	萘系减水剂	树脂系减水剂	糖蜜系减水剂	腐殖酸系减水剂
类别	普通减水剂	高效减水剂	早强减水剂（高效减水剂）	缓凝减水剂	普通减水剂
主要品种	木质素磺酸钙(木钙粉、M型减水剂)、木质素磺酸钠等	NNO、NF、建1型、FDN、UNF、JN、MF等	FG－2、ST、TF	长城牌、天山牌	腐殖酸
适宜掺量	0.2%～0.3%	0.5%～1.5%	0.5%～2%	0.2%～0.3%	0.3%
减水率	10%左右	15%以上	20%～30%	6%～10%	8%～10%
早强效果	—	10%～45%	显著(7 d可达28 d强度)	—	有早强型、缓凝型两种
缓凝效果	1～3 h	—	—	3 h以上	—
引气效果	1%～2%	部分品种<2%	—		—
适用范围	一般混凝土工程及大模板、滑模、泵送、大体积及夏季施工的混凝土工程	适用于所有混凝土工程，特别适用于配制高强混凝土及大流动性混凝土	因价格较高，宜用于有特殊要求的混凝土工程	大体积混凝土工程及滑模、夏季施工的混凝土工程作为缓凝剂	一般混凝土工程

4.减水剂的掺法

减水剂的掺法主要有先掺法、同掺法、后掺法等，其中以后掺法为最佳。后掺法是指减水剂加入混凝土中时，不是在搅拌时加入，而是在运输途中或在施工现场分一次加入或几次加入，再经二次或多次搅拌，成为混凝土拌和物。后掺法可减少、抑制混凝土拌和物在长距离运输过程中的分层离析和坍落度损失，也可提高混凝土拌和物的流动性、减水率、强度和降低减水剂掺量、节约水泥等，并可提高减水剂对水泥的适应性等。它特别适合于采用泵送法施工的商品混凝土。

(二)早强剂

早强剂是指掺入混凝土中能够提高混凝土早期强度,并对后期强度无明显影响的外加剂。早强剂可在不同温度下加速混凝土强度发展,多用于要求早拆模、抢修工程及冬季施工的工程。

工程中常用早强剂的品种主要有无机盐类早强剂、有机物类早强剂和复合早强剂。常用早强剂的品种、掺量等见表5-20。

表5-20 常用早强剂的品种、掺量及作用效果

种类	无机盐类早强剂	有机物类早强剂	复合早强剂
主要品种	氯化钙、硫酸钠	三乙醇胺、三异丙醇胺、尿素等	二水石膏+亚硝酸钠+三乙醇胺
适宜掺量	氯化钙1%~2%, 硫酸钠0.5%~2%	0.02%~0.05%	2%二水石膏+1%亚硝酸钠+0.05%三乙醇胺
作用效果	氯化钙:可使2~3 d强度提高40%~100%,7 d强度提高25%		能使3 d强度提高50%
注意事项	氯盐会锈蚀钢筋,掺量必须符合有关规定	对钢筋无锈蚀作用	早强效果显著,适用于严格禁止使用氯盐的钢筋混凝土

(三)引气剂

引气剂是指加入混凝土中能引入微小气泡的外加剂。引气剂具有降低固—液—气三相表面张力、提高气泡强度并使气泡排开水分而吸附于固相表面的能力。在搅拌过程中使混凝土内部的空气形成大量孔径为0.05~2 mm的微小气泡,均匀分布于混凝土拌和物中,可改善混凝土拌和物的流动性。同时,改善了混凝土内部孔的特征,显著提高了混凝土的抗冻性和抗渗性,但混凝土含气量的增加会降低混凝土的强度。一般引入体积百分数为1%的气体,可使混凝土的强度下降4%~6%。

工程中常用的引气剂为松香热聚物,其掺量为水泥用量的0.01%~0.02%。

(四)调凝剂

1.概述

各种混凝土工程,如建筑工程、水利工程、海港工程、公路交通及铁路建设等,对水泥、混凝土的凝结时间往往有不同要求;不同地区、不同气候条件对凝结时间的要求也有差别。如水工大坝工程,由于其体积庞大,混凝土散热慢,容易产生温度应力,对工程质量极为不利,因此就希望水泥水化放热速度低些,也即混凝土凝结、硬化慢些;一些铁路隧道、矿山井巷经常使用喷射混凝土,要求混凝土能在很短时间内就得凝结,否则就会使混凝土拌和物逐渐坍落,不能达到所需形状。此外,不同季节、不同地区对混凝土凝结速度的要求也不同,南方气候炎热,夏季施工时希望混凝土凝结慢些,否则可能未及成型就凝结了,无法继续施工;北方地区冬天寒冷,施工时要求混凝土凝结硬化快些,尽早具有起码的强度,以抵抗冰冻的破坏作用。所以,这些要求都希望工地现场能控制混凝土的凝结时间。由此便出现了用量调节水泥混凝土凝结时间的外加剂,称为调凝剂;调凝剂又分为加快水泥混凝土凝结速度的速凝剂和减慢水泥混凝土凝结速度的缓凝剂。

2. 速凝剂

(1)速凝剂是能使混凝土迅速凝结硬化的外加剂。速凝剂的主要种类有无机盐类和有机物类。我国常用的速凝剂是无机盐类。无机盐类速凝剂按其主要成分大致可分为三类:以铝酸钠($NaAlO_2$)为主要成分的速凝剂,以铝酸钙($C_{12}A_7$)、氟铝酸钙($C_{11}A_7 \cdot CaF_2$)等为主要成分的速凝剂,以硅酸盐(Na_2SiO_3)为主要成分的速凝剂。主要型号有红星Ⅰ型、711型、782型、8604型、WJ-1、J85型等,其中用量最大的是红星Ⅰ型和711型。

(2)常用速凝剂性能与应用。

红星Ⅰ型速凝剂是将铝氧烧结块(熟料,主要成分为铝酸钠、硅酸二钙)、生石灰分别破碎、粉磨,然后与纯碱(Na_2CO_3)按质量比1∶1∶0.5(铝氧烧结块∶碳酸钠∶氧化钙)在球磨机中混合磨细,使其细度接近于水泥细度,即得红星Ⅰ型速凝剂。

711型速凝剂是由铝土矿、纯碱、生石灰用倒焰炉烧成铝氧烧结块,然后与无水石膏按质量比3∶1(铝氧烧结块∶无水石膏)粉磨而成的。

速凝剂掺入混凝土后,能使混凝土在5 min内初凝,10 min内终凝,1 h就可产生强度,1 d强度提高2~3倍,但后期强度会下降,28 d强度为不掺时的80%~90%。温度升高,可提高速凝效果。混凝土水灰比增大则降低速凝效果,故掺用速凝剂的混凝土水灰比一般为0.4左右。掺加速凝剂后,混凝土的干缩有增加趋势,弹性模量、抗剪强度、黏结力等有所降低。

速凝剂主要用于喷射混凝土或喷射砂浆工程中。通过喷射机将混凝土物料喷射到被喷物体(如岩石)表面上,能马上贴住而不掉下来,并能迅速凝结硬化,与被喷物黏结成整体。它具有不需用模板、施工进度快、施工设备简单等优点,常用于矿山井巷、铁路隧道、引水涵洞、地下工程的岩壁衬砌以及喷锚支护等。此外,在工程的堵漏、修补等急需凝结的条件下,也常使用速凝剂。

(3)速凝剂的作用机制。速凝剂的速凝原因主要在于:其一是能消除水泥中石膏的缓凝作用,这是因为速凝剂中的碳酸钠能与水泥中所含石膏发生化学反应,生成硫酸钠及碳酸钙,从而使石膏丧失缓凝作用;其二是速凝剂中的铝氧烧结块和生石灰的作用,使水溶液中Al^{3+}离子浓度增加,大量生成水化铝酸三钙(C_3AH_6)一类的化合物,导致水泥浆迅速凝固。但由于石膏被破坏了,不能形成水化硫铝酸钙,而大量生成的水化铝酸三钙强度低、结构疏松,所以会使混凝土28 d强度下降。

3. 缓凝剂

缓凝剂是指能延长混凝土凝结时间,又不明显影响混凝土后期强度的外加剂。缓凝剂的主要种类有:羟基羧酸及其盐类,如酒石酸、柠檬酸、葡萄糖酸及其盐类以及水杨酸;含糖碳水化合物类,如糖蜜、葡萄糖、蔗糖等;无机盐类,如硼酸盐、磷酸盐、锌盐等;木质素磺酸盐类,如木钙、木钠等。

1)常用缓凝剂性能与应用

(1)糖蜜缓凝剂。糖蜜缓凝剂是由制糖下脚料经石灰处理而成的,其主要成分为己糖钙、蔗糖钙等。一般掺量为水泥质量的0.1%~0.3%(粉剂)或0.2%~0.5%(水剂),混凝土的凝结时间可延长2~4 h,掺量每增加0.1%(水剂),凝结时间约延长1 h,当掺量大于1%时,混凝土长时间酥松不硬;当掺量为4%时,28 d强度仅为不掺的1/10。

(2)羟基羧酸及其盐类缓凝剂。这类缓凝剂一般掺量为水泥质量的0.03%～0.10%，混凝土凝结时间可延长4～10 h。这类缓凝剂会增加混凝土的泌水率,在水泥用量低或水灰比大的混凝土中尤为突出。若与引气剂一起使用,则可得到改善。

(3)木质素磺酸盐类缓凝剂。这类缓凝剂一般掺量为水泥质量的0.2%～0.3%,混凝土凝结时间可延长2～3 h。

缓凝剂一般掺量较少,使用时应严格控制掺量,过量掺入不仅会出现长时间不凝现象,有时还会出现速凝现象。各种缓凝剂的掺量见表5-21。

表5-21　各种缓凝剂的掺量

种类	掺量(%)	种类	掺量(%)
糖类	0.1～0.3	羟基羧酸盐类	0.03～0.1
木质素磺酸盐类	0.2～0.3	无机盐类	0.1～0.2

缓凝剂主要用于高温季节混凝土、大体积混凝土、泵送和滑模混凝土施工以及远距离运输的商品混凝土。缓凝剂不宜用于日最低气温在5 ℃以下施工的混凝土,也不宜用于有早强要求的混凝土和蒸养混凝土。

2)缓凝剂的作用机制

各种缓凝剂的作用机制各不相同。一般来说,有机类缓凝剂大多是表面活性剂,对水泥颗粒以及水化产物新相表面具有较强的活性作用,吸附于固体颗粒表面,延缓了水泥的水化和浆体结构的形成。无机类缓凝剂往往是在水泥颗粒表面形成一层难溶的薄膜,对水泥颗粒的水化起屏障作用,阻碍了水泥的正常水化。这些作用都会导致水泥混凝土的缓凝。

缓凝剂对水泥品种适应性十分明显,不同水泥品种缓凝效果不相同,甚至会出现相反效果。因此,使用前必须进行试拌,检测效果。

(五)防冻剂

能使混凝土在一定的负温下正常水化硬化,并在规定时间内达到足够防冻强度的外加剂,称为防冻剂。

1.常用防冻剂的种类与应用

目前,冬季用防冻剂绝大部分是由减水剂、引气剂、早强剂和防冻剂四种外加剂复合而成的,主要有以下三类。

1)氯盐类防冻剂

氯盐类防冻剂是指用氯盐或以氯盐为主的与其他早强剂、引气剂、减水剂复合的外加剂。

2)氯盐阻锈类防冻剂

氯盐阻锈类防冻剂是指以氯盐和阻锈剂(亚硝酸钠)为主复合的外加剂。

3)无氯盐类防冻剂

无氯盐类防冻剂是指以亚硝酸盐、硝酸盐、碳酸盐、乙酸钠或尿素为主复合的外加剂。

目前,国产混凝土防冻剂品种适用于－15～0 ℃的气温,当在更低气温下施工时,应采用其他冬期施工措施。

各类防冻剂具有不同的特性,因此防冻剂品种选择十分重要。氯盐类防冻剂适用于无筋混凝土工程;氯盐阻锈类防冻剂可用于钢筋混凝土工程;无氯盐类防冻剂可用于钢筋混凝土和预应力钢筋混凝土工程,但硝酸盐、亚硝酸盐、碳酸盐类则不得用于预应力混凝土以及与镀锌钢材或与铝铁相接触部位的钢筋混凝土结构。含有六价铬盐、亚硝酸盐等的有毒防冻剂,严禁用于饮水工程及与食品接触的部位。

2. 防冻剂的作用机制

防冻剂中各组分对混凝土的作用有:改变混凝土中液相浓度,降低液相冰点,使水泥在负温下仍能继续水化;减少混凝土拌和用水量,减少混凝土中能成冰的水量。同时,使混凝土中水的毛细孔径变小,进一步降低液相结冰温度,改变冰晶形状;引入一定量的微小封闭气泡,减缓冻胀应力;提高混凝土的早期强度,增强混凝土抵抗冰冻破坏的能力。上述作用的综合效果使混凝土的抗冻能力获得显著提高。

(六)膨胀剂

膨胀剂是指能使混凝土产生一定体积膨胀的外加剂。在混凝土中添加膨胀剂可以起到补偿混凝土的收缩、提高混凝土的密实度等作用。膨胀剂的种类有硫铝酸钙类、氧化钙类、氧化镁类、金属类等。

1. 常用膨胀剂的性能与应用

(1)硫铝酸钙类膨胀剂:这类膨胀剂有明矾石膨胀剂(主要成分是明矾石与无水石膏或二水石膏)、CSA 膨胀剂(主要成分是无水硫铝酸钙)、U 型膨胀剂(主要成分是无水硫铝酸钙、明矾石、石膏)等。

(2)氧化钙膨胀剂:这类膨胀剂的制备方法有多种,如用一定温度下锻烧的石灰加入适量石膏与水淬矿渣制成,生石灰与硬脂酸混磨而成,以石灰石、黏土、石膏在一定温度下烧成熟料粉磨后再与经一定温度煅烧的磨细石膏混拌而成等。

(3)金属类膨胀剂:常用的铁屑膨胀剂是由铁粉掺加适量的氧化剂(如过铬酸盐、高锰酸盐等)配制而成的。

2. 膨胀剂的作用机制

上述各种膨胀剂的成分不同,引起膨胀的原因亦不尽相同。硫铝酸钙类膨胀剂加入水泥混凝土后,自身组成中的无水硫铝酸钙水化或参与水泥矿物的水化或与水泥水化产物反应,形成三硫型水化硫铝酸钙(钙矾石),钙矾石相的生成,使固相体积增加很大,而引起表观体积膨胀。氧化钙类膨胀剂的膨胀作用主要由氧化钙晶体水化形成氢氧化钙晶体,体积增大而导致的。铁粉膨胀作用则是由于铁粉中的金属铁与氧化剂发生氧化作用,形成氧化铁,并在水泥水化的碱性环境中还会生成胶状的氢氧化铁而产生膨胀效应。膨胀剂的用途和适用范围见表 5-22。

表 5-22　膨胀剂的用途和适用范围

用途	适用范围
补偿收缩混凝土	地下、水中、海水中、隧道等构筑物,大体积混凝土(除大坝外),配筋路面和板、屋面与厕浴间防水、构件补强、渗漏修补、预应力混凝土、回填槽等
填充用膨胀混凝土	结构后浇带、隧洞堵头、钢管与隧道之间的填充等
灌浆用膨胀砂浆	机械设备的底座灌浆、地脚螺栓的固定、梁柱接头、构件补强、加固等
自应力混凝土	仅用于常温下使用的自应力钢筋混凝土压力管

掺硫铝酸钙类膨胀剂配制的膨胀混凝土(砂浆),不得用于长期处于环境温度为 80 ℃以上的工程中;掺铁屑膨胀剂的填充用膨胀砂浆,不得用于有杂散电流的工程和与铝镁材料接触的部位。

为了保证掺有膨胀剂的混凝土的质量,混凝土的胶凝材料(水泥和掺合料)用量不能过少,膨胀剂的掺量也应合适。补偿收缩混凝土、填充用膨胀混凝土和自应力混凝土的胶凝材料最少用量(kg/m^3 混凝土)分别为300(有抗渗要求时为320)、350 和500,膨胀剂合适掺量分别为6% ~12%、10% ~15%和15% ~25%。

(七)防水剂

防水剂是指能降低混凝土在静水压力下的透水性的外加剂。它包括以下四类:

(1)无机化合物类:如氯化铁、硅灰粉末、锆化合物等。

(2)有机化合物类:脂肪酸及其盐类、有机硅表面活性剂(甲基硅醇钠、乙基硅醇钠、聚乙基羟基硅氧烷)、石蜡、地沥青、橡胶及水溶性树脂乳液等。

(3)混合物类:如无机类混合物、有机类混合物、无机类与有机类混合物。

(4)复合类:上述各类与引气剂、减水剂、调凝剂(指缓凝剂和速凝剂)等外加剂复合的复合型防水剂。

防水剂可用于工业与民用建筑的屋面、地下室、隧道、巷道、给排水池、水泵站等有防水抗渗要求的混凝土工程。含氯盐的防水剂可用于素混凝土、钢筋混凝土工程,严禁用于预应力混凝土工程,其他严禁使用的范围与早强剂及早强型减水剂的规定相同,防水剂的掺量要求也与早强剂的限值相同。

(八)泵送剂

泵送剂是指能改善混凝土拌和物泵送性能的外加剂,一般由减水剂、缓凝剂、引气剂等单独使用或复合使用而成,适用于工业与民用建筑及其他构筑物的泵送施工的混凝土、滑模施工、水下灌注桩混凝土等工程,特别适用于大体积混凝土、高层建筑和超高层建筑等工程。泵送剂的品种、掺量应按供货单位提供的推荐掺量和环境温度、泵送高度、泵送距离、运输距离等要求经混凝土试配后确定。

【知识链接】 在试验和实践中人们发现,尽管在混凝土中掺外加剂可以有效地改善混凝土的技术性能,取得显著的技术经济效果,但是正确和合理的使用对外加剂的技术经济效果有十分重要的影响。如果使用不当,会酿成事故。因此,在使用外加剂时应注意以下几点:

(1)外加剂品种的选择:外加剂品种很多,效果各异,特别是对不同品种水泥效果不同。在选择外加剂时,应根据工程需要、现场的材料条件,参照有关资料,通过试验确定。

(2)外加剂掺量的确定:各种混凝土的外加剂均有适宜掺量,掺量过小,往往达不到预期的效果;掺量过大,则会造成浪费,有时甚至会影响混凝土质量,甚至造成质量事故。因此,应通过试验确定最佳掺量。

(3)外加剂的掺加方法:外加剂掺入混凝土拌和物中的方法不同,其效果也不同。例如,减水剂采用后掺法比先掺法和同掺法效果好,其掺量只需先掺法和同掺法的一半。所谓先掺法,是将减水剂先与水泥混合然后与集料和水一起搅拌;所谓同掺法,是将减水剂先溶于水形成溶液后再加入拌和物中一起搅拌;所谓后掺法,是指在混凝土拌和物送到浇筑地点后,才加入减水剂并再次搅拌均匀进行浇筑。

二、掺合料

混凝土掺合料是指在混凝土搅拌前或在搅拌过程中，与混凝土其他组分一起，直接加入的人造或天然的矿物材料以及工业废料，掺量一般大于水泥质量的5%。其目的是改善混凝土性能、调节混凝土强度等级和节约水泥用量等。

掺合料与水泥混合材料在种类上基本相同，主要有粉煤灰、硅灰、磨细矿渣粉、磨细自燃煤矸石以及其他工业废渣。粉煤灰是目前用量最大、使用范围最广的掺合料。

(一)粉煤灰

当锅炉以磨细的煤粉作为燃料时，煤粉喷入炉膛中，以细颗粒火团的形式进行燃烧，释放出热量，煤中的有机物燃烧后挥发，而煤中的固定碳和矿物杂质燃烧后收缩成球状液，经迅速冷却而成为粉煤灰。粉煤灰主要从火力发电厂的烟气中收集而得到。粉煤灰按收集方法的不同分为静电收尘灰和机械收尘灰两种，按排放方式不同分为湿排灰和干排灰，按CaO的含量高低分为高钙灰（CaO含量大于10%）和低钙灰（CaO含量小于10%）。我国绝大多数电厂排放的粉煤灰为低钙灰，湿排灰活性不如干排灰。

1.粉煤灰的颗粒形貌和化学成分

煤粉燃烧时，其中较细的粒子随气流掠过燃烧区，立即熔融成水滴状，到了炉膛外面，受到骤冷，就将熔融时由于表面张力作用形成的圆珠的形态保持下来，成为玻璃微珠。因此，粉煤灰的颗粒形貌主要是玻璃微珠，如图5-5(a)所示。玻璃微珠有空心和实心之分。空心微珠是因矿物杂质转变过程中产生的CO_2、CO、SO_2、SO_3等气体，被截留于熔融的灰滴之中而形成的。空心微珠有薄壁与厚壁之分，前者能漂浮在水面上，又叫作“漂珠”，其活性高；后者置于水中能下沉，又叫作“空心沉珠”。另外，粉煤灰中还有部分未燃尽的碳粒以及未成珠的多孔玻璃体(一些来不及完全变成液态的粗灰变成的渣状物见图5-5)等。粉煤灰的化学成分见表5-23。

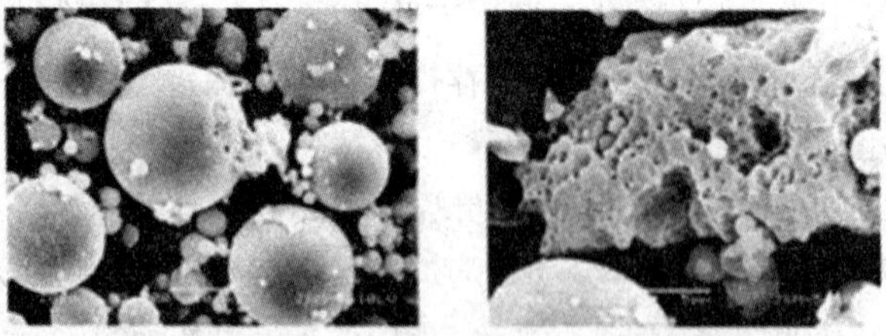

(a) 玻璃微珠　　(b) 多孔玻璃体

图5-5　粉煤灰颗粒形貌

表5-23　我国火力发电厂粉煤灰的化学成分范围

化学成分	SiO_2	Al_2O_3	Fe_2O_3	CaO	MgO	SO_3	Na_2O及K_2O	烧失量
含量范围(%)	40~60	17~35	2~15	1~10	0.5~2	0.1~2	0.5~4	1~26

2.粉煤灰的利用

我国是粉煤灰生产大国，年排放量在1.6亿t以上。粉煤灰资源化技术主要有以下七方面：

(1)作混凝土和砂浆的掺合料。

(2)作水泥的混合材料或生产原料。

(3)烧制普通砖和粉煤灰陶粒。

(4)生产硅酸盐制品,如蒸养粉煤灰砖、粉煤灰加气混凝土、空心或实心粉煤灰砌块、煤灰板材等。

(5)用于筑路和回填。

(6)农田改造。

(7)制作功能材料,如保温材料、耐火材料、塑料及橡胶填料、防水材料等。

我国粉煤灰质量控制、应用技术有关的技术标准、规范有《用于水泥和混凝土中的粉煤灰》(GB/T 1596 —2005)、《硅酸盐建筑制品用粉煤灰》(JC/T 409—2001)、《粉煤灰混凝土应用技术规范》(GBJ 146—1990)等。GB/T 1596 —2005 规定:粉煤灰按煤种分为 F 类(由无烟煤或烟煤煅烧收集的粉煤灰)和 C 类(由褐煤或次烟煤煅烧收集的粉煤灰,其氧化钙含量一般大于 10%),分为Ⅰ、Ⅱ、Ⅲ三个等级,相应的技术要求如表 5-24 所示。

表 5-24　用于混凝土中的粉煤灰的技术要求(GB/T 1596—2005)

项目		技术要求		
		Ⅰ	Ⅱ	Ⅲ
细度(0.045 mm 方孔筛筛余)(%)	F 类粉煤灰 C 类粉煤灰	≤12.0	≤25.0	≤45.0
需水量比(%)		≤95.0	≤105.0	≤115.0
烧失量(%)		≤5.0	≤8.0	≤15.0
含水量(%)		≤1.0		
三氧化硫含量(%)		≤3.0		
游离氧化钙(%)		F 类粉煤灰≤1.0,C 类粉煤灰≤4.0		
安定性	雷氏夹沸煮后增加距离(mm)	C 类粉煤灰≤5.0		

(二)硅灰

硅灰是在生产硅铁、硅钢或其他硅金属时,高纯度石英和煤在电弧炉中还原所得到的以无定形 SiO_2 为主要成分的球状玻璃体颗粒粉尘。由于硅灰单位质量很轻,因此包装、运输不很方便。硅灰活性极高,火山灰活性指标高达 110%。其中的 SiO_2 在水化早期就可与 $Ca(OH)_2$发生反应,可配制出 100 MPa 以上的高强混凝土。硅灰取代水泥后,其作用与粉煤灰类似,可改善混凝土拌和物的和易性,降低水化热,提高混凝土抗化学侵蚀性、抗冻性和抗渗性,抑制碱-集料反应,且效果比粉煤灰好得多。另外,硅灰掺入混凝土中可使混凝土的早期强度提高。硅灰需水量比为 134% 左右,若掺量过大,将会使水泥浆变得十分黏稠。在土建工程中,硅灰取代水泥量常为 5% ~15%,且必须同时掺入高效减水剂。

(三)磨细矿渣粉

磨细矿渣粉是将粒化高炉矿渣经磨细而成的粉状掺合料,其主要化学成分为 CaO、SiO_2、Al_2O_3,三者的总量占 90% 以上,另外含有 Fe_2O_3和 MgO 等氧化物及少量 SO_3。磨细矿渣粉的活性较粉煤灰高,掺量也可比粉煤灰大。磨细矿渣粉可以等量取代水泥,使混凝土的多项性能得以显著改善,如大幅度提高混凝土强度、提高混凝土耐久性和降低水泥水化热等。国外已将磨细矿渣粉大量应用于工程,我国尚处于研究开发阶段。

《用于水泥和混凝土中的粒化高炉矿渣粉》(GB/T 18046—2008)的规定:矿渣粉根据

28 d 活性指数(%)分为 S105、S95 和 S75 三个级别，相应的技术要求如表 5-25 所示。

表 5-25　矿渣粉的技术要求

级别	密度(g/cm^3)	比表面积(m^2/kg)	活性指数(%)		流动度比(%)	含水量(%)	三氧化硫(%)	氯离子②(%)	烧失量②(%)
			7 d	20 d					
S105	≥2.8	≥350	≥95	≥105	≥85	<1.0	<4.0	<0.02	<3.0
S95			≥75	≥95	≥90				
S75			≥55①	≥75	≥95				

注：①可根据用户要求协商提高。

②选择性指标。当用户有要求时，供货方应提供矿渣粉的氯离子和烧失量数据。

(四)沸石粉

沸石粉是指由沸石岩经粉磨加工制成的含水化硅铝酸盐为主的矿物火山灰质活性掺合材料。沸石岩系有 30 多个品种，用作混凝土掺合料的主要有斜发沸石或绦光沸石。沸石粉本身没有水化能力，在水泥中碱性物质激发下其活性才表现出来。沸石粉的技术要求：细度为 0.080 mm 方孔筛筛余≤7%，吸氨值≥100 mg/100 g，密度为 2.2～2.4 g/cm^3，堆积密度为 700～800 kg/m^3，火山灰试验合格，SO_3≤3%，水泥胶砂 28 d 强度比不得低于 62%。沸石粉掺入混凝土中，可取代 10%～20% 的水泥，可以改善混凝土拌和物的黏聚性，减少泌水，宜用于泵送混凝土，可减少混凝土离析及堵泵。沸石粉应用于轻骨料混凝土，可较大改善轻骨料混凝土拌和物的黏聚性，减少轻骨料的上浮。

(五)其他掺合料

1. *磨细自燃煤矸石粉*

自燃煤矸石粉是由煤矿洗煤过程中排出的矸石，经自燃而成的。自燃煤矸石具有一定的火山灰活性，磨细后可作为混凝土的掺合料。

2. *浮石粉、火山渣粉*

浮石粉和火山渣粉均是火山喷出的轻质多孔岩石经磨细而得的掺合料。《用于水泥中的火山灰质混合材料》(GB/T 2847—1996)规定：浮石粉和火山渣粉的烧失量小于或等于 10%，火山灰试验合格，SO_3 含量小于或等于 3%，水泥胶砂 28 d 强度比不得低于 62%。

第五节　普通混凝土的配合比设计

混凝土的配合比是指混凝土中各组成材料用量之比。混凝土的配合比主要有质量比和体积比两种表示方法。工程中常用质量比表示：一种是用 1 m^3 混凝土中各组成材料的实际用量表示，例如水泥 m_C=295 kg，粉煤灰 m_f=60 kg，砂 m_S=648 kg，石子 m_g=1 330 kg，水 m_W=165 kg；另一种是用各组成材料用量之比表示，例如上例也可表示为 $m_C : m_f : m_S : m_g : m_W$ = 1 : 0.20 : 2.20 : 4.51 : 0.56。

混凝土配合比设计的要求，即混凝土需要达到的性能要求，包括技术要求和经济性要求两个方面。技术要求主要包括和易性、强度、耐久性等。在满足技术要求的基础上，要尽量节约原材料，降低成本等，这是经济性要求。

普通混凝土配合比设计的主要参数包括水胶比 W/B、单位用水量(m_W)和砂率(β_S)。

这三个参数反映了混凝土的主要技术性质。

一、初步配合比

(一)混凝土的施工配制强度$f_{cu,0}$

为了使混凝土强度达到强度等级要求的保证率为95%,在施工配制混凝土时,应在强度等级要求的基础上提高混凝土的强度,该强度称为混凝土的施工配制强度。根据混凝土强度分布规律,施工配制强度的计算式如下。

1. 混凝土配制强度的确定

(1)当混凝土的设计强度等级小于C60时,其配制强度应按下式计算:

$$f_{cu,0} \geqslant f_{cu,k} + 1.645\sigma \tag{5-6}$$

式中 $f_{cu,0}$——混凝土的配制强度,MPa;

$f_{cu,k}$——混凝土立方体抗压强度标准值,这里取设计混凝土强度等级值,MPa;

σ——混凝土强度标准差,MPa。

(2)当混凝土的设计强度等级大于或等于C60时,其配制强度应按下式计算:

$$f_{cu,0} \geqslant 1.15f_{cu,k} \tag{5-7}$$

2. 混凝土强度标准差的确定

(1)当具有近1~3个月的同一品种、同一强度等级混凝土的强度资料时,其混凝土强度标准差σ应按下式计算:

$$\sigma = \sqrt{\frac{\sum_{i=1}^{n} f_{cu,i}^{2} - nm^{2}f_{cu}}{n-1}} \tag{5-8}$$

式中 $f_{cu,i}$——第i组试件的强度,MPa;

mf_{cu}——n组试件的强度平均值,MPa;

n——试件组数,n值应大于或等于30。

对于强度等级不大于C30的混凝土:当σ计算值不小于3.0 MPa时,应按照计算结果取值;当σ计算值小于3.0 MPa时,σ应取3.0 MPa。对于强度等级大于C30且不大于C60的混凝土:当σ计算值不小于4.0 MPa时,应按照计算结果取值;当σ计算值小于4.0 MPa时,σ应取4.0 MPa。

(2)当没有近期的同一品种、同一强度等级混凝土强度资料时,其混凝土强度标准差σ可按表5-26取值。

表5-26 标准差σ值 (单位:MPa)

混凝土强度标准值	≤C20	C25~C45	C50~C55
σ	4.0	5.0	6.0

(二)确定混凝土水胶比$\frac{W}{B}$

1. 按混凝土强度要求计算水胶比$\frac{W}{B}$

当混凝土强度等级小于C60级时,混凝土水胶比宜按下式计算:

$$\frac{W}{B} = \frac{\alpha_a f_b}{f_{cu,0} + \alpha_a \alpha_b f_b} \tag{5-9}$$

式中　α_a、α_b——回归系数；

f_b——胶凝材料（水泥与矿物掺合料按使用比例混合）28 d 胶砂抗压强度，MPa。

当无实测值时，可按下列规定确定：

当矿物掺合料为粉煤灰和粒化高炉矿渣粉时，可按下式推算 f_b 值：

$$f_b = 1.1\gamma_f \gamma_s f_{ce,g} \tag{5-10}$$

式中　γ_f、γ_s——粉煤灰影响系数和粒化高炉矿渣粉影响系数，可按表 5-27 选用；

$f_{ce,g}$——水泥强度等级值，MPa。

表 5-27　粉煤灰影响系数 γ_f 和粒化高炉矿渣粉影响系数 γ_s

掺量（%）	种类	
	粉煤灰影响系数 γ_f	粒化高炉矿渣粉影响系数 γ_s
0	1.00	1.00
10	0.85～0.95	1.00
20	0.75～0.85	0.95～1.00
30	0.65～0.75	0.90～1.00
40	0.55～0.65	0.80～0.90
50	—	0.70～0.85

注：①本表应以 P·O 42.5 水泥为准；如采用普通硅酸盐水泥以外的通用硅酸盐水泥，可将水泥混合材料掺量 20% 以上部分计入矿物掺合料。

②宜采用Ⅰ级或Ⅱ级粉煤灰，采用Ⅰ级灰宜取上限值，采用Ⅱ级灰宜取下限值。

③采用 S75 级粒化高炉矿渣粉宜取下限值，采用 S95 级粒化高炉矿渣粉宜取上限值，采用 S105 级粒化高炉矿渣粉可取上限值加 0.05。

④当超出表中的掺量时，粉煤灰影响系数和粒化高炉矿渣粉影响系数应经试验确定。

回归系数 α_a 和 α_b 宜按下列规定确定：

（1）根据工程所使用的原材料，通过试验建立的水胶比与混凝土强度关系式来确定。

（2）当不具备上述试验统计资料时，可按表 5-28 选取。

表 5-28　回归系数 α_a、α_b 选用

系数	粗集料品种	
	碎石	卵石
α_a	0.53	0.49
α_b	0.20	0.13

2. 按耐久性要求复核水胶比

为了使混凝土耐久性符合要求，按强度要求计算的水胶比值不得超过表 5-29 规定的最大水胶比值，否则混凝土耐久性不合格，此时取规定的最大水胶比值作为混凝土的水胶比值。

表5-29　混凝土的最小胶凝材料用量

最大水胶比	最小胶凝材料用量(kg/m³)		
	素混凝土	钢筋混凝土	预应力混凝土
0.60	250	280	300
0.55	280	300	300
0.50	320		
≤0.45	330		

(三)确定单位用水量 m_{W0}

混凝土的单位用水量的确定,应符合以下规定。

1. 塑性混凝土和干硬性混凝土单位用水量的确定

(1)当混凝土水胶比为0.40~0.80时,根据粗集料的品种、粒径及施工要求的混凝土拌和物稠度,其单位用水量分别按表5-30和表5-31选取。每立方米干硬性混凝土或塑性混凝土的用水量(m_{W0})应符合下列规定。

表5-30　塑性混凝土的单位用水量　(单位:kg)

拌和物稠度		卵石最大粒径(mm)				碎石最大粒径(mm)			
项目	指标	10.0	20.0	31.5	40.0	16.0	20.0	31.5	40.0
坍落度(mm)	10~30	190	170	160	150	200	185	175	165
	35~50	200	180	170	160	210	195	185	175
	55~70	210	190	180	170	220	205	195	185
	75~90	215	195	185	175	230	215	205	195

表5-31　干硬性混凝土的单位用水量　(单位:kg)

拌和物稠度		卵石最大粒径(mm)			碎石最大粒径(mm)		
项目	指标	10.0	20.0	40.0	16.0	20.0	40.0
维勃稠度(s)	16~20	175	160	145	180	170	155
	11~15	180	165	150	185	175	160
	5~10	185	170	155	190	180	165

注:①本表用水量是采用中砂时的取值。当采用细砂时,每立方米混凝土用水量可增加5~10 kg;当采用粗砂时,每立方米混凝土用水量可减少5~10 kg。

②掺用矿物掺合料和外加剂时,用水量应相应调整。

(2)混凝土水胶比小于0.40时,可通过试验确定。

2. 每立方米流动性或大流动性混凝土的用水量计算

每立方米流动性或大流动性混凝土的用水量计算公式如下:

$$m_{W0} = m'_{W0}(1 - \beta) \tag{5-11}$$

式中　m'_{W0}——满足实际坍落度要求的每立方米混凝土用水量,kg,以表5-30中90 mm坍落度的用水量为基础,按每增大20 mm坍落度相应增加5 kg用水量来计算;

β——外加剂的减水率(%),应经混凝土试验确定。

（四）计算每立方米混凝土中外加剂用量

$$m_{a0} = m_{b0}\beta_a \tag{5-12}$$

式中 m_{a0}——每立方米混凝土中外加剂用量，kg；

m_{b0}——每立方米混凝土中胶凝材料用量，kg；

β_a——外加剂掺量（%），应经混凝土试验确定。

（五）计算胶凝材料、矿物掺合料和水泥用量

（1）每立方米混凝土的胶凝材料用量（m_{b0}）应按下式计算：

$$m_{b0} = \frac{m_{W0}}{W/B} \tag{5-13}$$

（2）每立方米混凝土的矿物掺合料用量（m_{f0}）计算应符合下列规定：

①按《普通混凝土配合比设计规程》（JGJ 55—2011）第3.0.5条和第5.1.1条确定符合强度要求的矿物掺合料掺量β_f；

②矿物掺合料用量（m_{f0}）应按下式计算：

$$m_{f0} = m_{b0}\beta_f \tag{5-14}$$

式中 m_{f0}——每立方米混凝土中矿物掺合料用量，kg；

β_f——计算水胶比过程中确定的矿物掺合料掺量（%）。

（3）每立方米混凝土的水泥用量（m_{C0}）应按下式计算：

$$m_{C0} = m_{b0} - m_{f0} \tag{5-15}$$

式中 m_{C0}——每立方米混凝土中水泥用量，kg；

其他符号意义同前。

（六）砂率

当无历史资料可参考时，混凝土砂率的确定应符合下列规定：

（1）坍落度小于10 mm的混凝土，其砂率应经试验确定。

（2）坍落度为10～60 mm的混凝土，其砂率可根据粗集料品种、最大公称粒径及水胶比按表5-32选取。

表5-32 混凝土的砂率

（%）

水胶比（W/B）	卵石最大公称粒径（mm）			碎石最大公称粒径（mm）		
	10.0	20.0	40.0	16.0	20.0	40.0
0.40	26～32	25～31	24～30	30～35	29～34	27～32
0.50	30～35	29～34	28～33	33～38	32～37	30～35
0.60	33～38	32～37	31～36	36～41	35～40	33～38
0.70	36～41	35～40	34～39	39～44	38～43	36～41

注：①本表数值是中砂的选用砂率，对于细砂或粗砂，可相应地减小或增大砂率。

②当采用人工砂配制混凝土时，砂率可适当增大。

③当只用一个单粒级粗集料配制混凝土时，砂率应适当增大。

④对于薄壁构件，砂率宜取偏大值。

（3）坍落度大于60 mm的混凝土，其砂率可经试验确定，也可在表5-32的基础上，按坍落度每增大20 mm、砂率增大1%的幅度予以调整。

砂率应按下式计算：

$$\beta_S = \frac{m_{S0}}{m_{S0} + m_{g0}} \times 100\% \tag{5-16}$$

(七)粗、细集料用量

(1)当采用质量法计算粗、细集料用量时,应按下式计算：

$$m_{f0} + m_{C0} + m_{g0} + m_{S0} + m_{W0} = m_{cp} \tag{5-17}$$

$$\beta_S = \frac{m_{S0}}{m_{g0} + m_{S0}} \times 100\% \tag{5-18}$$

式中 m_{g0}——每立方米混凝土的粗集料用量,kg;

m_{S0}——每立方米混凝土的细集料用量,kg;

m_{W0}——每立方米混凝土的用水量,kg;

β_S——砂率(%);

m_{cp}——每立方米混凝土拌和物的假定质量,kg,可取2 350~2 450 kg。

(2)当采用体积法计算粗、细集料用量时,应按下式计算：

$$\frac{m_{C0}}{\rho_C} + \frac{m_{f0}}{\rho_f} + \frac{m_{g0}}{\rho_g} + \frac{m_{S0}}{\rho_S} + \frac{m_{W0}}{\rho_W} + 0.01\alpha = 1 \tag{5-19}$$

式中 ρ_C——水泥密度,kg/m^3;

ρ_f——矿物掺合料密度,kg/m^3;

ρ_g——粗集料的表观密度,kg/m^3;

ρ_S——细集料的表观密度,kg/m^3;

ρ_W——水的密度,kg/m^3,可取1 000 kg/m^3;

α——混凝土的含气量百分数,在不使用引气型外加剂时,α 可取为1。

初步配合比为：

(1)以1 m^3 混凝土中各组成材料的实际用量表示。

(2)以组成材料用量之比表示：$m_{C0}:m_{f0}:m_{S0}:m_{g0}:m_{W0} = 1:x:y:z:n$ 。

二、基准配合比

根据计算的混凝土初步配合比,采用工程中实际使用的原材料进行试配。混凝土的搅拌方法宜与生产时使用的方法相同。混凝土试配时,每盘混凝土的最小搅拌量应符合表5-33的规定。当采用机械搅拌时,其搅拌量不应小于搅拌机额定搅拌量的1/4。

表5-33 混凝土试配时的最小搅拌量

集料最大粒径(mm)	拌和物数量(L)
31.5及以下	20
40	25

按计算的初步配合比进行试配时,首先应进行试拌,以检查拌和物的性能。当试拌得出的拌和物坍落度或维勃稠度不能满足要求,或黏聚性和保水性不好时,应在保证水胶比不变的条件下相应调整用水量或砂率,直到符合要求。然后测得达到和易性要求的混凝土拌和

物的体积密度 $\rho_{c,t}$（kg/m^3），提出混凝土强度试验用的基准配合比。

三、实验室配合比

进行混凝土强度试验时，至少应采用三个不同的配合比。当采用三个不同配合比时，其中一个应为计算出的基准配合比，另外两个配合比的水胶比宜较基准配合比分别增加和减少0.05；用水量应与基准配合比相同，砂率可分别增加或减少1%。

当不同水胶比的混凝土拌和物坍落度与要求值的差超过允许偏差时，可通过增、减用水量进行调整。

制作混凝土强度试验试件时，应检验混凝土拌和物的坍落度或维勃稠度、黏聚性、保水性及拌和物的体积密度，并以此结果代表相应配合比的混凝土拌和物性能。每种配合比至少应制作一组试件（三块），标准养护至28 d时试压。

（1）根据试验得出的混凝土强度与其相应的胶水比（B/W）关系，用作图法或计算法求出与混凝土配制强度（$f_{cu,0}$）相对应的胶水比，并按下列原则确定1 m^3 混凝土中的组成材料用量：

①单位用水量（m_W）应在基准配合比用水量的基础上，根据制作强度试件时测得的坍落度或维勃稠度进行调整确定；

②胶凝材料用量（m_b）应以用水量乘以选定出来的胶水比计算确定；

③细集料和粗集料用量（m_S、m_g）应在基准配合比的用量基础上，按选定的胶水比进行调整后确定。

（2）经试配确定配合比后，还应按下列步骤进行校正：

①根据上述方法确定的各组成材料用量，按下式计算混凝土的体积密度计算值 $\rho_{c,c}$：

$$\rho_{c,c} = m_C + m_f + m_S + m_g + m_W$$

②应按下式计算混凝土配合比校正系数 δ：

$$\delta = \frac{\rho_{c,t}}{\rho_{c,c}} \tag{5-20}$$

式中 $\rho_{c,t}$——混凝土体积密度实测值，kg/m^3；

$\rho_{c,c}$——混凝土体积密度计算值，kg/m^3。

③当混凝土体积密度实测值与计算值之差的绝对值不超过计算值的2%时，按（1）条确定的配合比即为确定的设计配合比；当二者之差超过2%时，应将配合比中各组成材料用量均乘以校正系数 δ，即为确定的设计配合比。

四、施工配合比

设计配合比中的砂、石子均以干燥状态下的用量为准。施工现场的集料一般采用露天堆放，其含水率随气候的变化而变化，因此必须在设计配合比的基础上进行调整。

假定现场砂、石子的含水率分别为 $a\%$ 和 $b\%$，则施工配合比中1 m^3 混凝土的各组成材料用量分别为：

$$m'_C = m_C \tag{5-21}$$

$$m'_f = m_f \tag{5-22}$$

$$m'_S = m_S(1 + a\%) \tag{5-23}$$

$$m'_g = m_g(1 + b\%) \quad (5\text{-}24)$$

$$m'_W = m_W - m_S \cdot a\% - m_g \cdot b\% \quad (5\text{-}25)$$

五、混凝土配合比设计实例

某工程现浇室内钢筋混凝土梁，混凝土设计强度等级为C30。施工采用机械拌和和振捣，选择的混凝土拌和物坍落度为30～50 mm。施工单位无混凝土强度统计资料。所用原材料如下：

水泥：普通水泥，强度等级42.5 MPa，实测28 d抗压强度48.0 MPa，密度$\rho_C = 3.1$ g/cm^3；

砂：中砂，级配2区合格，表观密度$\rho_S = 2.65$ g/cm^3；

石子：卵石，5～40 mm，表观密度$\rho_g = 2.60$ g/cm^3；

水：自来水，密度$\rho_W = 1.00$ g/cm^3。

不掺加矿物掺合料。

试用体积法和质量法计算该混凝土的基准配合比。

解：1. 计算混凝土的施工配制强度$f_{cu,0}$

根据题意可得：$f_{cu,k} = 30.0$ MPa，查表5-26，取$\sigma = 5.0$ MPa，则

$$f_{cu,0} = f_{cu,k} + 1.645\sigma = 30.0 + 1.645 \times 5.0 = 38.2(\text{MPa})$$

2. 确定混凝土水胶比W/B

(1)按强度要求计算。

根据题意可得：$f_b = 48.0$ MPa，$\alpha_a = 0.49$，$\alpha_b = 0.13$，则

$$\frac{W}{B} = \frac{\alpha_a f_b}{f_{cu,0} + \alpha_a \alpha_b f_b} = \frac{0.49 \times 48.0}{38.2 + 0.49 \times 0.13 \times 48.0} = 0.57$$

(2)复核耐久性：经复核，耐久性合格。

3. 确定用水量m_{W0}

根据题意，集料为中砂，卵石最大粒径为40 mm，查表5-30取，$m_{W0} = 160$ kg。

4. 计算水泥用量m_{C0}

(1)计算：

根据题意
$$m_{b0} = \frac{m_{W0}}{W/B} = \frac{160}{0.57} = 280(\text{kg})$$

$$m_{C0} = m_{b0} = 280(\text{kg})$$

(2)复核耐久性：经复核，耐久性合格。

5. 确定砂率β_S

根据题意，采用中砂、卵石（最大粒径40 mm）、水胶比0.57，查表5-32，β_S为28%～33%，取$\beta_S = 30\%$。

6. 计算砂、石子用量m_{S0}、m_{g0}

(1)体积法。将数据代入体积法的计算公式，取$\alpha = 1$，可得

$$\begin{cases} \dfrac{280}{3\,100} + \dfrac{160}{1\,000} + \dfrac{m_{S0}}{2\,650} + \dfrac{m_{g0}}{2\,600} + 0.01 \times 1 = 1 \\ \dfrac{m_{S0}}{m_{S0} + m_{g0}} \times 100\% = 30\% \end{cases}$$

解方程组，可得 $m_{S0}=580\ kg$、$m_{g0}=1\ 354\ kg$。

（2）质量法。假定混凝土拌和物的质量 $m_{cp}=2\ 400\ kg$，将数据代入质量法计算公式，得：

$$\begin{cases} m_{S0}+m_{g0}=2\ 400-280-160 \\ \dfrac{m_{S0}}{m_{S0}+m_{g0}}\times 100\%=30\% \end{cases}$$

解方程组，可得 $m_{S0}=588\ kg$、$m_{g0}=1\ 372\ kg$。

7. 计算基准配合比

（1）体积法。

$$m_{C0}:m_{S0}:m_{g0}:m_{W0}=280:580:1\ 354:160=1:2.07:4.84:0.57$$

（2）质量法。

$$m_{C0}:m_{S0}:m_{g0}:m_{W0}=280:588:1\ 372:160=1:2.10:4.90:0.57$$

第六节　混凝土的质量控制

对混凝土进行质量控制是一项非常重要的工作。应该按规定的时间与数量，检查混凝土组成材料的质量与用料量。在搅拌地点及浇筑地点，要检查混凝土拌和物的坍落度或维勃稠度，而且须检查配合比是否因外界因素影响而有所变动，以及搅拌时间是否充分等。对硬化后混凝土性能的控制尤为重要。对混凝土强度的检验主要是抗压强度，必要时还要检验其抗冻性、抗渗性等。

混凝土的质量如何，要通过其性能检验的结果来表达。在施工中，虽然力求做到既要保证混凝土所要求的性能，又要保持其质量的稳定性。但实际上，由于原材料及施工条件以及试验条件等许多复杂因素的影响，必然会造成混凝土质量上的波动。原材料及施工方面的影响因素有水泥、集料及外加剂等原材料的质量和计量的波动，用水量或集料含水量的变化所引起水灰比的波动，搅拌、运输、浇筑、振捣、养护条件的波动以及气温变化等。试验条件方面的影响因素有取样方法、试件成型及养护条件的差异、试验机的误差和试验人员的操作熟练程度等。

一、混凝土原材料的质量控制

混凝土是由多种材料混合制作而成的，任何一种组成材料的质量偏差或不稳定都会造成混凝土整体质量的波动。

（1）水泥要严格按其技术质量标准进行检验，并按有关条件进行品种的合理选用，特别是要注意水泥的有效期。

（2）粗、细集料应控制其杂质和有害物质的含量，若不符合要求，应经处理合格后方能使用。

（3）水泥、砂、石、外加剂等主要材料应检查产品合格证、出厂检验报告或进场复检记录。

二、混凝土施工过程的质量控制

混凝土施工过程的质量控制主要包括控制称量、搅拌、运输、浇筑、振捣及养护等项内容。

混凝土的原材料必须称量准确，每盘称量的允许偏差控制在水泥、掺合料 ±2%；粗、细集料 ±3%；水、外加剂 ±2%，每工作班抽查不少于一次，各种衡器应定期检验。

混凝土的运输、浇筑及间歇的全部时间不应超过混凝土的初凝时间。要及时观察、检查施工记录。在运输、浇筑工程中要防止离析、泌水、流浆等不良现象发生，并分层按顺序振捣，严防漏震。

混凝土浇筑完毕后，应按施工技术方案及时采取有效的养护措施，应随时观察并检查施工记录。

三、混凝土的质量评定

（一）混凝土质量波动

混凝土在生产过程中由于受到许多因素的影响，其质量不可避免地存在波动。造成混凝土质量波动的主要因素有以下几个方面：

（1）混凝土生产前的因素：主要包括组成材料、配合比和设备状况等。

（2）混凝土生产过程中的因素：主要包括计量、搅拌、运输、浇筑、振捣和养护，试件的制作与养护等。

（3）混凝土生产后的因素：主要包括批量划分、验收界限、检测方法和检测条件等。

虽然混凝土的质量波动是不可避免的，但并不意味着不去控制混凝土的质量。相反，要认识到混凝土质量控制的复杂性，必须将质量管理贯穿于生产的全过程，使混凝土的质量在合理范畴内波动，确保建筑工程的结构安全。

（二）混凝土强度的波动规律——正态分布

在正常生产条件下，影响混凝土强度的因素是随机变化的，对同一种混凝土进行系统的随机抽样，测试结果表明其强度的波动规律符合正态分布，如图 5-6 所示。混凝土强度正态分布曲线有以下特点：

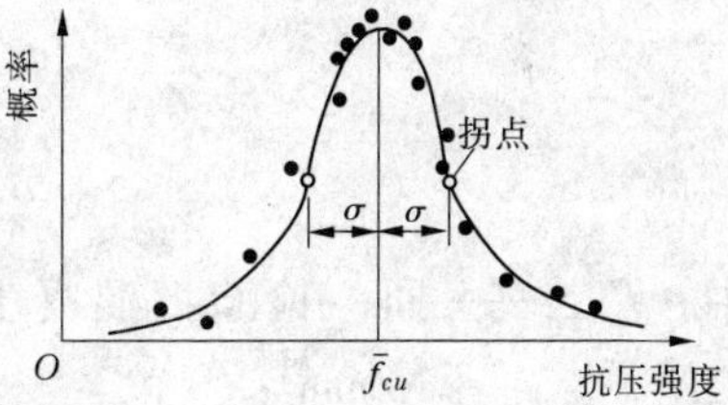

图 5-6　混凝土强度的正态分布示意图

（1）曲线呈钟形，两边对称。对称轴为平均强度，曲线的最高峰出现在该处。这表明混凝土强度接近其平均强度值处出现的次数最多，而随着远离对称轴，强度测定值出现的概率越来越小，最后趋近于零。

（2）曲线和横坐标之间所包围的面积为概率的总和，等于 100%。对称轴两边出现的概率相等，各为 50%。

（3）在对称轴两边的曲线上各有一个拐点。两拐点间的曲线向上凸弯，拐点以外的曲线向下凹弯，并以横坐标为渐近线。

衡量混凝土施工质量的指标主要包括正常生产控制条件下混凝土强度的平均值、标准差、变异系数和强度保证率等。

（三）混凝土强度的检验评定

1. 混凝土的取样、试拌、养护和试验

混凝土的取样次数，每 100 盘，但不超过 100 m^3 的同配合比的混凝土，取样次数不得少于 1 次；当每一工作班拌制的同配合比的混凝土不足 100 盘时，其取样次数不得少于 1 次。

预拌混凝土应在预制混凝土厂内按以上规定取样,混凝土运到施工现场后,还应按以上规定批样检验。每批(验收批)混凝土取样制作的试样总组数应符合不同情况下强度评定所必需的组数,每组的三个试件应在同一盘混凝土内取样制作。

2. 混凝土强度的检验评定

混凝土强度的评定可分为统计法和非统计法。

1)统计方法(一)

该种方法适应于同一品种的混凝土的生产,有可能在较长时间内通过质量管理维持基本相同的生产条件,即维持原材料、设备、工艺以及人员配备的稳定性,即使有所变化,也能很快予以调整而恢复正常的情况。这类生产状况可使每批混凝土强度的变异性基本稳定,每批的强度标准差可按常数考虑,而且其数值可根据前一时期生产条件的强度数值加以确定。

应用该种统计法评定混凝土的强度,应由连续的三组试件组成一验收批,其强度同时满足下列要求:

$$\bar{f}_{cu} \geqslant f_{cu,k} + 0.7\sigma_0 \quad (5\text{-}26)$$

$$f_{cu,\min} \geqslant f_{cu,k} - 0.7\sigma_0 \quad (5\text{-}27)$$

当混凝土强度等级不大于 C20 时,其强度的最小值尚应满足下式要求:

$$f_{cu,\min} \geqslant 0.85 f_{cu,k} \quad (5\text{-}28)$$

当混凝土强度等级大于 C20 时,其强度的最小值尚应满足下式要求:

$$f_{cu,\min} \geqslant 0.90 f_{cu,k} \quad (5\text{-}29)$$

验收混凝土立方体抗压强度的标准差,应根据前一个检验期内同一品种混凝土试件的强度数据,按下式确定:

$$\sigma_0 = \sqrt{\frac{\sum_{i=1}^{n} f_{cu,i}^2 - n\bar{f}_{cu}^2}{n-1}} \quad (5\text{-}30)$$

式中 $f_{cu,\min}$——同一检验批混凝土立方体抗压强度中的最小值,N/mm^2,精确到 0.1 N/mm^2;

$f_{cu,k}$——混凝土立方体抗压强度标准值,N/mm^2,精确到 0.1 N/mm^2;

σ_0——验收批的混凝土立方体抗压强度标准差,N/mm^2,精确到 0.01 N/mm^2,当检验批混凝土立方体抗压强度 σ_0 计算值小于 2.5 N/mm^2 时,应取 2.5 N/mm^2;

$f_{cu,i}$——前一检验期内同一品种、同一强度等级的第 i 组混凝土试件的立方体抗压强度代表值,N/mm^2,精确到 0.1 N/mm^2,该检验期不应少于 60 d,也不得大于 90 d;

n——前一检验期内的样本容量,在该期间内样本容量不应少于 45。

2)统计方法(二)

该种方法是指生产连续性较差,即在生产中无法维持基本相同的生产条件,或生产期较短,无法积累强度数值以计算可靠的标准差数值的情况。此时,强度检验评定只能直接根据每一验收批抽样的强度数值确定。为了提高检验效率,要求每一批抽样不少于 10 组,其强度应同时满足以下要求:

$$m_{\bar{f}_{cu}} \geqslant f_{cu,k} + \lambda_1 S_{f_{cu}} \quad (5\text{-}31)$$

$$f_{cu,\min} \geqslant \lambda_2 f_{cu,k} \tag{5-32}$$

式中 $m_{\bar{f}_{cu}}$——同一检验批混凝土立方体抗压强度的平均值,N/mm²,精确到 0.1 N/mm²;

$S_{f_{cu}}$——同一验收批的混凝土立方体抗压强度标准差,N/mm²,精确到 0.01 N/mm²,当检验批混凝土立方体抗压强度标准差 $S_{f_{cu}}$ 计算值小于 2.5 N/mm² 时,应取 2.5 N/mm²;

λ_1、λ_2——合格判定系数,按表 5-34 取用。

表 5-34　混凝土强度的合格判定系数

试件组数	10 ~ 14	15 ~ 24	≥25
λ_1	1.70	1.65	1.60
λ_2	0.90	0.85	

3) 非统计法

该种方法适用于零星生产的预制构件混凝土或现场搅拌批量不大的混凝土,该种情况下因试件数量有限,不具备统计方法评定混凝土强度的条件。

按非统计法评定混凝土强度时,其所保留强度应同时满足下式要求:

$$\bar{f}_{cu} \geqslant \lambda_3 f_{cu,k} \tag{5-33}$$

$$f_{cu,\min} \geqslant \lambda_4 f_{cu,k} \tag{5-34}$$

式中 λ_3、λ_4——合格判定系数,按表 5-35 取用。

表 5-35　混凝土强度非统计方法的合格判定系数

混凝土强度等级	< C60	≥C60
λ_3	1.15	1.10
λ_4	0.95	

3. 混凝土强度的合格性判断

混凝土强度应分批进行检验评定,当检验结果能满足以上评定强度的公式的规定时,则该批混凝土为合格;当不能满足上述规定时,该批混凝土强度判为不合格。对于不合格批混凝土制成的结构或构件,必须及时处理。

当对混凝土试件强度的代表性有怀疑时,可采取从结构构件中钻取试件的方法或采用非破损检验方法,按有关标准对结构或构件中混凝土的强度进行推定。

结构或构件拆模、出池、出厂、吊装、预应力筋张拉或放张,以及施工期间需短暂负荷时的混凝土强度,应满足设计要求或现行国家标准的有关规定。

第七节　特殊品种混凝土

混凝土广泛用于建筑工程的近 200 年以来,随着工程建设不断发展所提出的对功能的特殊要求,各种具有特殊性能的混凝土不断出现。这些有独特性能的混凝土不断满足了建筑工程发展的需要,反过来也极大地促进了建筑科学技术的日新月异。大多数新品种的混凝土是在传统普通混凝土的基础上发展起来的,但性能又各具特色,不同于普通混凝土,它们共同组成的混凝土大家族,扩大了混凝土的应用范围,从长远看是很有发展潜力的,下面简要地介绍几种特殊性能的混凝土。

一、高强混凝土

(一)概述

高强混凝土是指强度等级为 C60 及其以上的混凝土。高强混凝土的组成材料应符合以下规定:

(1)应选用质量稳定、强度等级不低于 42.5 级的硅酸盐水泥或普通硅酸盐水泥。

(2)对于强度等级为 C60 级的混凝土,其粗集料最大粒径不应大于 31.5 mm;对于强度等级高于 C60 级的混凝土,其粗集料最大粒径不应大于 25 mm;粗集料的针片状颗粒含量不宜大于 5.0%,含泥量不应大于 0.5%,泥块含量不宜大于 0.2%;其他质量指标应符合《建筑用卵石、碎石》(GB/T 14685—2001)的规定。

(3)细集料细度模数宜大于 2.6,含泥量不应大于 2.0%,泥块含量不应大于 0.5%。其他质量指标应符合《建筑用砂》(GB/T 14684—2001)的规定。

(4)配制高强混凝土时,应掺用高效减水剂或缓凝高效减水剂。

(5)配制高强混凝土时,应掺用活性较好的矿物掺合料,且宜复合使用矿物掺合料。

(二)高强混凝土的高强方法

为使混凝土达到高强,主要可采用下列方法。

1. 改善水泥的水化条件

(1)增加水泥中早强和高强的矿物成分的含量。当水泥矿物中硅酸三钙、铝酸三钙和氟铝酸钙的含量增加时,对水泥混凝土早强、高强都有一定的效果,特别是以氟铝酸钙为主要成分的水泥,快凝、快硬的效果显著,4 d 的抗压强度可达 20 MPa 以上。

(2)提高水泥的磨细度。提高水泥的细度可使水泥加速和加快水化。研究表明,当超高强水泥细度提高到比表面积为 6 000 cm^2/g、水灰比为 0.2 时,水泥净浆的抗压强度抗压可达 215 MPa。

(3)采用压蒸养护已如前述,水泥的水化和凝结硬化的速度是随养护温度的升高而加速的。采用蒸压养护技术,可促使水泥水化反应迅速完成。

2. 掺加各种高聚物

使用水泥以外的结合料,目前主要是混凝土中掺加各种聚合物。

3. 增强集料和水泥的黏附性

混凝土破坏的方式主要有水泥石的破坏、集料的破坏或水泥石与集料之间界面的破坏。在这三种破坏方式中,尤以水泥石与集料的黏附力不足而引起的破坏最为常见。为此,曾有研究者采用水泥熟料作为混凝土的集料,制成所谓的“熟料混凝土”。在拌制混凝土时,有的还掺加减水剂,这样可取得明显的高强效果,这种混凝土 1 d 的抗压强度可达 68 MPa,2 d 的抗压强度可达 98 MPa。还有的研究者采用环氧树脂处理集料表面,亦得到良好的高强效果。

4. 掺加高效外加剂

掺加外加剂降低水灰比,以提高混凝土的强度。

5. 增加混凝土的密实度

随着混凝土密实度的增加(即孔隙率的减小),混凝土的强度亦随之提高,同时其他一系列物理力学性能亦得到改善。

6. 采用纤维增强

采用各种纤维增强,对提高混凝土强度可达到良好的高强效果,详见本节纤维增强混凝土。

二、轻混凝土

轻混凝土是指混凝土密度不大于1 900 kg/m^3 的混凝土。轻混凝土按其孔隙结构分为轻集料混凝土(即多孔集料轻混凝土)、多孔混凝土(主要包括加气混凝土和泡沫混凝土等)和大孔混凝土(即无砂混凝土或少砂混凝土)。

轻混凝土与普通混凝土相比,其最大特点是密度小、具有良好的保温性能。混凝土的密度越小,热导率越低,保温性能越好。密度为500～1 400 kg/m^3 的轻混凝土,其热导率一般为0.116～0.488 W/(m·K),主要用作有保温要求的墙体、屋面或各种热工构筑物的保温层。密度为1 400～1 900 kg/m^3、抗压强度为15～50 MPa的结构轻混凝土,由于自重轻、弹性模量低、抗震性能好、耐火性能也较好等特点,主要用作工业与民用建筑,特别是高层建筑和桥梁工程的承重结构。

三、防水混凝土

防水混凝土是指以调整混凝土的配合比、掺外加剂或使用新品种水泥等方法提高自身的密实性、憎水性和抗渗性,使其满足抗渗压力大于0.6 MPa的不透水性混凝土。

防水混凝土一般可分为普通防水混凝土、外加剂防水混凝土和膨胀水泥防水混凝土三大类。抗渗混凝土按抗渗压力不同分为P4、P6、P8、P12。抗渗混凝土通过提高混凝土的密实度,改善孔隙结构,从而减少渗透通道,提高混凝土的抗渗性。常用的办法是掺用引气型外加剂,使混凝土内部产生不连通的气泡,截断毛细管通道,改变孔隙结构,从而提高混凝土的抗渗性。此外,减小水灰比,选用适当品种及强度等级的水泥,保证施工质量,特别是注意振捣密实、养护充分等,都对提高抗渗性能有重要作用。可以看出,防水和抗渗有着很大的相似之处,只是由于设计要求的建筑物抗渗性的不同或建筑物不可以使用其他附加防水材料而使用不同的混凝土。对抗渗有明确要求时,就用抗渗混凝土。使用防水混凝土主要是因为如果使用其他防水材料(卷材或涂料),不能满足结构的其他要求。另外,防水混凝土与防水卷材或其他防水材料的差别,即用防水混凝土与采用卷材防水等相比较,防水混凝土具有以下特点:①兼有防水和承重两种功能,能节约材料,加快施工速度;②材料来源广泛,成本低廉;③在结构物造型复杂的情况下,施工简便,防水性能可靠;④渗漏水时易于检查,便于修补; ⑤耐久性好; ⑥可改善劳动条件。

四、流态混凝土和泵送混凝土

(一)流态混凝土

流态混凝土是指混凝土拌和料坍落度值大于或等于160 mm呈高度流动状态的混凝土。一般采用适量的流化剂(高效减水剂或普通减水剂)作为外加剂,加到坍落度为50～100 mm的混凝土混合物中,使其流动性大幅度提高,达到便于浇灌,减轻甚至免去振捣成型工序的目的。

流化剂除能减少用水量外,还有一定的早强性能。流态混凝土不需提高水灰比与单位用水量,故其强度比普通混凝土的强度有所提高。其他物理力学性能与普通混凝土的相近。

流态混凝土适用于泵送、管道输送、漏斗浇灌及快速施工等场合。

(二)泵送混凝土

泵送混凝土是指混凝土拌和物的坍落度不低于100 mm并用泵送施工的混凝土。泵送混凝土的组成材料应符合以下规定:

(1)泵送混凝土应选用硅酸盐水泥、普通硅酸盐水泥、矿渣硅酸盐水泥和粉煤灰硅酸盐水泥,不宜采用火山灰质硅酸盐水泥。

(2)粗集料宜采用连续级配,其针片状颗粒含量不宜大于10%;粗集料的最大粒径与输送管径之比应符合表5-36的规定。

表5-36　粗集料的最大粒径与输送管径之比

石子品种	泵送高度(m)	粗集料最大粒径与输送管径比
碎石	<50	≤1:3.0
	50~100	≤1:4.0
	>100	≤1:5.0
卵石	<50	≤1:2.5
	50~100	≤1:3.0
	>100	≤1:4.0

(3)泵送混凝土宜采用中砂,其通过300 μm筛孔的颗粒含量不应小于15%。

(4)泵送混凝土应掺用泵送剂或减水剂,并宜掺用粉煤灰或其他活性矿物掺合料,其质量应符合国家现行有关标准的规定。

五、耐热混凝土

耐热混凝土是指能长期在高温(200~900 ℃)作用下保持所要求的物理性能和力学性能的一种特种混凝土。

普通混凝土不耐高温,故不能在高温环境中使用。其不耐高温的原因是:水泥石中的氢氧化钙及石灰岩质的粗集料在高温下均要产生分解,石英砂在高温下要发生晶型转变而体积膨胀,加之水泥石与集料的热膨胀系数不同。所有这些均将导致普通混凝土在高温下产生裂缝,强度严重下降,甚至破坏。

耐热混凝土是由合适的胶凝材料和耐热粗、细集料及水按一定比例配制而成的。根据所用胶凝材料不同,通常可分为以下几种。

(一)矿渣水泥耐热混凝土

矿渣水泥耐热混凝土是以矿渣水泥为胶结材料,安山岩、玄武岩、重矿渣、黏土碎砖等为耐热粗、细集料,并以烧黏土、砖粉等作磨细掺合料,再加入适量的水配制而成的。耐热磨细掺合料中的二氧化硅和三氧化铝在高温下均能与氧化钙作用,生成稳定的无水硅酸盐和铝酸盐,它们能提高水泥的耐热性。矿渣水泥配制的耐热混凝土的极限使用温度为900 ℃。

(二)铝酸盐水泥耐热混凝土

铝酸盐水泥耐热混凝土是采用高铝水泥或硫铝酸盐水泥、耐热粗细集料、高耐火度磨细掺合料及水配制而成的。这类水泥在300～400 ℃下强度会急剧降低,但残留强度能保持不变。到1 100 ℃时,其结构水全部脱出而烧结成陶瓷材料,则强度重又提高。常用的粗、细集料有碎镁砖、烧结镁砖、矾土、镁铁矿和烧黏土等。铝酸盐水泥耐热混凝土的极限使用温度为1 300 ℃。

(三)水玻璃耐热混凝土

水玻璃耐热混凝土是以水玻璃作胶结材料,掺入氟硅酸钠作促硬剂,耐热粗、细集料可采用碎铁矿、镁砖、铬镁砖、滑石、焦宝石等,磨细掺合料为烧黏土、镁砂粉、滑石粉等。水玻璃耐热混凝土的极限使用温度为1 200 ℃。施工时严禁加水,养护时也必须干燥,严禁浇水养护。

(四)磷酸盐耐热混凝土

磷酸盐耐热混凝土是由磷酸铝和高铝质耐火材料或锆英石等制备的粗、细集料及磨细掺合料配制而成的,目前更多的是直接采用工业磷酸配制耐热混凝土。这种混凝土具有高温韧性强、耐磨性好、耐火度高的特点,其极限使用温度为1 500～1 700 ℃。磷酸盐耐热混凝土的硬化需在150 ℃以上烘干,总干燥时间不少于24 h,硬化过程中不允许浇水。

耐热混凝土多用于高炉基础、焦炉基础、热工设备基础及围护结构、护衬、烟囱等。

六、纤维增强混凝土

纤维增强混凝土简称纤维混凝土,是一种由以水泥混凝土为基材与以不连续而分散的纤维为增强材料所组成的复合材料。常作为增强材料的纤维有钢纤维(见图5-7)、玻璃纤维、合成纤维和天然纤维等。因为玻璃纤维、合成纤维和天然纤维的模量较低,增强效果较差。因此,目前建筑工程中使用的主要是钢纤维混凝土。

图5-7 钢纤维

(一)钢纤维的构造与性能

钢纤维混凝土主要是采用碳钢加工制成的纤维,对于长期处于受潮条件下的混凝土,亦有采用不锈钢加工制成的纤维。

钢纤维的尺寸主要由强化效果和施工难易性确定。钢纤维太粗或太短,其强化效果较差;如过长或过细,施工时不易拌和,易结团。为了增加钢纤维和混凝土之间的黏结力,可用增加纤维表面积的方法,将其加工为异形纤维,如波形、哑铃形、端部带弯钩等形状。

钢纤维的几何特征通常用长径比表示,即纤维的长度与截面当量直径之比。一般纤维的长径比为30～150。钢纤维一般直径为0.25～0.75 mm,长度一般为20～60 mm。

(二)纤维混凝土的力学性能

钢纤维混凝土的力学性能除与基体混凝土组成有关外,还与钢纤维的形状尺寸、掺量、配置方向和分散程度等有关。

钢纤维的掺量以纤维体积率表示。当钢纤维的形状和尺寸在合适范围内时,钢纤维混凝土的强度随纤维体积率和长细比增加而增加。钢纤维体积率通常为0.5%～2.0%。例如圆形截面钢纤维,其直径为0.3～0.6 mm,长度为20～40 mm,掺量为2%的钢纤维混凝土与普通混凝土相比,其抗拉强度可提高1.2～2.0倍,伸长率约提高2倍,而韧性可提高40～

200 倍。所以,钢纤维混凝土的力学性能主要表现为抗弯强度、抗拉强度的提高,特别是冲击韧性有很大的提高,抗疲劳强度也有一定的提高。

(三)工程应用

钢纤维和混凝土组成复合材料后,可使混凝土的抗弯拉强度、抗裂强度、韧性和冲击强度等性能得到改善,所以钢纤维混凝土广泛应用于土木工程中的抗裂、抗拉、抗冲击、防爆等结构部位。

七、聚合物改性水泥混凝土

聚合物改性水泥混凝土使水泥混凝土具有许多优良的技术品质,所以广泛应用于高等级路面和大型桥梁。但是,它最主要的缺点是抗拉(或抗弯)强度与抗压强度之比较低,相对延伸率小,是一种典型的强而脆的材料。如能借助高聚物的特性,利用高聚物改性水泥混凝土,则可弥补上述缺点,使水泥混凝土成为强而韧的材料。当前,采用高聚物改性水泥混凝土主要有下列三种方法。

(一)聚合物浸渍混凝土

聚合物浸渍混凝土是指已硬化的混凝土(基材)经干燥后浸入有机单体,用加热或辐射等方法使混凝土孔隙内的单体聚合而成的一种混凝土。

聚合物浸渍混凝土由于聚合物浸渍充盈了混凝土的毛细管孔和微裂缝所组成的孔隙系统,改变了混凝土的孔隙结构,因而使其物理—力学性状得到了明显地改善。一般情况下,聚合物浸渍混凝土的抗压强度为普通混凝土的 3 ~4 倍,抗拉强度约提高了 3 倍,抗弯强度约提高了 2 ~3 倍,弹性模量约提高了 1 倍,抗冲击强度约提高 70%。此外,徐变大大减少,抗冻性、耐硫酸盐、耐酸和耐碱等性能也都有了很大改善。其主要缺点是耐热性较差,高温时聚合物易分解。

(二)聚合物水泥混凝土

聚合物水泥混凝土是指以聚合物(或单体)和水泥共同起胶结作用的一种混凝土。生产工艺与聚合物浸渍混凝土不同,它是在拌和混凝土混合料时将聚合物(或单体)掺入的。因此,生产工艺简单,与普通混凝土相似,便于现场使用。

硬化后的聚合物混凝土与普通混凝土(未掺聚合物的相同组成混凝土)相比较,在技术性能上有下列特点:

(1)弯拉强度高。掺加聚合物后,混凝土的抗压强度、抗拉强度和抗弯强度均得到提高,特别是抗弯强度、抗拉强度提高更为明显。

(2)冲击韧性好。由于掺加聚合物后混凝土的脆性降低,柔韧性增加,因而抗冲击能力也有明显的提高,这对作为承受动荷载的结构、路面和桥梁用混凝土是非常有利的。

(3)耐久性好。聚合物在混凝土中能起到阻水和填充孔隙的作用,因而可以提高混凝土的抗水性、耐冻性和耐久性。

以上各项性能的改善程度与聚合物的性能、用量和制备工艺有关。

(三)聚合物胶结混凝土

聚合物胶结混凝土是完全以聚合物为胶结材料的混凝土,常用的聚合物为各种树脂或单体,所以亦称为树脂混凝土。

由于聚合的特征,因而给混凝土带来一系列技术性能上的特点:

(1)表观密度轻。由于聚合物的密度较水泥的密度小,所以聚合物混凝土的表观密度亦较小,通常在2 000~2 200 kg/m³。如采用轻集料配制混凝土,更能减小结构断面和增大跨度,达到轻质、高强的要求。

(2)力学强度高。聚合物混凝土与基准水泥混凝土相比,不论是抗压强度,还是抗拉强度,还是抗折强度,都有显著的提高,特别是抗拉强度和抗折强度尤为突出。

(3)结构密实。由于聚合物不仅可填密集料间的空隙,而且可浸填集料的孔隙,使混凝土的结构密度增大,提高了混凝土的抗渗性、抗冻性和耐久性。

聚合物混凝土具有许多优良的技术性能,除应用于特殊要求的土木工程结构外,也经常用于修补工程。

八、防辐射混凝土

防辐射混凝土又称为屏蔽混凝土,是指容重较大,对γ射线、X射线和中子辐射具有屏蔽能力,不易被放射线穿透的混凝土。

防辐射混凝土是指胶凝材料一般采用水化热较低的硅酸盐水泥或高铝水泥、钡水泥、镁氧水泥等特种水泥,用重晶石、磁铁矿、褐铁矿、废铁块等作集料,加入含有硼、镉、锂等的物质,可以减弱中子流的穿透强度,常用作铅、钢等昂贵防射线材料的代用品,用于屏蔽X射线、γ射线和中子辐射作用的混凝土。

所用水泥为低水化热硅酸盐水泥、高铝水泥或其他特种水泥,如钡水泥、锶水泥、膨胀水泥等。采用重质集料,如重晶石 $BaSO_4$、赤铁矿 Fe_2O_3、磁铁矿 $Fe_2O_3 \cdot H_2O$ 以及钢铁碎块。为提高其防中子辐射能力,可在重集料中掺入附加剂或含结晶水物质以及硼酸、硼盐与锂盐等。防辐射混凝土表观密度大于3 000 kg/m³,可用于原子能反应堆、粒子加速器,以及工业、农业和科研部门的放射性同位素设备的防护。氢原子核对高速中子具有良好的防护作用,而水含有较多的氢元素,因此防辐射混凝土要采用结晶水含量高的材料来制作。为了提高结晶水含量,可采用高铝水泥和石膏矾土膨胀水泥等作胶结料。有些防辐射混凝土中还掺入含硼及含锂的掺合料或集料,以提高对中子的吸收能力。

九、补偿收缩混凝土

补偿收缩混凝土是指在混凝土中掺入适量膨胀剂或用膨胀水泥配制的混凝土。膨胀剂是指与水泥、水拌和后经水化反应生成钙矾石、钙矾石-氢氧化钙或氢氧化钙,使混凝土产生膨胀的外加剂。按膨胀源可分成硫铝酸钙类、硫铝酸钙-氧化钙类、氧化钙类三大类膨胀剂。

补偿收缩混凝土与普通混凝土的区别在于:

(1)膨胀混凝土在限制条件下,在混凝土中建立一定的预应力,改善了混凝土的内部应力状态,从而提高了它们的抗裂能力。

(2)在水泥硬化过程中,膨胀结晶体(如钙矾石)起到填充、切断毛细孔缝作用,使大孔变小孔,总孔隙率减小,从而改善了混凝土的孔结构,提高了它们的抗渗透性和力学性能。

第八节　新型混凝土

随着社会经济的发展,人们对各种建筑设施的要求越来越高,例如为了节约土地,需要高层建筑;为了改善道路交通网,需要大跨度的桥梁等。在现有的施工方法下,提高其最基本的材料性能是最为有效的方法之一。新型混凝土较传统混凝土在性能上有很大的提升,大大提高了建筑结构的刚度、稳定性,减轻了结构的自重,对于桥梁结构尤为重要。建筑工程施工受自然环境的影响较大,新型混凝土有效地缩减了施工工期,所以对简化施工程序、提高施工质量有显著作用。

一、高性能混凝土

混凝土的高性能化是近一二十年才提出的,作为主要的结构材料,混凝土耐久性的重要性不亚于强度和其他性能。不少混凝土建筑因材质劣化而引起开裂破坏甚至崩塌,水工、海港工程与桥梁尤为多见,它们破坏的原因往往不是强度不足,而是耐久性不够。因此,早在20世纪30年代水工混凝土就要求同时按强度与耐久性来设计配合比;有些重要建筑物,如高层建筑、大跨桥梁、采油平台、压力容器等对耐久性有更高的要求,以保证安全。随着施工技术的进步和结构中混凝土均匀性要求的提高,工作性(和易性)成为另一重要性能指标。此外,体积稳定性(高弹性模量、干缩小、徐变及效应变小等)、抗冲、耐磨、耐疲劳、耐化学侵蚀等性能也受到重视。

高性能泥凝土(High Performance Concrete,简称 HPC)的出现,标志着混凝土技术又跨入了一个新的革命时期。当前,许多国家都由国家列项,投入了大量的人力、物力和财力对高性能混凝土进行研究。1989年,加拿大政府成立了关于高性能混凝土(HPC)的情报网;美国 NSF(美国国家科学基金会)投资数千万美元,集中了美国著名的混凝土科学专家,建立了高性能水泥基复合材料研究中心,主攻高性能混凝土;1990年5月,在美国马里兰州盖瑟斯堡(Gaithersburg)城,由美国 NSF 和 ACI(美国认证协会)主办了关于高性能混凝土的讨论会;1994年,在新加坡举办了第一届“高性能混凝土国际学术讨论会”。高性能混凝土已成为国际土木工程界研究的一个热点。

现代高强混凝土不仅具有高的强度,还具有独特的耐久性,因此高强混凝土应属高性能混凝土。但高性能混凝土是否必须高强,却有不同的看法。欧美的研究者偏重于硬化后混凝土的性能,认为高性能即高强度,或高强度和高耐久性,其强度指标应不低于 50 ~ 60 MPa;美国西雅图的“Two Union Sguar”大厦应用了强度高达 135 MPa 的超高强混凝土,混凝土采用泵送施工,混凝土坍落度高达 25 cm,输送管长 122 m,混凝土外面为 16 mm 厚的钢管,混凝土混合料由下向上沿钢管挤送,混合料未经振动,强度达到了设计要求,这一工程目前已成为超高强混凝土实际应用的范例。日本学者则更重视工作性(和易性)与耐久性,例如日本的明石海峡大桥,其缆索锚基混凝土 52 万 m^3,要求高耐久性、高流动性、高体积稳定性与低水化热,强度指标则为 28 d 强度约 42 MPa;其桥墩混凝土约为 50 万 m^3,要求高耐久性、高流动性、高抗冲击性、低温升,强度要求 20 MPa。

就目前的工程急需和研究热点来看,高性能水泥混凝土的特点集中表现为大流动性、高强度、高韧性、高耐久性。其中,高强度又可以作为高性能混凝土的核心标志。

二、透水混凝土

透水混凝土又称为多孔混凝土、透水地坪,是指由集料、水泥和水拌制而成的一种多孔轻质混凝土。它不含细集料,由粗集料表面包覆一薄层水泥浆相互黏结而形成孔穴均匀分布的蜂窝状结构,故具有透气、透水和质量轻的特点,也可称为排水混凝土。它是由欧美、日本等国家针对原城市道路的路面缺陷,开发使用的一种能让雨水流入地下,有效补充地下水,缓解城市地下水位急剧下降等,并能有效地消除地面上的油类化合物等对环境污染的危害;同时,是保护自然、维护生态平衡、能缓解城市热岛效应的优良的铺装材料。它在有利于人类生存环境的良性发展及城市雨水管理与水污染防治等工作上,具有特殊的重要意义。

因透水混凝土系统拥有系列色彩配方,配合设计的创意,可针对不同环境和个性要求的装饰风格进行铺设施工,传统铺装和一般透水砖不能实现的特殊铺装材料。

透水混凝土在美国从20世纪七八十年代就开始研究和应用,不少国家都在大量推广,如德国预期要在短期内将90%的道路改造成透水混凝土,改变过去破坏城市生态的地面铺设,使透水混凝土路面取得了广泛的社会效益。

透水混凝土的优点如下:

(1)高透水性。透水混凝土拥有15%~25%的孔隙,能够使透水速度达到31~52 L/(m·h),远远高于最有效的降雨在最优秀的排水配置下的排出速率。

(2)高承载力。经国家检测机关鉴定,透水混凝土的承载力完全能够达到C20~C25混凝土的承载标准,高于一般透水砖的承载力。

(3)良好的装饰效果。透水混凝土拥有色彩优化配比方案,能够配合设计师独特创意,实现不同环境和个性所要求的装饰风格。这是一般透水砖很难实现的。

(4)易维护性。人们所担心的孔隙堵塞问题是没有必要的,特有的透水性铺装系统使其只需通过高压水洗的方式就可以轻而易举地解决。

(5)抗冻融性。透水性铺装比一般混凝土路面拥有更强的抗冻融能力,不会受冻融影响而断裂,因为它的结构本身有较大的孔隙。

(6)耐用性。透水性混凝土的耐用耐磨性能优于沥青,接近于普通的地坪,避免了一般透水砖存在的使用年限短、不经济等缺点。

(7)高散热性。材料的密度本身较低(15%~25%的空隙),降低了热储存的能力,独特的孔隙结构使得较低的地下温度传入地面,从而降低整个铺装地面的温度,这些特点使透水铺装系统在吸热和储热功能方面接近于自然植被所覆盖的地面。

第九节　混凝土集料的检验

一、一般规定

(一)试验目的和依据

对混凝土用砂、石进行试验,评定其质量,为混凝土配合比设计提供原材料参数。

建筑用砂试验依据为《建筑用砂》(GB/T 14684—2001),建筑用石试验依据为《建筑用卵石、碎石》(GB/T 14685—2001)。

(二)取样与处理方法

1.取样

集料应按同产地、同规格分批取样。按运输工具大小不同,每批约为400 m^3 或600 t;不足上述数量时,以一批论。

取样前先将取样部位表层除去，然后从料堆或车船上不同部位或深度抽取大致相等的砂8份。砂部分单项试验的取样数量见表5-37。

2. 处理方法

(1)分料器法。将样品放在潮湿状态下拌和均匀，然后通过分料器，取接料斗中的其中一份再次通过分料器。重复上述过程，直至把样品缩分到试验所需量。

(2)人工四分法。将所取样品放在平整洁净的平板上，在潮湿状态下拌和均匀，并摊成厚度约20 mm的圆饼，然后沿相互垂直的两条直径把圆饼分成大致相等的4份，取其对角的两份重新搅匀，再堆成圆饼。重复上述过程，把样品缩分到试验所需量为止。

表5-37　单项试验取样数量

(单位:kg)

序号	试验项目	最少取样数量	序号	试验项目	最少取样数量
1	颗粒级别	4.4	4	泥块含量	20.0
2	含泥量	4.4	5	有机物含量	3.2
3	石粉	1.6	6	云母含量	0.6

石子缩分采用四分法进行。将样品倒在平整洁净的平板上，在自然状态下拌和均匀，堆成锥体，然后用上述四分法将样品缩分至略多于试验所需量。

(3)堆积密度、人工砂坚固性检验所用试样可不经缩分，在搅匀后直接进行试验。

二、砂的筛分析试验

(一)主要仪器设备

电热鼓风干燥箱，能使温度控制在(105±5)℃；方孔筛，孔径为150 μm、300 μm、600 μm、1.18 mm、2.36 mm、4.75 mm及9.50 mm的筛各1只，并附有筛底和筛盖；天平，称量1 000 g，感量1 g；摇筛机、搪瓷盘、毛刷等。

(二)试样制备

按规定方法取样约1 100 g，放入电热鼓风干燥箱内于(105±5)℃下烘干至恒量，待冷却至室温后，筛除大于9.50 mm的颗粒，记录筛余百分率；将过筛的砂分成两份备用。

注：恒量是指试样在烘干1~3 h的情况下，其前后两次质量之差不大于该项试验所要求的称量精度。

(三)试验步骤

(1)称取试样500 g，精确至1 g。将试样倒入按孔径从大到小顺序排列、有筛底的套筛上，然后进行筛分。

(2)将套筛置于摇筛机上，筛分10 min；取下套筛，按孔径大小顺序再逐个手筛，筛至每分钟通过量小于试验总量的0.1%为止。通过筛的试样并入下一号筛中，并和下一号筛中的试样一起筛分；依次按顺序进行，直至各号筛全部筛完。

(3)称取各号筛的筛余量，精确至1 g。试样在各号筛上的筛余量不得超过按下式计算出的质量：

$$G = \frac{A \cdot d^{\frac{1}{2}}}{200} \tag{5-35}$$

式中　G——在一个筛上的筛余量，g；

A——筛面面积,mm^2;

d——筛孔尺寸,mm。

当按上式计算的筛余量超过时,应按下列方法之一处理:①将该粒级试样分成少于按式(5-35)计算出的量,分别筛分,并以筛余量之和作为该号筛的筛余量。

②将该粒级及以下各粒级的筛余混合均匀,称出其质量,精确至1 g。再用四分法缩分为大致相等的两份,取其中一份,称出其质量,精确至1 g,继续筛分。计算该粒级及以下各粒级的分计筛余量时,应根据缩分比例进行修正。

(四)结果评定

(1)计算分计筛余百分率:以各号筛的筛余量占筛分试样总质量的百分率表示,精确至0.1%。

(2)计算累计筛余百分率:累计未通过某号筛的颗粒质量占筛分试样总质量的百分率,精确至0.1%。当各号筛的筛余量同筛底的剩余量之和与原试样质量之差超过1%时,须重新试验。

(3)砂的细度模数按下式计算(精确至0.01):

$$M_x = \frac{(A_2 + A_3 + A_4 + A_5 + A_6) - 5A_1}{100 - A_1}$$

式中 M_x——细度模数;

A_1、A_2、A_3、A_4、A_5、A_6——4.75 mm、2.36 mm、1.18 mm、0.60 mm、0.30 mm、0.15 mm各筛的累计筛余百分率。

(4)累计筛余百分率取两次试验结果的算术平均值,精确至1%。细度模数取两次试验结果的算术平均值,精确至0.1;如两次试验的细度模数之差超过0.20,须重做试验。

根据累计筛余百分率对照表5-38,确定该砂所属的级配区。

表5-38 颗粒砂各级配的累计筛余 (%)

筛孔尺寸	级配区		
	1	2	3
9.50 mm	0	0	0
4.75 mm	10~0	10~0	10~0
2.36 mm	35~5	25~0	15~0
1.18 mm	65~35	50~10	25~0
600 μm	85~71	70~41	40~16
300 μm	95~80	92~70	85~55
150 μm	100~90	100~90	100~90

注:1.砂的实际颗粒级配与表中所列数字相比,除4.75 mm和600 μm筛档外,可以略有超出,但超出总量应小于5%。

2.1区人工砂中150 μm筛孔的累计筛余可以放宽到100%~85%,2区人工砂中150 μm筛孔的累计筛余可以放宽到100%~80%,3区人工砂中150 μm筛孔的累计筛余可以放宽到100%~75%。

三、石子的筛分析试验

(一)主要仪器设备

电热鼓风干燥箱,能使温度控制在(105±5)℃;方孔筛,孔径为2.36 mm、4.75 mm、9.50 mm、16.0 mm、19.0 mm、26.5 mm、31.5 mm、37.5 mm、53.0 mm、63.0 mm、75.0 mm及

90 mm 筛各 1 只,并附有筛底和筛盖(筛框内径为 300 mm);台秤,称量 10 kg,感量 1 g;摇筛机、搪瓷盘、毛刷等。

(二)试样制备

按规定方法取样,并将试样缩分至略大于表 5-39 规定的数量,烘干或风干后备用。

表 5-39 颗粒级配试验所需试样数量

最大粒径(mm)	9.5	16.0	19.0	26.5	31.5	37.5	63.0	75.0
最少试样质量(kg)	1.9	3.2	3.8	5.0	6.3	7.5	12.6	16.0

(三)试验步骤

(1)称取按表 5-39 规定数量的试样一份,精确至 1 g。将试样倒入按孔径大小从上到下组合、附底筛的套筛上进行筛分。

(2)将套筛置于摇筛机上,筛分 10 min;取下套筛,按筛孔尺寸大小顺序逐个手筛,筛至每分钟通过量小于试样总质量的 0.1% 为止。通过的颗粒并入下一号筛中,并和下一号筛中的试样一起过筛,按此顺序进行,直至各号筛全部筛完。

注:当筛余颗粒的粒径大于 19.00 mm 时,在筛分过程中,允许用手指拨动颗粒。

(3)称出各号筛的筛余量,精确至 1 g。

(四)结果评定

(1)计算分计筛余百分率:以各号筛的筛余量占试样总质量的百分率表示,计算精确至 0.1%。

(2)计算累计筛余百分率:该号筛的分计筛余百分率加上该号筛以上各分计筛余百分率之和,精确至 1%。筛分后,如每号筛的筛余量与筛底的筛余量之和与原试样质量之差超过 1%,需重新试验。

(3)根据各号筛的累计筛余百分率,判定该试样所属的级配区,并评定级配是否合理。

第十节 混凝土性能检测

一、混凝土拌和物取样及试样制备

(一)一般规定

(1)混凝土拌和物试验用料应根据不同要求,从同一盘或同一车运送的混凝土中取出,或在实验室用机械或人工单独拌制。取样方法和原则按《钢筋混凝土施工及验收规范》(GB 50204—2002)及《混凝土强度检验评定标准》(GB/T 50107—2010)有关规定进行。

(2)在实验室拌制混凝土进行试验时,拌和用的集料应提前运入室内。拌和时试验室的温度应保持在(20 ± 5) ℃。

(3)材料用量以质量计,称量的精确度:集料为 ±1%,水、水泥和外加剂均为 ±0.5%。混凝土试配时的最小搅拌量为:当集料最大粒径小于 30 mm 时,拌制数量为 15 L;当集料最大粒径为 40 mm 时,拌制数量为 25 L。搅拌量不应小于搅拌机额定搅拌量的 1/4。

(二)主要仪器设备

搅拌机,容量 75 ~ 100 L,转速 18 ~ 22 r/min;磅秤,称量 50 kg,感量 50 g;天平,称量 5

kg,感量 1 g;量筒,200 mL、100 mL 各 1 只;拌板,1.5 m×2.0 m 左右;拌铲、盛器、抹布等。

(三)拌和方法

1. 人工拌和

(1)按所定配合比备料,以全干状态为准。

(2)将拌板和拌铲用湿布润湿后,将砂倒在拌板上,然后加入水泥,用拌铲自拌板一端翻拌至另一端,然后翻拌回来,如此重复,直至颜色混合均匀,再加入石子,翻拌至混合均匀为止。

(3)将干混合料堆成堆,在中间做一凹槽,将已称量好的水倒入一半左右在凹槽中(勿使水流出),然后仔细翻拌,并徐徐加入剩余的水,继续翻拌。每翻拌一次,用铲在混合料上铲切一次,直至拌和均匀。

(4)拌和时力求动作敏捷,拌和时间从加水时算起,应大致符合以下规定:拌和物体积为 30 L 以下时为 4 ~ 5 min,拌和物体积为 30 ~ 50 L 时为 5 ~ 9 min,拌和物体积为 51 ~ 75 L 时为 9 ~ 12 min。

(5)拌好后,根据试验要求,即可做拌和物的各项性能试验或成型试件。从开始加水时至全部操作完必须在 30 min 内完成。

2. 机械搅拌

(1)按所定配合比备料,以全干状态为准。

(2)预拌一次,即用按配合比的水泥、砂和水组成的砂浆和少量石子,在搅拌机中涮膛,然后倒出多余的砂浆,其目的是使水泥砂浆先黏附满搅拌机的筒壁,以免正式拌和时影响混凝土的配合比。

(3)开动搅拌机,将石子、砂和水泥依次加入搅拌机内,干拌均匀,再将水徐徐加入。全部加料时间不得超过 2 min。水全部加入后,继续拌和 2 min。

(4)将拌和物从搅拌机中卸出,倒在拌板上,再经人工拌和 1 ~ 2 min,即可做拌和物的各项性能试验或成型试件。从开始加水时算起,全部操作必须在 30 min 内完成。

二、普通混凝土拌和物工作性(和易性)试验

(一)和易性(坍落度)试验

采取定量测定流动性,根据直观经验判定黏聚性和保水性的原则,来评定混凝土拌和物的和易性。定量测定流动性的方法有坍落度法和维勃稠度法两种。坍落度法适合于坍落度值不小于 10 mm 的塑性拌和物。本试验介绍坍落度法。

1. 主要仪器设备

坍落度筒(截头圆锥形,由薄钢板或其他金属板制成,形状和尺寸见图 5-8);捣棒,端部应磨圆,直径为 16 mm,长度为 650 mm;装料漏斗、小铁铲、钢直尺、抹刀等。

2. 试验步骤

(1)湿润坍落度筒及其他用具,并把筒放在不吸水的刚性水平底板上,然后用脚踩住两边的踏脚板,使坍落度筒在装料时保持位置固定。

(2)把按要求取得的混凝土试样用小铲分三层均匀地装入坍落度筒内,使捣实后每层高度为筒高的1/3左右。每层用捣棒插捣 25 次,插捣应沿螺旋方向由外向中心进行,每次插捣应在截面上均匀分布。当插捣筒边混凝土时,捣棒可以稍稍倾斜;当插捣底层时,捣棒应

贯穿整个深度;当插捣第二层或顶层时,捣棒应插透本层至下一层的表面。

浇灌顶层时,混凝土应灌到高出筒口。在插捣过程中,如混凝土沉落到低于筒口,则应随时添加。顶层插捣完后,刮去多余的混凝土,并用抹刀抹平。

(3)清除筒边底板上的混凝土后,垂直平稳地提起坍落度筒,应在 5 ~ 10 s 内完成;从开始装料至提起坍落度筒的整个过程应不间断地进行,并应在 150 s 内完成。

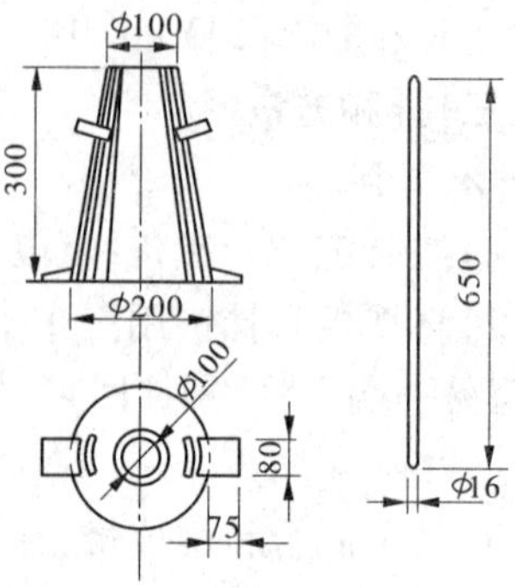

图 5-8 坍落度筒及捣棒 (单位:mm)

(4)提起坍落度筒后,量测筒高与坍落后混凝土试体最高点之间的高度差,即为该混凝土拌和物的坍落度值(以 mm 为单位,读数精确至 5 mm)。如混凝土发生崩坍或一边剪坏的现象,则应重新取样进行测定。如第二次试验仍出现上述现象,则表示该混凝土和易性不好,应予以记录备查,坍落度的测定见图 5-3。

(5)测定坍落度后,观察拌和物的下述性质,并记录:

①黏聚性:用捣棒在已坍落的混凝土锥体侧面轻轻敲打,如果锥体逐渐下沉,则表示黏聚性良好;如果锥体坍塌、部分崩裂或出现离析现象,则表示黏聚性不好。

②保水性:坍落度筒提起后如有较多的稀浆从底部析出,锥体部分的混凝土也因失浆而集料外露,则表明保水性不好;如无稀浆或只有少量稀浆自底部析出,则表明保水性良好。

(6)坍落度的调整。

①在按初步配合比计算好试拌材料的同时,内外还须备好两份为调整坍落度用的水泥和水。备用水泥和水的比例符合原定水灰比,其用量可为原计算用量的 5% 和 10%。

②当测得的坍落度小于规定要求时,可掺入备用的水泥或水,掺量可根据坍落度相差的大小确定。当坍落度过大,黏聚性和保水性较差时,可保持砂率一定,适当增加砂和石子的用量;如保水性较差,可适当增大砂率,即其他材料不变,适当增加砂的用量。

(二)和易性(维勃稠度)试验

本方法适用于集料最大粒径不大于 40 mm、维勃稠度在 5 ~ 30 s 的混凝土拌和物稠度测定。

1. 主要仪器设备

维勃稠度仪(见图 5-9)由以下几部分组成:

(1)振动台台面长 380 mm、宽 260 mm,支承在四个减震器上。台面底部安有频率为轮船(0 ±3) Hz 的振动器。当装有空容器时,台面的振幅应为(0.5 ±0.1) mm。

(2)容器由钢板制成,内径为(240 ±5) mm,高为(200 ±2) mm,筒壁厚为 3 mm,筒底厚为 7.5 mm。

(3)坍落度筒的内部尺寸:底部直径为(200 ±2) mm,顶部直径为(100 ±2) mm,高度为(300 ±2) mm。

(4)旋转架与测杆及喂料斗相连。测杆下部安装有透明且水平的圆盘,并用测杆螺丝把测杆固定在套管中。旋转架安装在支柱上,通过十字凹槽来固定方向,并用定位螺丝来固定其位置。就位后,测杆或喂料斗的轴线均应与容器的轴线重合。透明圆盘的直径为(230 ±2) mm,厚度为(10 ±2) mm,荷重块直接固定在圆盘上,由测杆、圆盘及荷重块组成的滑动部分总质量应为(2 750 ±50) g。

(5)捣棒为直径 16 mm、长 600 mm 的钢棒,端部应磨圆。

2. 试验步骤

(1)把维勃稠度仪放置在坚实水平的地面上,用湿布把容器、坍落度筒、喂料斗内壁及其他用具润湿。

(2)将喂料斗提到坍落度筒上方扣紧,校正容器位置,使其中心与喂料斗中心重合,然后拧紧固定螺丝。

(3)把按要求取得的混凝土试样用小铲分三层经喂料斗均匀地装入筒内,装料、插捣。

(4)把喂料斗转离,垂直地提起坍落度筒,此时应注意不使混凝土试体产生横向的扭动。

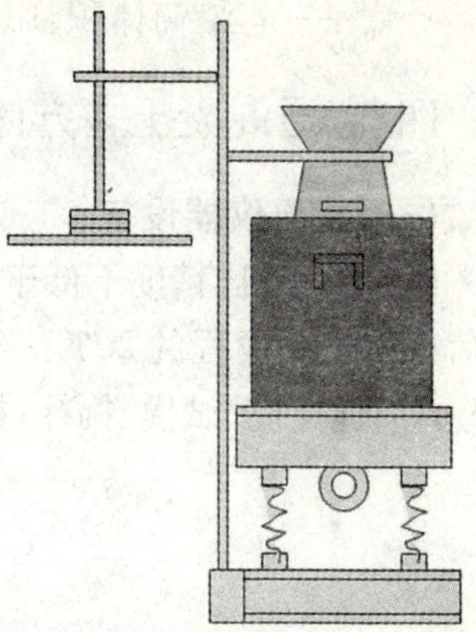

图 5-9 维勃稠度仪示意图

(5)把透明圆盘转到混凝土圆台体顶面,放松测杆螺丝,降下圆盘,使其轻轻接触到混凝土顶面。

(6)拧紧定位螺丝,并检查测杆螺丝是否已经完全放松。

(7)在开启振动台的同时用秒表计时,当振动到透明圆盘的底面被水泥浆布满的瞬间停表计时,并关闭振动台。

(8)由秒表读出的时间(s)即为该混凝土拌和物的维勃稠度值。

三、普通混凝土拌和物表观密度试验

(一)主要仪器设备

容量筒,当集料最大粒径不大于 40 mm 时,容积为 5 L,当集料粒径大于 40 mm 时,容量筒内径与高均应大于集料最大粒径的 4 倍;台秤,称量 10 kg,感量 5 g;振动台频率为(3 000 ±200) 次/min,空载振幅为(0.5 ±0.1) mm。

(二)试验步骤

(1)润湿容量筒,称其质量 m_1(kg),精确至 50 g。

(2)将配制好的混凝土拌和物装入容量筒并使其密实。当混凝土拌和物的坍落度不大于 70 mm 时,可用振动台振实;当混凝土拌和物的坍落度大于 70 mm 时,用捣棒振实。

(3)用振动台振实时,将拌和物一次装满,振动时随时准备添料,振至表面出现水泥浆、没有气泡向上冒为止。用捣棒捣实时,混凝土分两层装入,每层插捣 25 次(对 5 L 容量筒),每一层插捣完后可把捣棒垫在筒底,用双手扶筒左右交替颠击 15 次,使拌和物布满插孔。

(4)用刮尺齐筒口将多余的混凝土拌和物刮去,表面如有凹陷,应予以填平。将容量筒外壁擦净,称出拌和物与筒的总质量 m_2(kg)。

(三)结果评定

混凝土拌和物的表观密度 $\rho_{c,t}$(kg/m^3,精确至 10 kg/m^3)按下式计算:

$$\rho_{c,t} = \frac{m_2 - m_1}{V_0} \times 1\ 000 \tag{5-36}$$

式中 m_1——容量筒质量,kg;

m_2——拌和物与筒总质量,kg;

V_0——容量筒体积,L。

四、普通混凝土立方体抗压强度试验

(一)主要仪器设备

压力试验机,精度不低于 ±2%,试验时由试件最大荷载选择压力机量程,使试件破坏时的荷载位于全量程的 20% ~80%,见图 5-10;振动台,其频率为(50 ±3) Hz,空载振幅约为 0.5 mm;搅拌机、试模、捣棒、抹刀等。

图 5-10 压力试验机

(二)试件制作与养护

(1)混凝土立方体抗压强度测定,以 3 个试件为一组。每组试件所用的拌和物的取样或拌制方法按试验三的方法进行。

(2)混凝土试件的尺寸按集料最大粒径选定,见表 5-40。

表 5-40 抗压强度换算系数

粗集料最大粒径(mm)	试件尺寸(mm × mm × mm)	结果乘以换算系数
31.5	100 × 100 × 100	0.95
40	150 × 150 × 150	1.00
60	200 × 200 × 200	1.05

(3)制作试件前应将试模擦干净并在试模内表面涂一层脱模剂,再将混凝土拌和物装入试模成型。

(4)对于坍落度不大于 70 mm 的混凝土拌和物,将其一次装入试模并高出试模表面,将试件移至振动台上,开动振动台振至混凝土表面出现水泥浆并无气泡向上冒时为止。振动时应防止试模在振动台上跳动。刮去多余的混凝土,用抹刀抹平。记录振动时间。

对于坍落度大于70 mm的混凝土拌和物，将其分两层装入试模，每层厚度大约相等。用捣棒按螺旋方向从边缘向中心均匀插捣，次数一般每100 cm^2 应不少于12次。用抹刀沿试模内壁插入数次，最后刮去多余混凝土并抹平。

(5)养护。按照试验目的不同，试件可采用标准养护或与构件同条件养护。采用标准养护的试件成型后表面应覆盖，以防止水分蒸发，并在(20±5) ℃的条件下静置1~2昼夜，然后拆模并编号。拆模后的试件立即放入温度为(20±2) ℃、湿度为95%以上的标准养护室进行养护，直至试验龄期28 d。在标准养护室内，试件应搁放在架上，彼此间隔为10~20 mm，避免用水直接冲淋试件。当无标准养护室时，混凝土试件可在温度为(20±2) ℃的不流动的 $Ca(OH)_2$ 饱和溶液中养护。

(三)试验步骤

(1)试件从养护室取出后应尽快试验。将试件擦拭干净，测量其尺寸(精确至1 mm)，据此计算出试件的受压面积。如实测尺寸与公称尺寸之差不超过1 mm，则按公称尺寸计算。

(2)将试件安放在试验机的下压板上，试件的承压面与成型面垂直。开动试验机，当上压板与试件接近时，调整球座，使其接触均匀。

(3)加荷时应连续而均匀。其加荷速度为：当混凝土强度等级低于C30时，取0.3~0.5 MPa/s；当混凝土强度等级高于或等于C30时，取0.5~0.8 MPa/s。当试件接近破坏而开始迅速变形时，停止调整试验机油门，直至试件破坏。记录破坏荷载 P(N)。

(四)结果评定

(1)混凝土立方体抗压强度 f_{cu} 按下式计算：

$$f_{cu} = \frac{P}{A} \tag{5-37}$$

式中 f_{cu}——混凝土立方体试件抗压强度，MPa，精确至0.01 MPa；

P——破坏荷载，N；

A——试件受压面积，mm^2。

(2)取标准试件150 mm×150 mm×150 mm的抗压强度值为标准，对于100 mm×100 mm×100 mm和200 mm×200 mm×200 mm的非标准试件，须将计算结果乘以相应的换算系数换算为标准强度，换算系数见表5-40。

(3)以3个试件强度值的算术平均值作为该组试件的抗压强度代表值(精确至0.1 MPa)。当3个测值中的最大值或最小值与中间值之差超过中间值的15%时，取中间值作为该组试件的抗压强度代表值；当最大值和最小值与中间值之差均超过中间值的15%时，则该组试件的试验结果无效。

本章小结

由胶凝材料、细集料、粗集料、水以及必要时掺入的化学外加剂组成，经过胶凝材料凝结硬化后，形成具有一定强度和耐久性的人造石材，称为混凝土。普通混凝土主要由水泥、水、砂、石等材料组成。

普通混凝土的主要技术性质：混凝土拌和物和易性的定义、检验方法，坍落度的选择，影响和易性的主要因素以及改善和易性的主要措施；硬化混凝土强度的定义，立方体抗压强度和轴心抗压强度的定义及检测方法、强度等级，影响抗压强度的主要因素以及提高抗压强度的主要措施，混凝土耐久性的定义、所包含的内容以及提高耐久性的措施。

混凝土外加剂：外加剂的定义、分类，减水剂的作用机制及作用效果，其他外加剂。普通混凝土配合比设计：配合比及其表示方法，配合比设计的要求、参数、设计步骤及方法。其他品种混凝土：轻混凝土、抗渗混凝土、泵送混凝土、高强混凝土。

思考练习题

一、简述题

1. 混凝土的特点有哪些？

2. 影响混凝土拌和物和易性的主要因素有哪些？比较这些因素应优先选择哪种措施提高和易性？

3. 影响混凝土抗压强度的主要因素有哪些？提高混凝土强度的措施有哪些？

4. 提高混凝土耐久性的措施有哪些？

5. 什么是混凝土减水剂？减水剂的作用效果如何？

6. 什么是混凝土配合比？配合比的表示方法如何？配合比设计的基本要求有哪些？

7. 混凝土配合比设计的方法有哪两种？这两种方法的主要区别何在（写出基本计算式）？

二、计算题

1. 某砂做筛分试验，各筛两次筛余量的平均值如表 5-41 所示：

表 5-41

方孔筛径	9.5 mm	4.75 mm	2.36 mm	1.18 mm	600 μm	300 μm	150 μm	<150 μm	合计
筛余量(g)	0	32.5	48.5	40.0	187.5	118.0	65.0	8.5	500

计算各号筛的分计筛余百分率、累计筛余百分率、细度模数，并评定该砂的颗粒级配和粗细程度。

2. 某钢筋混凝土构件，其截面最小边长为 400 mm，采用钢筋为Φ 20，钢筋中心距为 80 mm。请问选择哪一粒级的石子拌制混凝土较好？

3. 采用普通水泥、卵石和天然砂配制混凝土，水灰比为 0.52，制作一组尺寸为150 mm×150 mm×150 mm 的试件，标准养护 28 d，测得的抗压破坏荷载分别为 510 kN、520 kN 和 650 kN。计算：①该组混凝土试件的立方体抗压强度；②计算该混凝土所用水泥的实际抗压强度。

4. 某工程现浇室内钢筋混凝土梁，混凝土设计强度等级为 C30，施工采用机械拌和和振捣，坍落度为 30～50 mm。所用原材料如下：

水泥：普通水泥 42.5 MPa，$\rho_C=3\ 100\ kg/m^3$；砂：中砂，级配 2 区合格，$\rho'_S=2\ 650\ kg/m^3$；石子：卵石 5～40 mm，$\rho'_g=2\ 650\ kg/m^3$；水：自来水（未掺外加剂和矿物掺合料），$\rho_W=1\ 000$

kg/m^3。(取水泥的强度富裕系数为 $\gamma_C = 1.13$)

试采用体积法计算该混凝土的初步配合比。

5. 某混凝土,其试验室配合比为 $m_C : m_S : m_g = 1 : 2.10 : 4.68$, $W/C = 0.52$。现场砂、石子的含水率分别为 2% 和 1%,堆积密度分别为 $\rho'_{S0} = 1\ 600\ kg/m^3$ 和 $\rho'_{g0} = 1\ 500\ kg/m^3$。1 m^3 混凝土的用水量为 $m_W = 160$ kg。

计算:①该混凝土的施工配合比;②1 袋水泥(50 kg)拌制混凝土时其他材料的用量;③ 500 m^3 混凝土需要砂、石子各多少 m^3? 水泥多少 t?

第六章　砂　浆

【学习目标】

1. 掌握砂浆和易性的概念及测定方法，以及砌筑砂浆的强度及配合比确定。

2. 熟悉抹面砂浆的技术性能和应用。

3. 了解装饰砂浆的装饰方法与效果，以及其他砂浆的技术性能和应用。

第一节　概　述

一、砂浆的概念

砂浆在建筑工程中是用量大、用途广泛的一种建筑材料。砂浆可把散粒材料、块状材料、片状材料等胶结成整体结构，也可以装饰、保护主体材料。

例如，在砌体结构中，砂浆薄层可以把单块的砖、石以及砌块等胶结起来构成砌体；大型墙板和各种构件的接缝也可用砂浆填充；墙面、地面及梁柱结构的表面都可用砂浆抹面，以便满足装饰和保护结构的要求；镶贴大理石、瓷砖等也常使用砂浆。

砂浆是由无机胶凝材料、细集料和水，有时也加入某些外掺材料，按一定比例配合调制而成的。与混凝土相比，砂浆可看作无粗集料的混凝土，或砂率为100%的混凝土。

二、砂浆的分类

砂浆按所用胶凝材料的不同可分为水泥砂浆、石灰砂浆和混合砂浆。按砂浆在建筑工程中的主要作用可分为砌筑砂浆、抹面砂浆和特种砂浆。

第二节　砌筑砂浆的组成

能将砖、石、砌块等块材经砌筑成为砌体，起黏结、衬垫和传力作用的砂浆，称为砌筑砂浆。

一、水泥

（一）水泥品种

（1）砌筑砂浆中常用的胶凝材料是水泥，其品种的选择与混凝土基本相同，应根据砂浆的用途和使用环境来选择。

（2）普通水泥、矿渣水泥、粉煤灰水泥、火山灰质水泥、复合水泥等常用品种水泥都可以用来配制建筑砂浆。

（3）砌筑水泥是专门用来配制砌筑砂浆和内墙抹面砂浆的少熟料水泥，强度低，配制的砂浆具有较好的和易性。

(4)一些有特殊用途的砂浆应采用特种水泥配制。

(二)水泥强度等级

(1)配制砂浆时,应尽量选用低强度等级水泥和砌筑水泥。

(2)选择的水泥强度等级一般为砂浆强度等级的3~5倍。但配制水泥砂浆时,所用水泥的强度等级不宜大于32.5级;配制水泥混合砂浆时,所用水泥的强度等级不宜大于42.5级。

(三)水泥用量

(1)水泥砂浆中,水泥用量不宜小于200 kg/m^3。

(2)水泥混合砂浆中,水泥和掺合料总量应为300~350 kg/m^3。

二、砂

配制砂浆的细集料最常用的是天然砂。砂应符合混凝土用砂的技术性质要求。由于砂浆层较薄,砂的最大粒径应有所限制,理论上不应超过砂浆层厚度的1/5~1/4,例如砖砌体用砂浆宜选用中砂,砂的最大粒径以不大于2.5 mm为宜;石砌体用砂浆宜选用粗砂,砂的最大粒径以不大于5.0 mm为宜;光滑的抹面及勾缝的砂浆宜采用细砂,其最大粒径以不大于1.2 mm为宜。为保证砂浆质量,尤其在配制高强度砂浆时,应选用洁净的砂。因此,对砂的含泥量应予以限制,例如砌筑砂浆的砂含泥量不应超过5%,强度等级为M2.5的水泥混合砂浆用砂的含泥量不应超过10%。

砂的粗细程度对砂浆的水泥用量、和易性、强度及收缩等影响很大。也可以采用细炉渣等作为细集料,但应该选用燃烧完全、未燃煤分和其他有害杂质含量较小的炉渣,否则将影响砂浆的质量。

三、水

拌和砂浆用水与混凝土拌和用水的要求相同。

四、外加剂

为改善新拌砂浆的和易性与硬化后砂浆的各种性能或赋予砂浆某些特殊性能,可在砂浆中掺入适量外加剂(如减水剂、引气剂、微沫剂、防水剂等)。

五、聚合物

在混凝土修补、补强加固中,往砂浆中掺入一定的聚合物(如环氧树脂、聚酯树脂等),可显著提高砂浆的黏结性、韧性、抗冲击性及耐久性等。

六、掺合料

为了改善砂浆的和易性和节约水泥,降低砂浆成本,在配制砂浆时常在砂浆中掺入适量的磨细生石灰、石灰膏、石膏、粉煤灰、黏土膏、电石膏等物质作为掺合料。为了保证砂浆的质量,经常将生石灰先熟化成石灰膏,然后用孔径不大于3 mm×3 mm的网过滤,且熟化时间不得少于7 d;如用磨细生石灰粉制成,其熟化时间不得小于2 d。沉淀池中储存的石灰膏应采取防止干燥、冻结和污染的措施。严禁使用脱水硬化的石灰膏。制成的膏类物质稠度一般为(120±5) mm,如果现场施工时石灰膏的稠度与试配时不一致,可参照表6-1进行换算。

表 6-1　石灰膏不同稠度时的换算系数

石灰膏稠度(mm)	120	110	100	90	80	70	60	50	40	30
换算系数	1.00	0.99	0.97	0.95	0.93	0.92	0.90	0.88	0.87	0.86

消石灰粉不得直接使用于砂浆中。

第三节　砌筑砂浆的技术性质

砌筑砂浆的主要技术性质包括新拌砂浆的和易性,硬化后砂浆的强度、黏结性和收缩等。对于硬化后的砂浆,则要求具有所需要的强度、与底面的黏结及较小的变形。

一、砂浆拌和物的性质

新拌砂浆的和易性,是指在搅拌运输和施工过程中不易产生分层、析水现象,并且易于在粗糙的砖、石等表面上铺成均匀的薄层的综合性能。

砂浆的和易性通常用流动性和保水性两项指标表示。

(一)流动性(稠度)

流动性是指砂浆在自重或外力作用下是否易于流动的性能。

砂浆的流动性实质上反映了砂浆的稠度。流动性的大小以砂浆稠度测定仪的圆锥体沉入砂浆中深度的毫米数来表示,即用沉入度表示,沉入度愈大,说明砂浆的流动性愈高。

砂浆流动性的选择与基底材料种类及吸水性能、施工条件、砌体的受力特点以及天气情况等有关。对于多孔吸水的砌体材料和干热的天气,则要求砂浆的流动性大一些;相反,对于密实不吸水的砌体材料和湿冷的天气,则要求砂浆的流动性小一些。总的来说,可参考表 6-2 和表 6-3 来选择砂浆的流动性。

表 6-2　砌筑砂浆流动性要求　(单位:mm)

砌体种类	砂浆稠度	砌体种类	砂浆稠度
烧结普通砖砌体	70 ~ 90	烧结普通砖平拱式过梁	50 ~ 70
石砌体	30 ~ 50	空心墙、筒拱	
轻集料混凝土小型空心砌块砌体	60 ~ 90	普通混凝土小型空心砌块砌体	
烧结多孔砖、空心砖砌体	60 ~ 80	加量混凝土砌块砌体	

表 6-3　抹面砂浆流动性要求　(单位:mm)

抹灰工程	机械施工	手工操作	抹灰工程	机械施工	手工操作
准备层	80 ~ 90	110 ~ 120	面层	70 ~ 80	90 ~ 100
底层	70 ~ 80	70 ~ 80	石膏浆面层	—	90 ~ 120

影响砂浆流动性的主要因素有:①胶凝材料及掺加料的品种和用量;②砂的粗细程度、形状及级配;③用水量;④外加剂品种与掺量;⑤搅拌时间等。

(二)保水性

砂浆的保水性是指新拌砂浆保存水分的能力,也表示砂浆中各组成材料是否易分离的性能。

新拌砂浆在存放、运输和使用过程中,都必须保持其水分不致很快流失,才能便于施工操作且保证工程质量。如果砂浆保水性不好,在施工过程中很容易泌水、分层、离析或水分易被基面所吸收,使砂浆变得干稠,致使施工困难,同时影响胶凝材料的正常水化硬化,降低砂浆本身强度以及与基层的黏结强度。因此,砂浆要具有良好的保水性。一般来说,砂浆内胶凝材料充足,尤其是掺加了石灰膏和黏土膏等掺合料后,砂浆的保水性均较好。砂浆中掺入加气剂、微沫剂、塑化剂等也能改善砂浆的保水性和流动性。

但是,砌筑砂浆的保水性并非越高越好,对于不吸水基层的砌筑砂浆,保水性太高会使得砂浆内部水分早期无法蒸发释放,从而不利于砂浆强度的增长,并且增大了砂浆的干缩裂缝,降低了整个砌体的整体性。

砂浆的保水性用保水率表示,可以参照表6-4来确定砌筑砂浆的保水性。

表6-4　砌筑砂浆的保水率　　(%)

砂浆种类	保水率	砂浆种类	保水率
水泥砂浆	≥80	预拌砂浆	≥88
水泥混合砂浆	≥84		

二、硬化砂浆的技术性质

(一)抗压强度与强度等级

砂浆强度是以70.7 mm×70.7 mm×70.7 mm的3个立方体试块,按标准条件养护至28 d测得的抗压强度平均值确定的。

根据《砌筑砂浆配合比设计规程》(JGJ/T 98—2010)的规定,砂浆强度等级按如下原则划分:水泥砂浆及预拌砂浆的强度等级可分为M5、M7.5、M10、M15、M20、M25、M30,水泥混合砂浆的强度等级可分为M5、M7.5、M10、M15。

(二)黏结性

由于砖、石、砌块等材料是靠砂浆黏结成一个坚固整体并传递荷载的,因此要求砂浆与基材之间应有一定的黏结强度。两者黏结得越牢,则整个砌体的整体性、强度、耐久性及抗震性等越好。

一般砂浆抗压强度越高,则其与基材的黏结强度越高。此外,砂浆的黏结强度与基层材料的表面状态、清洁程度、湿润状况以及施工养护等条件有很大关系。同时,还与砂浆的胶凝材料种类有很大关系,加入聚合物可使砂浆的黏结性大为提高。

实际上,针对砌体这个整体来说,砂浆的黏结性较砂浆的抗压强度更为重要。但是,考虑到我国的实际情况,以及抗压强度相对来说容易测定,因此将砂浆抗压强度作为必检项目和配合比设计的依据。

(三)变形性

砌筑砂浆在承受荷载或温度变化时,会产生变形。如果变形过大或不均匀,容易使砌体的整体性下降,产生沉陷或裂缝,影响到整个砌体的质量。抹面砂浆在空气中也容易产生收缩等变形,变形过大也会使面层产生裂纹或剥离等质量问题。因此,要求砂浆具有较小的变形性。

砂浆变形性的影响因素很多,如胶凝材料的种类和用量,用水量,细集料的种类、级配和质量以及外部环境条件等。

(四)抗冻性

强度等级 M2.5 以上的砂浆常用于受冻融影响较多的建筑部位。当设计中做出冻融循环要求时,必须进行冻融试验。经冻融试验后,质量损失率不应大于 5%,强度损失率不应大于 25%。砌筑砂浆的抗冻性应符合表 6-5 的规定。

表 6-5　砌筑砂浆的抗冻性

使用条件	抗冻指标	质量损失率(%)	强度损失率(%)
夏热冬暖地区	F15	≤5	≤25
夏热冬冷地区	F25		
寒冷地区	F35		
严寒地区	F50		

(五)砌筑砂浆的验收

砌筑砂浆试块强度验收时,其强度合格标准必须符合下列规定:

同一验收批砂浆试块抗压强度平均值必须大于或等于设计强度对应的立方体抗压强度,同一验收批砂浆试块抗压强度的最小一组的平均值必须大于或等于设计强度等级对应的立方体抗压强度的 75%。

注:①砌筑砂浆的验收批,同一类型、强度等级的砂浆试块应不少于 3 组,当同一验收批只有一组试块时,该组试块抗压强度的平均值必须大于或等于设计强度等级所对应的立方体抗压强度。②砂浆强度应以标准养护,龄期为 28 d 的试块抗压试验结果为准。

抽检数量:每一检验批且不超过 250 m^3 砌体的各种类型及强度等级的砌筑砂浆,每台搅拌机应至少抽检一次。

检验方法:在砂浆搅拌机出料口取样制作砂浆试块(同盘砂浆只应制作一组试块),最后检查试块强度试验报告单。

若施工中或验收时出现下列情况,可采用现场检验方法对砂浆和砌体强度进行原位检测或取样检测,并判定其强度:

(1)砂浆试块缺乏代表性或试块数量不足;

(2)对砂浆试块的试验结果有怀疑或有争议;

(3)砂浆试块的试验结果不能满足设计要求。

三、砌筑砂浆性能检验

（一）砂浆稠度试验

1. 试验目的

通过稠度试验，可以测得达到设计稠度时的加水量，或在现场对要求的稠度进行控制，以保证施工质量。

2. 主要设备

砂浆稠度测定仪（见图6-1）、捣棒、台秤、拌锅、拌板、量筒、秒表等。

3. 试验步骤

（1）将拌和好的砂浆一次装入圆锥筒内，装至距筒口约10 mm为止，用捣棒插捣25次，并将筒体振动5～6次，使砂浆表面平整，然后移至稠度测定仪底座上。

（2）放松制动螺丝，调整圆锥体，使得试锥尖端与砂浆表面接触时，拧紧制动螺丝，调整齿条测杆，使齿条测杆的下端刚好与滑杆上端接触，并将指针对准刻度盘零点。

（3）松开制动螺丝，圆锥体自动沉入砂浆中，同时记时，到10 s时固定螺丝。然后从刻度盘上读出下沉深度（精确至1 mm）。

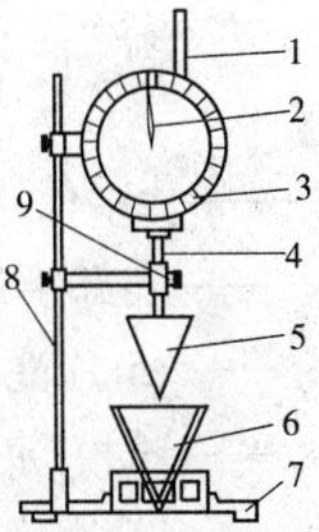

1—齿条测杆；2—指针；3—刻度盘；4—滑杆；5—圆锥体；6—圆锥筒；7—底座；8—支架；9—制动螺丝

图6-1 砂浆稠度测定仪

4. 结果评定

以两次试验结果的平均值作为砂浆稠度的测定结果。如果两次测定值之差大于10 mm，应重新拌和砂浆测定。

（二）砂浆保水性试验

1. 试验目的

测定建筑砂浆在运输及停放时的保水能力及砂浆内部各组分之间的相对稳定性，以评定其和易性。

2. 主要仪器设备

（1）金属或硬塑料圆环试模：内径为100 mm，内部高度为25 mm。

（2）可密封的取样容器，应清洁、干燥。

（3）2 kg的重物。

（4）医用棉纱，尺寸为110 mm×110 mm，宜选用纱线稀疏、厚度较薄的棉纱。

（5）超白滤纸，符合《化学分析滤纸》（GB/T 1914—2007）中速定性滤纸：直径110 mm，200 g/m^2。

（6）2片金属或玻璃的方形或圆形不透水片，边长或直径大于110 mm。

（7）天平：量程200 g，感量0.1 g；量程2 000 g，感量1 g。

（8）烘箱。

3. 试验步骤

（1）称量底部不透水片与干燥试模质量m_1和15片中速定性滤纸质量m_2。

（2）将砂浆拌和物一次性装入试模，并用抹刀插捣数次，当装入的砂浆略高于试模边缘时，用抹刀以45°角一次性将试模表面多余的砂浆刮去，然后用抹刀以较平的角度在试模表面反方向将砂浆刮平。

(3)抹掉试模边的砂浆，称量试模、底部不透水片与砂浆总质量 m_3。

(4)用金属滤网覆盖在砂浆表面，再在滤网表面放上 15 片滤纸，用上部不透水片盖在滤纸表面，以 2 kg 的重物把上部不透水片压住。

(5)静置 3 min 后移走重物及上部不透水片，取出滤纸(不包括滤网)，迅速称量滤纸质量 m_4。

4. 结果评定

按照砂浆的配合比及加水量计算砂浆的保水率。砂浆保水率计算式如下：

$$W = \left[1 - \frac{m_4 - m_2}{\alpha \times (m_3 - m_1)}\right] \times 100\% \tag{6-1}$$

式中 W——砂浆保水率(%)；

m_1——底部不透水片与干燥试模质量，g，精确至 1 g；

m_2——15 片滤纸吸水前的质量，g，精确至 0.1 g；

m_3——试模、底部不透水片与砂浆总质量，g，精确至 1 g；

m_4——15 片滤纸吸水后的质量，g，精确至 0.1 g；

α——砂浆含水率(%)。

取两次试验结果的平均值作为结果，如两个测定值中有 1 个超出平均值的 5%，则此组试验结果无效。

称取 100 g 砂浆拌和物试样，置于一干燥并已称重的盘中，在(105 ±5)℃的烘箱中烘干至恒重，砂浆含水率应按下式计算：

$$\alpha = \frac{m_5}{m_6} \times 100\% \tag{6-2}$$

式中 α——砂浆含水率(%)；

m_5——烘干后砂浆样本损失的质量，g；

m_6——砂浆样本的总质量，g。

砂浆含水率值应精确至 0.1%。

(三)砂浆抗压强度试验

1. 试验目的

检验砂浆配合比及强度等级能否满足设计和施工要求。

2. 主要设备

压力试验机；试模，尺寸为 70.7 mm ×70.7 mm ×70.7 mm，有底试模；捣棒、垫板、刮刀等。

3. 试验步骤

1)制作砂浆立方体试件

(1)制作砌筑吸水底材砂浆试件。将无底试模放在预先铺上吸水性较好的湿纸的普通砖上，砖的吸水率不小于 10%，含水率小于 2%。试模内壁应事先涂上机油作为隔离剂。然后将拌和好的砂浆一次倒满试模，并用捣棒插捣，当砂浆表面出现麻斑点后(15 ~30 min)，用刮刀将多余砂浆刮去，并抹平。

(2)制作砌筑不吸水底材砂浆试件。采用有底试模，先将内壁涂上机油，拌和好的砂浆分两层装入，每层插捣 12 次，然后用刮刀沿试模内壁插捣数次，静置 15 ~ 30 min 后，将多余砂浆刮去，并抹平。

(3)试模成型后，在(20 ±5) ℃环境下养护(24 ±2) h 即可脱模。

2)养护

(1)自然养护。放在室内空气中进行养护，混合砂浆在相对湿度 60% ~80%、常温条件下养护，水泥砂浆放在常温条件下并保持试件表面处于湿润状态下(如湿砂堆中)养护。

(2)标准养护。混合砂浆在(20 ±3) ℃、相对湿度为 60% ~80% 的条件下养护，水泥砂浆在(20 ±3) ℃、相对湿度为 90% 以上的条件下养护。

3)抗压强度测定

(1)试件从养护地点取出后应及时进行试验。试验前将试件表面擦拭干净，测量尺寸，并检查其外观，并据此计算试件的承压面积，如实测尺寸与公称尺寸之差不超过 1 mm，可按公称尺寸进行计算。

(2)将试件安放在试验机的下压板(或下垫板)上，试件的承压面应与成型时的顶面垂直，试件中心应与试验机下压板(或下垫板)中心对准。开动试验机，当上压板与试件(或上垫板)接近时，调整球座，使接触面均衡受压。承压试验应连续而均匀地加荷，加荷速度应为 0.25 ~1.5 kN/s(当砂浆强度不大于 5 MPa 时，宜取下限；当砂浆强度大于 5 MPa 时，宜取上限)，当试件接近破坏而开始迅速变形时，停止调整试验机油门，直至试件破坏，然后记录破坏荷载 P。

4. 结果评定

按下式计算砂浆的抗压强度 $f_{m,cu}$(精确至 0.1 MPa)：

$$f_{m,cu} = \frac{P}{A} \tag{6-3}$$

式中 P——试件的破坏荷载，N；

A——试件的受压面积，mm^2。

以 3 个试件测值的算术平均值的 1.3 倍作为该组砂浆试件的立方体抗压强度平均值。

当 3 个测值的最大值或最小值中有一个与中间值的差值超过中间值的 15% 时，则把最大值及最小值一并舍除，取中间值作为该组试件的抗压强度值；当有两个测值与中间值的差值均超过中间值的 15% 时，则该组试件的试验结果无效。

四、砌筑砂浆配合比设计

砌筑砂浆是将砖、石、砌块等黏结成为砌体的砂浆。砌筑砂浆主要起黏结、传递应力的作用，是砌体的重要组成部分。

砌体砂浆可根据工程类别及砌体部位的设计要求，确定砂浆的强度等级，然后选定其配合比。一般情况下，可以查阅有关手册和资料来选择配合比，但如果工程量较大、砌体部位较为重要或掺入外加剂等非常规材料，为保证质量和降低造价，应进行配合比设计。经过计算、试配、调整，从而确定施工用的配合比。

目前，常用的砌筑砂浆有水泥混合砂浆和水泥砂浆两大类。

根据《砌筑砂浆配合比设计规程》(JGJ 98—2010)规定，用于砌筑吸水底面的砂浆配合比设计或选用步骤如下。

(一)水泥混合砂浆配合比设计过程

1. 确定试配强度

砂浆的试配强度可按下式确定:

$$f_{m,0} = kf_2 \tag{6-4}$$

式中 $f_{m,0}$——砂浆的试配强度,MPa,精确至 0.1 MPa;

f_2——砂浆强度等级值,MPa,精确至 0.1 MPa;

k——系数,按表 6-6 取值。

表 6-6 砂浆强度标准差 σ 及 k 值 (单位:MPa)

施工水平	砂浆强度等级							k
	M5	M7.5	M10	M15	M20	M25	M30	
优良	1.00	1.50	2.00	3.00	4.00	5.00	6.00	1.15
一般	1.25	1.88	2.50	3.75	5.00	6.25	7.50	1.20
较差	1.50	2.25	3.00	4.50	6.00	7.50	9.00	1.25

砂浆强度标准差的确定应符合下列规定:

(1)当有统计资料时,砂浆强度标准差应按下式计算:

$$\sigma = \sqrt{\frac{\sum_{i=1}^{n} f_{m,i}^2 - n\mu_{f_m}^2}{n-1}} \tag{6-5}$$

式中 $f_{m,i}$——统计周期内同一品种砂浆第 i 组试件的强度,MPa;

μ_{f_m}——统计周期内同一品种砂浆 n 组试件强度的平均值,MPa;

n——统计周期内同一品种砂浆试件的总组数,$n \geqslant 25$。

(2)当无统计资料时,砂浆强度标准差可按表 6-6 取值。

2. 计算每立方米砂浆中水泥用量

每立方米砂浆中的水泥用量应按下式计算:

$$Q_C = \frac{1\,000(f_{m,0} - \beta)}{\alpha f_{ce}} \tag{6-6}$$

式中 Q_C——每立方米砂浆中的水泥用量,kg;

$f_{m,0}$——砂浆的试配强度,MPa,精确至 0.1 MPa;

f_{ce}——水泥的实测强度,MPa,精确至 0.1 MPa;

α、β——砂浆的特征系数,其中 $\alpha = 3.03$,$\beta = -15.09$。

在无法取得水泥的实测强度 f_{ce} 时,可按下式计算:

$$f_{ce} = \gamma_C \cdot f_{ce,k} \tag{6-7}$$

式中 $f_{ce,k}$——水泥强度等级对应的强度值,MPa;

γ_C——水泥强度等级值的富裕系数,该值应按实际统计资料确定,无统计资料时取 $\gamma_C = 1.0$。

当计算出水泥砂浆中的水泥用量不足 200 kg/m^3 时,应按 200 kg/m^3 采用。

3. 计算水泥混合砂浆的掺加料用量

水泥混合砂浆的掺加料应按下式计算:

$$Q_D = Q_A - Q_C \tag{6-8}$$

式中 Q_D——每立方米砂浆中掺加料用量，kg，精确至 1 kg；

Q_C——每立方米砂浆中水泥用量，kg，精确至 1 kg；

Q_A——每立方米砂浆中水泥和掺加料的总量，kg，精确至 1 kg，宜为 300 ~ 350 kg/m^3。

4. 确定砂子用量

每立方米砂浆中砂子用量 Q_S(kg/m^3)应以干燥状态(含水率小于 0.5%)的堆积密度值作为计算值，即 1 m^3 的砂浆含有 1 m^3 堆积体积的砂。

5. 确定用水量

每立方米砂浆中用水量 Q_W(kg/m^3)可根据砂浆稠度要求选用 240 ~ 310 kg。

注：①混合砂浆中的用水量不包括石灰膏或黏土膏中的水；②当采用细砂或粗砂时，用水量分别取上限或下限；③当稠度小于 70 mm 时，用水量可小于下限；④施工现场气候炎热或干燥季节，可酌情增加水量。

(二)水泥砂浆配合比选用

水泥砂浆各种材料用量可按照表 6-7 选用。

表 6-7 水泥砂浆各种材料用量 (单位：kg/m^3)

强度等级	水泥用量	砂用量	用水量
M5	200 ~ 230	砂的堆积密度值	270 ~ 330
M7.5	230 ~ 260		
M10	260 ~ 290		
M15	290 ~ 330		
M20	340 ~ 400		
M25	360 ~ 410		
M30	430 ~ 480		

注：1. M15 及 M15 以下强度等级水泥砂浆，水泥强度等级为 32.5 级；M15 以上强度等级水泥砂浆，水泥强度等级为 42.5 级。

2. 当采用细砂或粗砂时，用水量分别取上限或下限。

3. 当稠度小于 70 mm 时，用水量可小于下限。

4. 施工现场气候炎热或干燥季节，可酌情增加用水量。

5. 试配强度应按照公式(6-4)进行计算。

水泥粉煤灰砂浆材料用量可按表 6-8 选用。

表 6-8 每立方米水泥粉煤灰砂浆材料用量 (单位：kg/m^3)

强度等级	水泥和粉煤灰总量	粉煤灰	砂用量	用水量
M5	210 ~ 240	粉煤灰掺量可占胶凝材料总量的 15% ~ 25%	砂的堆积密度值	270 ~ 330
M7.5	240 ~ 270			
M10	270 ~ 300			
M15	300 ~ 330			

注：1. 表中水泥强度等级为 32.5 级。

2. 当采用细砂或粗砂时，用水量分别取上限或下限。

3. 当稠度小于 70 mm 时，用水量可小于下限。

4. 施工现场气候炎热或干燥季节，可酌情增加用水量。

5. 试配强度应按公式(6-4)计算。

（三）配合比的试配、调整与确定

砂浆试配时，应采用工程中实际使用的材料；采用机械搅拌时，搅拌时间自投料结束后算起，水泥砂浆和水泥混合砂浆不得小于 120 s，掺用粉煤灰和外加剂的砂浆不得小于 180 s。

按计算或查表选用的配合比进行试拌，测定其拌和物的稠度和分层度，若不能满足要求，则应调整用水量和掺合料用量，直至符合要求。此时的配合比为砂浆基准配合比。

为了测定的砂浆强度能在设计要求范围内，试配时至少采用 3 个不同的配合比，其中一个为基准配合比，另外两个配合比的水泥用量按基准配合比分别增加及减少 10%，在保证稠度和分层度合格的条件下，可将用水量或掺加料用量作相应调整。按《建筑砂浆基本性能试验方法》（JGJ 70—90）的规定成型试件，测定砂浆强度。选定符合试配强度要求并且水泥用量最少的配合比作为砂浆配合比。

砂浆配合比以各种材料用量的比例形式表示，如水泥∶掺加料∶砂∶水 $= Q_C : Q_D : Q_S : Q_W$。

第四节　干混砂浆

干混砂浆是指经干燥筛分处理的集料（如石英砂）、无机胶凝材料（如水泥）和添加剂（如聚合物）等按一定比例进行物理混合而成的一种颗粒状或粉状，以袋装或散装的形式运至工地，加水拌和后即可直接使用的物料，又称作砂浆干粉料、干混料、干拌粉，有些建筑黏合剂也属于此类。干粉砂浆在建筑业中以薄层发挥黏结、衬垫、防护和装饰作用，建筑和装修工程应用极为广泛。

一、概述

干混砂浆是建材领域新兴的干混材料之一，据广东省标准《干混砂浆应用技术规程》（DBJ/T 15—36—2004）的定义为：干混砂浆是指由专业生产厂家生产的，以水泥为主要胶结料与干燥筛分处理的细集料、矿物掺合料、加强材料和外加剂按一定比例混合而成的混合物。它可以广泛地适用于各种墙体和地面的砌筑、抹灰，还可以用于陶瓷、马赛克、石材等内外墙装饰材料的黏结。

二、干混砂浆的原料组成

干混砂浆亦称为预混（干）砂浆，也称干粉料、干混料等，它是在工厂经准确配料和均匀混合而制成的砂浆半成品，到施工现场只需加水搅拌即可使用。干混砂浆的种类很多，其成分也比较复杂，概括起来是由胶结料、填料、保水增稠材料、矿物掺合料、外加剂等材料组成的。

（1）胶结料。干混砂浆常用的胶结料有硅酸盐水泥、普通硅酸盐水泥、高铝水泥、硅酸钙水泥、天然石膏、石灰以及由这些材料组成的混合体。硅酸盐水泥（通常是Ⅰ型）或硅酸盐白水泥都是主要的胶结料。地坪砂浆中通常还需要用一些特殊的水泥。胶结料的用量占干混料产品质量的 20% ~40%。

（2）填料。干混砂浆的主要填料有黄砂、石英砂、石灰石、白云石、膨胀珍珠岩等。这些填料经过破碎、烘干，再筛分成粗、中、细三类，颗粒尺寸为：粗填料 4 ~0.4 mm、中填料0.4 ~100 μm、细填料在 100 μm 以下。粒度很小的产品，需用细石粉和经分选过的石灰石作集料,而且石灰石要尽可能地白。普通的干粉砂浆既可用粉碎过的石灰石,也可用经干燥、筛选过的砂子作集料。如果砂子质量足可用于高级的结构混凝土,则其一定符合生产干混料的要求。生产质量可靠的干混砂浆,关键在于原料粒度的掌握以及投料配比的准确,而这是在干混砂浆自动生产中实现的。

(3)保水增稠材料。干混砂浆常用砂浆稠化粉作为保水增稠材料,它通过对水分子的物理吸附作用,达到使砂浆增稠、保水的目的,具有安全、无毒、无放射性和腐蚀等特性。

(4)矿物掺合料。干混砂浆的矿物掺合料主要是工业副产品、工业废料及部分天然矿石等,如矿渣、粉煤灰、火山灰、细硅石粉等,这些掺合料的化学成分主要是含氧化钙的硅铝盐酸,可溶于水,只有很高的活性和水硬性。

(5)外加剂。外加剂是干混砂浆的关键环节,外加剂的种类和数量以及外加剂之间的适应性关系到干混砂浆的质量和性能。为了增加干混砂浆的和易性和黏结力,提高砂浆的抗裂性,降低渗透性,使砂浆不宜泌水分离,从而提高干混砂浆的施工性能,降低生产成本。

三、干混砂浆与普通砂浆区别

(一)组分不同

普通水泥砂浆的组成材料是三组分，即水泥、砂和水。而干混砂浆至少是四组分，即水泥、砂、聚合物胶粉等外加剂和水,有的甚至是五组分,增加了超细掺合料。由于增加了聚合物外加剂和超细掺合料，干混砂浆与普通砂浆的性能差别很大为可能,外加剂尤其是高效减水剂作为一种表面活性剂解决了低水灰比与工作性的矛盾,它具有高度分散水泥颗粒、消除絮凝结构的作用,也使砂浆的水灰比突破理论水胶比成为现实。高性能水泥砂浆中的掺合料有别于普通水泥砂浆中的掺合料，普通水泥砂浆中掺加的掺合料,如双灰粉中的粉煤灰等主要是天然火山灰材料和原状工业副产品粉煤灰和水淬矿渣等,由于这些材料细度不足，它们在普通混凝土中产生的火山灰反应程度有限，其主要贡献是微集料效应和填充效应。聚合物胶粉和超细矿物掺合料，都有助于改善水泥浆与集料的界面，从而提高黏结强度和耐久性能。

(二)颗粒分布不同

普通砂浆颗粒分布比较粗,不是连续级配,砂与砂之间颗粒分布不合理。干混砂浆对砂子的要求很高,砂必须经过分级处理,使砂从粗到细,合理分布。

(三)水灰比不同

水泥的理论水灰比是0.38,普通砂浆为满足工作性需要普遍采用0.4~0.8,甚至更高的水灰比。而干混砂浆可以加入高效减水剂,使水灰比降低至0.38或以下。在高水灰比的普通砂浆中,拌和物内的大量水分加大了水泥颗粒间的距离,使砂浆硬化后存在大量有害的毛细孔隙,此外,多余水分还集结在集料表面,尤其是底面,使集料的界面形成薄弱的界面过渡区,由于界面过渡区的结构具有疏松多孔、粗大晶体富集并呈定向排列等特征,使其成为普通砂浆中最薄弱的环节。干混砂浆由于普遍采用了低水灰比,拌和物内没有多余水分存在,水泥硬化后毛细孔隙数量大大减少,而且毛细孔的孔径也比普通砂浆的孔径小,此外超细掺合料的粒径小于水泥颗粒,能填充水泥颗粒之间的空隙，改善了粉体材料之间级配,进一步减少了砂浆中的毛细孔隙数量。

（四）微观结构不同

从宏观上看，砂浆包括水泥石、集料、微集料（主要指超细掺合料）、孔隙和水。而从微观上看，水泥石中包含水化产物、未水化水泥颗粒及毛细孔等，水化产物又包含晶体、凝胶和凝胶孔。因此，水泥砂浆是一种具有不同孔隙的多孔体。在这个多孔体中，毛细孔和凝胶数量是决定砂浆强度和耐久性的重要因素。毛细孔越少，砂浆越密实，耐久性越好，反之越差；而凝胶数量越多，砂浆的强度越高，反之越低。普通砂浆由于水灰比大，使硬化砂浆中毛细孔体积占砂浆总体积的比例高，以及界面过渡区的存在，砂浆的密实性差。普通砂浆中加入的混合材料由于细度不足，品质不佳，后期的火山灰反应较弱，所能消耗薄弱结晶的能力有限，提供的凝胶数量也少，其强度也很低。干混砂浆采用低水灰比，硬化后毛细孔数量显著减少，而超细掺合料又改善粉体集料的级配，也能大幅度降低毛细孔数量，使干混砂浆形成高度致密的微观结构，此外超细掺合料活性大，火山灰反应强烈，消耗掉大量的结晶，产生的凝胶数量多，因此对强度的贡献大，$Ca(OH)_2$ 的减少相应也提高了干混砂浆的抗腐蚀性能。

（五）性能不同

砂浆的宏观性能主要包括强度、耐久性及工作性等。普通砂浆因水灰比大，其强度较低，耐久性也因毛细孔及集料界面过渡区的存在而难以提高工作性（主要指砂浆的流动性），一般用砂浆的稠度和分层度表示。而高性能水泥砂浆的强度随其水灰比的降低而显著提高，水灰比的降低减少了砂浆中孔隙含量，加之粉料的合理级配，使其微观结构达到相当致密的状态，外界有害介质很难侵入，大大提高了耐久性能。外加剂的引入使高性能砂浆的工作性达到前所未有的理想程度。在混凝土行业，坍落度均达到 180 mm 以上的流态混凝土和泵送混凝土得到大量应用，与之相对应，在砂浆领域出现了自流平砂浆，流动性非常好，无须抹面，自动找平，并在工业地面和大型展览馆地面应用广泛。

四、干混砂浆的优点

（1）干混砂浆突破了传统砂浆生产工艺的限制，产品质量稳定，有利于工程质量的提高。一方面，传统砂浆工艺由于在现场拌制，不可能完全满足建筑物在设计时对材料的要求。而干混砂浆的生产可以根据不同的使用要求设计不同的砂浆配合比。通过生产企业微机的数据库资料系统，可以从上百个甚至几百个配合比中调取数据，并通过数学模型计算试配性能，且计量十分准确，这是产品质量稳定的前提。另一方面，干混砂浆生产工艺对各种原材料进行了预处理，为产品质量的稳定提供了又一有效保证。

（2）产品品种齐全，针对性强，专业程度高，提高了砂浆对工程的适应性，不同用途，砂浆对材料的抗收缩、抗龟裂、保温、防潮等特性的要求不同，且施工要求的和易性、保水性、凝固时间也不同，这些特性需要按照科学配方严格配制才能实现，如前所述，干混砂浆配料十分灵活且准确，可随时根据各种工程材料要求和施工要求配制与之相适应的砂浆，明显提高了砂浆对工程的适应性。

（3）机械化作业，生产效率高，有利于降低建筑成本，由于连续生产和精确配料，可以避免材料浪费。同时，由于商品化的生产规模，使得固定成本的摊销大幅度降低，在保证质量的前提下实现最低的成本。而这种低成本是以技术进步来保证质量的，因此干混砂浆的实际生产具有相当可观的利润。另外，从建筑工程投资考虑，干混砂浆的使用不仅提高了建筑质量，而且在施工过程中节约了大量的人力、物力和时间，工程总造价显著降低。施工方便快捷，中间环节少，有利于提高施工进度和改善施工现场环境。施工过程中，使用干混砂浆就像我们食用方便面一样，随取随用，加适量水搅拌数分钟即可用，十分方便，施工速度大幅度提高。干混砂浆极大地改善了施工现场的环境，完全可以杜绝现场堆放水泥、砂等带来的脏、乱、差的局面；与商品混凝土一样，砂浆的商品化有利于环境保护和散装水泥的推广。

总之，干混砂浆具有施工简便、适用面广、工作性能好、有利于环保等优点。推广应用建筑干混砂浆，不仅是建材业的一项突破，同时更有利于促进建筑业的技术进步、文明施工和环境保护。

五、干混砂浆分类

（一）普通干混砂浆

（1）普通抹灰砂浆。主要用于墙面打底、找平和满足一般饰面要求，要解决的主要问题是抹灰层的开裂、空鼓、脱落等。抹灰砂浆将是我国应用量最大的建筑干混砂浆产品。

（2）普通砌筑砂浆。主要用于烧结砖、混凝土砌块、石材等块材的砌筑。通过外加剂的加入，也可配制用于新型墙体材料（如加气混凝土砌块、轻质保温砌块等）的专用砂浆。干混砌筑砂浆要解决的主要问题是传统砂浆的砌筑灰缝不饱满、砌体劈剪强度低等。砌筑砂浆的性能特点是高触变性和高黏结性。

（3）普通地面砂浆。主要用于地面找平处理和满足一般地面装饰要求。地面砂浆以不同等级的黏结性、耐磨性、抗冲击性、抗压强度和尺寸稳定性为性能特点。

（二）特种砂浆

（1）墙体保温系统专用砂浆（EIFS）。主要用于墙体保温材料的黏结和表面防护，按不同的保温体系可分为膨胀聚苯板薄抹灰保温体系专用砂浆、膨胀聚苯大模内置保温体系专用砂浆、胶粉聚苯颗粒保温体系专用砂浆、硬泡聚氨酯保温体系专用砂浆和加气混凝土单一材料保温体系专用砂浆。这类砂浆是目前我国北方地区用量最大的特种砂浆，它以高聚合物含量为配料特点，以高黏结强度、高变形性、低吸水率为性能特点。

（2）墙地砖黏结砂浆。主要用于墙面、地面装饰砖的黏结，可分为陶瓷砖黏结砂浆、石材黏结砂浆和彩色填缝砂浆等。根据使用环境温度的不同又可分为普通型和防冻型两类。这类砂浆以高聚合物掺量为配料特点，以高黏结性、高保水性、高耐候性、抗泛碱性以及优异的工作性为性能特点。

（3）界面处理砂浆。主要用于提高抹灰层与基材之间和新旧抹灰层之间的黏结性能，可分为混凝土界面处理砂浆、加气混凝土界面处理砂浆、钢结构界面处理砂浆。这类砂浆以高聚合物掺量、高黏结性能为主要特点。

（4）自流平砂浆。是指具有自流平、耐磨、防静电、防滑和耐腐蚀等特殊性能的地面砂浆，用于有特殊要求的地面，有别于普通的地面砂浆。可分为水泥自流平砂浆、石膏自流平砂浆、耐磨地坪砂浆、环氧地坪砂浆、聚氨酯地坪砂浆等。

（5）刮墙腻子。主要用于涂料装饰前墙面的找平，可分为内墙腻子、外墙腻子、柔性抗裂腻子等几类。在北京及周边地区有相当长的应用历史和较大的使用量。腻子产品以高保水剂掺量为配料特点，以高保水性、高黏结强度、表面光滑细腻为性能特点。

（6）装饰砂浆。主要用于墙面最终装饰，可分为彩色砂浆、彩色腻子和艺术砂浆等。这类砂浆在欧洲应用非常广泛，国内南方地区也有应用。其以黏结强度、耐老化性、抗泛碱性和装饰性为性能特点。装饰砂浆作为墙体保温体系的最终装饰层，是一种较好的解决方案。

(7)修复砂浆。主要用于对既有建筑物进行修复处理。其黏结性突出，结构强度高。

(8)防水砂浆。主要用于对墙面、地面和层面等进行防水处理。其抗渗性能突出，黏结强度高。

(9)灌浆材料。主要用于混凝土后浇灌浆、设备基础灌浆、加固灌浆等工程，具有微膨胀特性和较高的强度。

(10)弹性砂浆。主要用于具有防裂、抗变形要求的工程。其掺加大量聚合物、纤维材料等，具有较高的柔性和良好的形变能力。

(11)其他特种砂浆。根据实际使用要求，通过高分子聚合物等外加剂的掺入，可以配制生产出具有特殊性能、满足特殊要求的其他特种砂浆品种。

第五节　抹面砂浆

凡涂抹在基底材料的表面，兼有保护基层和增加美观作用的砂浆，可统称为抹面砂浆。

根据抹面砂浆功能不同，一般可将抹面砂浆分为普通抹面砂浆、防水砂浆、装饰砂浆和特种砂浆(如绝热、吸声、耐酸、防射线砂浆)等。

与砌筑砂浆相比，抹面砂浆的特点和技术要求有：

(1)抹面层不承受荷载；

(2)抹面砂浆应具有良好的和易性，容易抹成均匀平整的薄层，便于施工；

(3)抹面层与基底层要有足够的黏结强度，使其在施工中或长期自重和环境作用下不脱落、不开裂；

(4)抹面层多为薄层，并分层涂沫，面层要求平整、光洁、细致、美观；

(5)多用于干燥环境，大面积暴露在空气中。

抹面砂浆的组成材料与砌筑砂浆基本上是相同的。但为了防止砂浆层的收缩开裂，有时需要加入一些纤维材料，或为了使其具有某些特殊功能，需要选用特殊集料或掺加料。

与砌筑砂浆不同，抹面砂浆的主要技术性质不是抗压强度，而是和易性以及与基底材料的黏结强度。

一、普通抹面砂浆

普通抹面砂浆对建筑物和墙体起到保护作用。它可以抵抗风、雨、雪等自然环境对建筑物的侵蚀，并提高建筑物的耐久性，同时经过砂浆抹面的建筑物表面或墙面又可以达到平整、光洁、美观的效果。

常用的普通抹面砂浆有水泥砂浆、石灰砂浆、水泥混合砂浆、麻刀石灰砂浆(简称麻刀灰)、纸筋石灰砂浆(简称纸筋灰)等。

普通抹面砂浆通常分为两层或三层进行施工。

底层抹灰的作用是使砂浆与基底能牢固地黏结，因此要求底层砂浆具有良好的和易性、保水性和较好的黏结强度。

中层抹灰主要是找平，有时可省略。

面层抹灰是为了获得平整、光洁的表面效果。

各层抹灰面的作用和要求不同，因此每层所选用的砂浆也不一样。同时，不同的基底材料和工程部位，对砂浆技术性能要求也不同，这也是选择砂浆种类的主要依据。

(1)水泥砂浆宜用于潮湿或强度要求较高的部位。

(2)混合砂浆多用于室内底层或中层或面层抹灰。

(3)石灰砂浆、麻刀灰、纸筋灰多用于室内中层或面层抹灰。

水泥砂浆不得涂抹在石灰砂浆层上。

普通抹面砂浆的组成材料及配合比，可根据使用部位及基底材料的特性确定，一般情况下参考有关资料和手册选用。

二、装饰砂浆

装饰砂浆是指涂抹在建筑物内外墙表面，具有美观装饰效果的抹面砂浆。

装饰砂浆的底层和中层抹灰与普通抹面砂浆基本相同，但是其面层要选用具有一定颜色的胶凝材料和集料或经各种加工处理，使得建筑物表面呈现各种不同的色彩、线条和花纹等装饰效果。

(一)装饰砂浆的组成材料

(1)胶凝材料。装饰砂浆所用胶结材料与普通抹面砂浆基本相同，只是灰浆类饰面更多地采用白色水泥或彩色水泥。

(2)集料。装饰砂浆所用集料，除普通天然砂外，石渣类饰面常使用石英砂、彩釉砂、着色砂、彩色石渣等。

(3)颜料。装饰砂浆中的颜料应采用耐碱和耐光晒的矿物颜料。

(二)装饰砂浆主要饰面方式

装饰砂浆饰面方式可分为灰浆类饰面和石渣类饰面两大类。

1. 灰浆类饰面

灰浆类饰面是指主要通过水泥砂浆的着色或对水泥砂浆表面进行艺术加工，从而获得具有特殊色彩、线条、纹理等质感的饰面。其主要优点是材料来源广泛，施工操作简便，造价比较低廉，而且通过不同的工艺加工，可以创造不同的装饰效果。常用的灰浆类饰面有以下几种。

(1)拉毛灰：是用铁抹子或木蟹，将罩面灰浆轻压后顺势拉起，形成一种凹凸质感很强的饰面层。拉细毛时用棕刷粘着灰浆拉成细的凹凸花纹。

(2)甩毛灰：是用竹丝刷等工具将罩面灰浆甩涂在基面上，形成大小不一而又有规律的云朵状毛面饰面层。

(3)仿面砖：是在采用掺入氧化铁系颜料(红、黄)的水泥砂浆抹面上，用特制的铁钩和靠尺按设计要求的尺寸进行分格划块，沟纹清晰，表面平整，酷似贴面砖饰面。

(4)拉条：是在面层砂浆抹好后，用一凹凸状轴辊作模具在砂浆表面上滚压出立体感强、线条挺拔的条纹。条纹分半圆形、波纹形、梯形等多种，条纹可粗可细，间距可大可小。

(5)喷涂：是用挤压式砂浆泵或喷斗，将掺入聚合物的水泥砂浆喷涂在基面上，形成波浪、颗粒或花点质感的饰面层。最后在表面再喷一层甲基硅醇钠或甲基硅树脂疏水剂，可提高饰面层的耐久性和耐污染性。

(6)弹涂：是用电动弹力器将掺入107胶的2～3种水泥色浆分别弹涂到基面上，形成

1～3 mm 圆状色点,获得不同色点相互交错、相互衬托、色彩协调的饰面层。最后刷一道树脂罩面层,起防护作用。

2. *石渣类饰面*

石渣类饰面是用水泥(普通水泥、白水泥或彩色水泥)、石渣、水拌成石渣浆,同时采用不同的加工手段除去表面水泥浆皮,使石渣呈现不同的外露形式以及水泥浆与石渣的色泽对比,构成不同的装饰效果。

石渣是天然的大理石、花岗石以及其他天然石材经破碎而成的,俗称米石。常用的规格有大八厘(粒径为 8 mm)、中八厘(粒径为 6 mm)、小八厘(粒径为 4 mm)。石渣类饰面比灰浆类饰面色泽较明亮,质感相对丰富,不易褪色,耐光性和耐污染性也较好。常用的石渣类饰面有以下几种。

(1)水刷石:将水泥石渣浆涂抹在基面上,待水泥浆初凝后,以毛刷蘸水刷洗或用喷枪以一定水压冲刷表层水泥浆皮,使石渣半露出来,达到装饰效果。

(2)干粘石:又称甩石子,是在水泥浆或掺入 107 胶的水泥砂浆黏结层上,把石渣、彩色石子等粘在其上,再拍平压实而成的饰面。石粒的 2/3 应压入黏结层内,要求石子粘牢,不掉粒并且不露浆。

(3)斩假石:又称剁假石,是以水泥石渣(掺 30% 石屑)浆做成面层抹灰,待具有一定强度时,同钝斧或凿子等工具,在面层上剁斩出纹理,而获得类似天然石材经雕琢后的纹理质感。

(4)水磨石:是由水泥、彩色石渣或白色大理石碎粒及水按一定比例配制,需要时掺入适量颜料,经搅拌均匀,浇筑捣实、养护,待硬化后将表面磨光而成的饰面。常常将磨光表面用草酸冲洗,干燥后上蜡。

水刷石、干粘石、斩假石和水磨石等装饰效果各具特色。在质感方面:水刷石最为粗犷,干粘石粗中带细,斩假石典雅庄重,水磨石润滑细腻。在颜色花纹方面:水磨石色泽华丽、花纹美观,斩假石的颜色与斩凿的灰色花岗石相似,水刷石的颜色有青灰色、奶黄色等,干粘石的色彩取决于石渣的颜色。

三、防水砂浆

用作防水层的砂浆称为防水砂浆。砂浆防水层又称作刚性防水层,适用于不受振动和具有一定刚度的混凝土或砖石砌体的表面。

防水砂浆主要有以下三种:

(1)水泥砂浆:是由水泥、细集料、掺合料和水制成的砂浆。普通水泥砂浆多层抹面用作防水层。

(2)掺加防水剂的防水砂浆:在普通水泥中掺入一定量的防水剂而制成的防水砂浆是目前应用最广泛的一种防水砂浆。常用的防水剂有硅酸钠类、金属皂类、氯化物金属盐及有机硅类。

(3)膨胀水泥和无收缩水泥配制砂浆:由于该种水泥具有微膨胀或补偿收缩性能,从而能提高砂浆的密实性和抗渗性。

防水砂浆的配合比为水泥与砂的质量比,一般不宜大于 1:2.5,水灰比应为 0.50～0.60,稠度不应大于 80 mm。水泥宜选用 32.5 级以上的普通硅酸盐水泥或 42.5 级矿渣水泥,砂子宜选用中砂。

防水砂浆施工方法有人工多层抹压法和喷射法等。各种方法都是以防水抗渗为目的的,减少内部连通毛细孔,提高密实度。

四、特种砂浆

(一)隔热砂浆

隔热砂浆是指采用水泥等胶凝材料以及膨胀珍珠岩、膨胀蛭石、陶粒砂等轻质多孔集料按照一定比例配制的砂浆。它具有质量轻、保温隔热性能好(导热系数一般为0.07~0.10 W/(m·K))等特点,主要用于屋面、墙体绝热层和热水、空调管道的绝热层。

常用的隔热砂浆有水泥膨胀珍珠岩砂浆、水泥膨胀蛭石砂浆、水泥石灰膨胀蛭石砂浆等。

(二)吸声砂浆

一般采用轻质多孔集料拌制而成的吸声砂浆,由于其集料内部孔隙率大,因此吸声性能十分优良。吸声砂浆还可以在砂浆中掺入锯末、玻璃纤维、矿物棉等材料拌制而成,主要用于室内吸声墙面和顶面。

(三)耐腐蚀砂浆

(1)水玻璃类耐酸砂浆:一般采用水玻璃作为胶凝材料拌制而成,常常掺入氟硅酸钠作为促硬剂。耐酸砂浆主要作为衬砌材料、耐酸地面或耐酸容器的内壁防护层等。

(2)耐碱砂浆:使用42.5强度等级以上的普通硅酸盐水泥(水泥熟料中铝酸三钙含量应小于9%),细集料可采用耐碱、密实的石灰岩类(石灰岩、白云岩、大理岩等)、火成岩类(辉绿岩、花岗岩等)制成的砂和粉料,也可采用石英质的普通砂。耐碱砂浆可耐一定温度和浓度下的氢氧化钠和铝酸钠溶液的腐蚀,以及任何浓度的氨水、碳酸钠、碱性气体和粉尘等的腐蚀。

(3)硫磺砂浆:以硫磺为胶结料,加入填料、增韧剂,经加热熬制而成的砂浆。采用石英粉、辉绿岩粉、安山岩粉作为耐酸粉料和细集料。硫磺砂浆具有良好的耐腐蚀性能,几乎能耐大部分有机酸、无机酸、中性盐和酸性盐的腐蚀,对乳酸也有很强的耐腐蚀能力。

(四)防辐射砂浆

防辐射砂浆是指可采用重水泥(钡水泥、锶水泥)或重质集料(黄铁矿、重晶石、硼砂等)拌制而成,可防止各类辐射的砂浆,主要用于射线防护工程。

(五)聚合物砂浆

聚合物砂浆是指在水泥砂浆中加入有机聚合物乳液配制而成的砂浆,具有黏结力强、干缩率小、脆性低、耐腐蚀性好等特性,用于修补和防护工程。常用的聚合物乳液有氯丁胶乳液、丁苯橡胶乳液、丙烯酸树脂乳液等。

本章小结

砂浆是由胶凝材料、细集料、掺合料、外加剂和水按照适当比例配合、拌制并经硬化而成的材料,又称为细集料胶凝材料。它在工业与民用建筑中应用极其广泛,主要用作砌筑、抹灰、灌封和粘贴饰面的材料,起黏结、衬垫及传递应力的作用。

根据砂浆的用途不同,可分为砌筑砂浆、防辐射砂浆、抹面砂浆、装饰砂浆和其他砂浆。根据所用胶凝材料不同,砂浆又分为水泥砂浆、石灰砂浆、石膏砂浆、混合砂浆和聚合物砂浆。

与现代化施工技术和质量管理水平相适应的建筑工程,要求采用工厂配制好的干拌砂浆,在搅拌站集中搅拌,或在工地上加水搅拌,制成工程所需的干混砂浆。由于干混砂浆的技术经济效果明显,其取代传统的现场配制拌和的砌筑砂浆已经成为一种必然趋势。

本章介绍了砌筑砂浆和抹面砂浆的组成、技术性能及应用,还介绍了砌筑砂浆的配合比设计方法等。

思考练习题

一、名词解释

1. 砂浆
2. 砌筑砂浆
3. 砂浆的和易性
4. 抹面砂浆
5. 流动性
6. 保水性

二、填空题

1. 砂浆的和易性包括________和________两方面的含义。

2. 砂浆流动性指标是________,其单位是________;砂浆保水性指标是________,其单位是________。

3. 测定砂浆强度的试件尺寸是________的立方体试块。在________条件下养护____d,测定其________。

4. 砂浆流动性的选择是根据________和________等条件来决定的。夏天砌筑红砖墙体时,砂浆的流动性应选得________些;当砌筑毛石时,砂浆的流动性应选得________些。

5. 用于吸水底面的砂浆强度主要取决于________与________,而________与________没有关系。

三、判断题

1. 影响砂浆强度的因素主要有水泥强度等级和 W/C。( )
2. 砂浆的保水率越大,保水性越好。( )
3. 砂浆的保水率越小,流动性越好。( )
4. 采用石灰混合砂浆是为了改善砂浆的流动性。( )
5. 砂浆的保水性用沉入度表示,沉入度愈大,表示保水性愈好。( )
6. 砂浆的流动性用沉入度表示,沉入度愈小,表示流动性愈小。( )
7. 砂浆的保水性用保水率表示,保水率愈小,保水性愈好。( )
8. 采用石灰混合砂浆是为了改善砂浆的保水性。( )
9. 砂浆的保水率越大,说明砂浆的流动性越好。( )
10. 砌筑砂浆的强度,无论其底面是否吸水,都主要取决于水泥强度及水灰比。( )
11. 砂浆的和易性包括流动性、黏聚性、保水性三方面的含义。( )
12. 用于多孔基面的砌筑砂浆,其强度大小主要取决于水泥强度等级和水泥用量,而与

水灰比大小无关。(　　)

13. 在相同流动性条件下,用粗砂拌制混凝土比细砂所用的水泥浆要省。(　　)

四、单项选择题

1. 水泥强度等级宜为砂浆强度等级的(　　　)倍,且水泥强度等级宜小于32.5级。

A. 2~3　　B. 3~5　　C. 4~5　　D. 5~6

2. 砌筑砂浆适宜保水率一般在(　　　)mm。

A. ≥60　　B. ≥70　　C. ≥80　　D. ≥90

3. 凡涂在建筑物或构件表面的砂浆,可统称为(　　　)。

A. 砌筑砂浆　　B. 抹面砂浆　　C. 混合砂浆　　D. 防水砂浆

4. 下列有关抹面砂浆、防水砂浆的叙述,不正确的是(　　　)。

A. 抹面砂浆一般分为两层或三层进行施工,各层要求不同。在容易碰撞或潮湿的地方,应采用水泥砂浆

B. 外墙面的装饰砂浆常用工艺做法有拉毛、水刷石、水磨石、斩假石、假面砖等

C. 水磨石一般用普通水泥、白色或彩色水泥拌和各种色彩的花岗石渣做面层

D. 防水砂浆可用普通水泥砂浆制作,也可在水泥砂浆中掺入防水剂来提高砂浆的抗渗能力

五. 多项选择题

1. 下列(　　　)选项中,可以要求砂浆的流动性大些。

A. 多孔吸水的材料　　B. 干热的天气

C. 手工操作砂浆　　D. 密实不吸水砌体材料

E. 砌筑砂浆

2. 目前,常用的膨胀水泥有(　　　)。

A. 硅酸盐膨胀水泥　　B. 低热微膨胀水泥

C. 硫铝酸盐膨胀水泥　　D. 自应力水泥

E. 中热膨胀水泥

3. 土木工程材料与水有关的性质有(　　　)。

A. 耐水性　　B. 抗剪性　　C. 抗冻性　　D. 抗渗性

六、计算题

1. 称取砂样500 g,经筛分析试验称得各号筛的筛余量见表6-9。

表6-9　烘干砂样各筛上筛余量

筛孔尺寸(mm)	4.75	2.36	1.18	0.600	0.300	0.150	<0.15
筛余量(g)	45	95	70	65	100	120	5

问:①此砂是何种砂?依据是什么?

②判断此砂级配情况,依据是什么?

2. 一工程砌砖墙,需要制M5.0的水泥石灰混合砂浆。现材料供应如下:水泥:42.5级普通硅酸盐水泥;砂:粒径小于2.5 mm,含水率为3%,堆积密度为1 600 kg/m^3;石灰膏:表观密度为1 300 kg/m^3。求1 m^{3}砂浆各材料的用量。

第七章　墙体材料

【学习目标】

1. 掌握烧结砖的技术要求与应用，领会墙体改革的意义。

2. 了解烧结多孔砖、烧结空心砖和墙用板材的特点及技术经济意义。

墙体材料是建筑工程中十分重要的材料，具有承重、围护、分隔、遮阳、避雨、挡风、绝热、隔声、吸声和隔断光线等作用。目前，用于墙体的材料总体可归纳为砌墙砖、墙用砌块和墙用板材三大类。

第一节　砌墙砖

砌墙砖是指以黏土、工业废料或其他地方资源为主要原料，以不同工艺制造的、用于砌筑承重和非承重墙体的墙砖。

砌墙砖按照生产工艺分为烧结砖（经焙烧制成）和非烧结砖（经碳化或蒸汽（压）养护硬化而成）。砌墙砖按照孔洞率和孔洞特征分为实心砖（没有孔洞或孔洞率小于15%）、多孔砖（孔洞率大于等于28%，孔的尺寸小而数量多）和空心砖（孔洞率大于等于35%，孔的尺寸大而数量少）。

一、烧结砖

（一）烧结普通砖

烧结普通砖是以黏土、页岩、煤矸石、粉煤灰为主要原料，经焙烧而成的普通砖。按其主要原料分为烧结黏土砖（符号为N）、烧结页岩砖（符号为Y）、烧结煤矸石砖（符号为M）和烧结粉煤灰砖（符号为F）。

砖的焙烧温度要适当，以免出现欠火砖和过火砖。在焙烧温度范围内生产的砖称为正火砖，未达到焙烧温度范围生产的砖称为欠火砖，而超过焙烧温度范围生产的砖称为过火砖。欠火砖颜色浅、敲击时声音哑、孔隙率大、强度低、耐久性差，工程中不得使用欠火砖。过火砖颜色深、敲击声响亮、强度高，但往往变形大，变形不大的过火砖可用于基础等部位。

根据《烧结普通砖》（GB 5101—2003）规定，强度、抗风化性能和放射性物质合格的砖，根据尺寸偏差、外观质量、泛霜和石灰爆裂分为优等品（A）、一等品（B）和合格品（C）三个质量等级。

烧结普通砖的公称尺寸是240 mm×115 mm×53 mm，见图7-1。通常将240 mm×115 mm的面称为大面，将240 mm×53 mm的面称为条面，将115 mm×53 mm的面称为顶面。

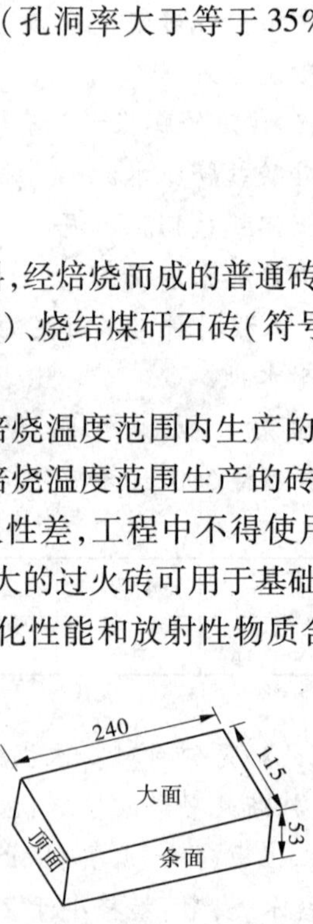

图7-1　砖的尺寸及平面名称　（单位：mm）

在新砌筑的砖砌体表面，有时会出现一层白色的粉状物，这种现象称为泛霜，如图 7-2(a)所示。出现泛霜的原因是砖内含有较多的可溶性盐类（如硫酸钠等），这些盐类在砌筑施工时溶解于进入砖内的水中，当水分蒸发时在砖的表面结晶成霜状。这些结晶的粉状物有损于建筑物的外观，而且结晶膨胀会引起砖表层的疏松甚至剥落。泛霜的技术指标规定见表 7-1。

石灰爆裂是指烧结砖的原料中夹杂着石灰石，焙烧时石灰石被烧成生石灰块，在使用过程中生石灰吸水熟化为熟石灰，体积膨胀而引起砖裂缝，严重时使砖砌体强度降低，直至破坏，如图 7-2(b)所示。石灰爆裂的技术指标规定见表 7-1。

(a) 泛霜　　(b) 石灰爆裂

图 7-2　普通砖表面的泛霜和石灰爆裂

表 7-1　泛霜和石灰爆裂的技术指标规定

质量等级	技术指标	
	泛霜	石灰爆裂
优等品	无泛霜	不允许出现最大破坏尺寸大于 2 mm 的爆裂区域
一等品	不允许出现中等泛霜	不允许出现最大破坏尺寸大于 10 mm 的爆裂区域；最大破坏尺寸大于 2 mm 且小于等于 10 mm 的爆裂区域，每组砖样不得多于 15 处
合格品	不允许出现严重泛霜	不允许出现最大破坏尺寸大于 15 mm 的爆裂区域；最大破坏尺寸大于 2 mm 且小于等于 15 mm 的爆裂区域，每组砖样不得多于 15 处，其中大于 10 mm 的不得多于 7 处

抗风化性能是指砖在干湿变化、温度变化、冻融变化等气候条件作用下抵抗破坏的能力。通常以其抗冻性、吸水率及饱和系数（此处的饱和系数是指砖在常温下浸水 24 h 后的吸水率与 5 h 沸煮吸水率之比）等指标来判别。

烧结普通砖根据抗压强度分为 MU30、MU25、MU20、MU15、MU10 五个强度等级。

烧结普通砖可用来砌筑柱、拱、烟囱、地面及基础等，还可与轻集料混凝土、加气混凝土、岩棉等复合砌筑成各种轻质墙体，在砌体中配置适当的钢筋或钢丝网也可制作柱、过梁等，代替钢筋混凝土柱、过梁使用。

【知识链接】　烧结普通砖具有较高强度，绝热性、隔声性、耐久性好，价格低廉等优点，但烧结普通砖生产能耗高、自重大、尺寸小、施工效率低、抗震性能差，尤其是黏土实心砖大量毁坏土地、破坏生态。所以,我国正大力推广墙体材料改革,以空心砖、工业废渣砖、砌块及轻质板材等新型墙体材料代替黏土实心砖,已成为不可逆转的势头。

(二)烧结多孔砖和烧结空心砖

1. 烧结多孔砖

烧结多孔砖是以黏土、页岩、煤矸石、粉煤灰、淤泥、固体废弃物为主要原料,经焙烧而成的孔洞率大于等于28%,孔的尺寸小而数量多的砖,见图7-3。按主要原料分为黏土砖(N)、页岩砖(Y)、煤矸石砖(M)、粉煤灰砖(F)、淤泥砖(U)和固体废弃物(G)等。烧结多孔砖的孔洞垂直于大面,砌筑时,要求孔洞方向垂直于承压面。因为它的强度较高,主要用于六层以下建筑物的承重部位。

根据《烧结多孔砖》(GB 13544—2011)的规定,烧结多孔砖为直角六面体,见图7-3。其长度、宽度、高度应符合下列要求:长度为290 mm、240 mm、190 mm,宽度为180 mm、140 mm、115 mm,高度为90 mm。

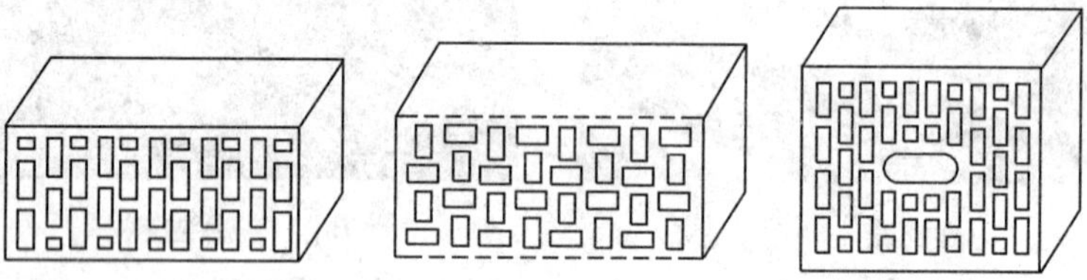

图7-3 烧结多孔砖示意图

烧结多孔砖根据抗压强度分为MU30、MU25、MU20、MU15、MU10五个强度等级,见表7-2。其密度等级划分、尺寸偏差、外观质量、孔型结构及孔洞率见表7-3~表7-6。

表7-2 烧结多孔砖强度等级 (单位:MPa)

强度等级	抗压强度平均值$\bar{f}$	强度标准值f_k	强度等级	抗压强度平均值$\bar{f}$	强度标准值f_k
MU30	≥30.0	≥22.0	MU25	≥25.0	≥18.0
MU20	≥20.0	≥14.0	MU15	≥15.0	≥10.0
MU10	≥10.0	≥6.5			

表7-3 烧结多孔砖密度等级划分 (单位:kg/m^3)

密度等级		3块砖或砌块干燥表观密度平均值	密度等级		3块砖或砌块干燥表观密度平均值
砖	砌块		砖	砌块	
—	900	≤900	1 200	1 200	1 100~1 200
1 000	1 000	900~1 000	1 300	—	1 200~1 300
1 100	1 100	1 000~1 100			

表 7-4　烧结多孔砖尺寸偏差　（单位：mm）

尺寸	样本平均偏差	样本极差≤	尺寸	样本平均偏差	样本极差≤
>400	±3.0	10.0	300～400	±2.5	9.0
200～300	±2.5	8.0	100～200	±2.0	7.0
<100	±1.5	6.0			

表 7-5　烧结多孔砖外观质量　（单位：mm）

项目		指标
完整面不得少于		一条面和一顶面
缺棱掉角的三个破坏尺寸不得同时大于		30
裂纹长度	大面上深入孔壁 15 mm 以上，长度方向及其延伸到条面的长度不大于	80
	大面上深入孔壁 15 mm 以上，长度方向及其延伸到顶面的长度不大于	100
	条面、顶面上的水平裂纹不大于	100
杂质在砖面上造成凸出的高度不大于		5

注：凡有下列缺陷之一者，不能称为完整面：缺损在条面或顶面上造成的破坏面尺寸同时大于 20 mm×30 mm；条面或顶面上裂纹宽度大于 1 mm，其长度超过 70 mm；压陷、焦花、黏底在条面或顶面上的凹陷或凸出超过 2 mm，区域最大投影尺寸同时大于 20 mm×30 mm。

表 7-6　烧结多孔砖孔型结构及孔洞率

孔型	孔洞尺寸（mm）		最小外壁厚（mm）	最小肋厚（mm）	孔洞率（%）		孔洞排列
	孔宽度尺寸 *b*	孔长度尺寸 *L*			砖	砌块	
矩形条孔或矩形孔	≤13	≤40	≥12	≥5	≥28	≥33	所有孔宽应相等，孔采用单向或双向交错排列；孔洞排列上下、左右应对称，分布均匀，手抓孔的长度方向尺寸必须平行于砖的条面

注：1. 当矩形孔的孔长 L、孔宽 b 满足 $L \geqslant 3b$ 时，为矩形条孔。

2. 孔四个角应做成过渡圆角，不得做成直尖角。

3. 如设有砌筑砂浆槽，则砌筑砂浆槽不计算在孔洞率内。

4. 规格大的砖和砌块应设置手抓孔，手抓孔尺寸为（30～40）mm×（75～85）mm。

烧结多孔砖主要用于建筑物的承重墙体，产品中不允许有欠火砖和酥砖。

【知识链接】　烧结多孔砖可使建筑物自重减轻 1/3 左右，节约黏土 20%～30%，节省燃料 10%～20%，且烧成率高，造价降低 20%，施工效率提高 40%，并能改善砖的绝热和隔声性能。

2. 烧结空心砖

烧结空心砖是以黏土、页岩、煤矸石、粉煤灰为主要原料，经焙烧而成的孔洞率大于等于35%，孔的尺寸大而数量少的砖。

根据《烧结空心砖和空心砌块》(GB 13545—2003)的规定，强度、密度、抗风化性能和放射性物质合格的砖，根据尺寸偏差、外观质量、孔洞排列及其结构、泛霜、石灰爆裂、吸水率分为优等品(A)、一等品(B)和合格品(C)三个质量等级。

烧结空心砖的外形为直角六面体，见图7-4，其尺寸有290 mm×190 mm×90 mm和240 mm×180 mm×115 mm两种。烧结空心砖根据抗压强度分为MU10.0、MU7.5、MU5.0、MU3.5、MU2.5五个强度等级，根据表观密度分为800、900、1 000、1 100四个密度等级。

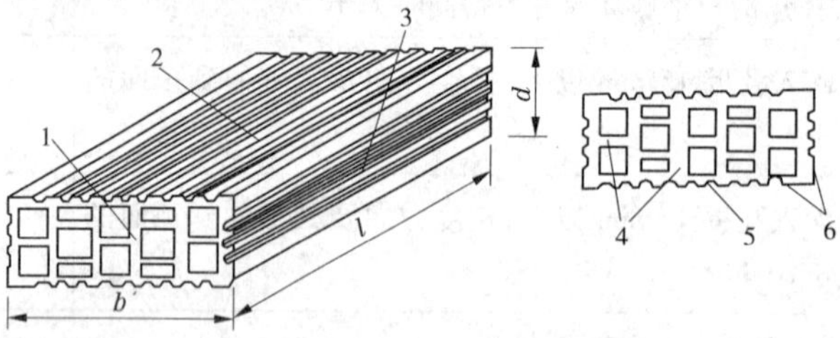

1—顶面；2—大面；3—条面；4—肋；5—凹线槽；6—外壁；l—长度；b—宽度；d—高度

图7-4　烧结空心砖示意图

烧结空心砖的孔洞垂直于顶面，砌筑时要求孔洞方向与承压面平行，它的孔洞大，强度低，主要用于砌筑非承重墙体或框架结构的填充墙。

【知识链接】　*烧结空心砖的优点同烧结多孔砖，在相同的热工性能要求下，用空心砖砌筑的墙体厚度可减薄半砖左右。*

二、蒸养(压)砖

(一)蒸压灰砂砖

蒸压灰砂砖是用磨细生石灰和天然砂，经混合搅拌、陈伏、轮碾、加压成型、蒸压养护(175～191 ℃，0.8～1.2 MPa的饱和蒸汽)而成的。蒸压灰砂砖有彩色的(Co)和本色的(N)两类，本色为灰白色，若掺入耐碱颜料，可制成彩色砖。

按照《蒸压灰砂砖》(GB 11945—1999)的规定，蒸压灰砂砖根据尺寸偏差、外观质量、强度及抗冻性分为优等品(A)、一等品(B)和合格品(C)三个质量等级。

蒸压灰砂砖的外形为直角六面体，公称尺寸为240 mm×115 mm×53 mm。根据抗压强度和抗折强度分为MU25、MU20、MU15、MU10四个强度等级。

MU15及以上的灰砂砖可用于基础及其他建筑部位，MU10的灰砂砖仅可用于防潮层以上的建筑部位。由于灰砂砖中的某些水化产物(氢氧化钙、碳酸钙等)不耐酸，也不耐热，因此不得用于长期受热200 ℃以上、受急冷急热和有酸性介质侵蚀的建筑部位，也不宜用于有流水冲刷的部位。

【知识链接】　*蒸压灰砂砖材质均匀密实，尺寸偏差小，外形光洁整齐，表观密度为1 800～1 900 kg/m^3，导热系数约为0.61 W/(m·K)。*

（二）粉煤灰砖

蒸压（养）粉煤灰砖是以粉煤灰和石灰为主要原料，掺入适量的石膏和集料，经坯料制备、压制成型、高压或常压蒸汽养护而制成的。其颜色呈深灰色，表观密度约为 1 500 kg/m^3。

根据《粉煤灰砖》（JC 239—2001）的规定，粉煤灰砖根据尺寸偏差、外观质量、强度、抗冻性和干燥收缩分为优等品（A）、一等品（B）和合格品（C）三个产品等级。

粉煤灰砖的公称尺寸为 240 mm × 115 mm × 53 mm，按照抗压强度和抗折强度分为 MU30、MU25、MU20、MU15、MU10 五个强度等级，优等品的强度等级应不低于 MU15 级。

粉煤灰砖可用于工业与民用建筑的墙体和基础，但用于基础或易受冻融和干湿交替作用的建筑部位时，必须使用 MU15 及以上强度等级的砖。粉煤灰砖不得用于长期受热 200 ℃以上、受急冷急热和有酸性介质侵蚀的建筑部位。为避免或减少收缩裂缝的产生，用粉煤灰砖砌筑的建筑物，应适当增设圈梁及伸缩缝。

【知识链接】 粉煤灰砖保温效果好，墙体自重轻，环保节能，工程造价低，属于节土、利废、保护生态环境的新型轻质墙体材料。

（三）炉渣砖

炉渣砖是以炉渣为主要原料，加入适量（水泥、电石渣）石灰、石膏，经混合、压制成型、蒸养或蒸压养护而制成的实心砖。其颜色呈黑灰色。

根据《炉渣砖》（JC 525—2007）的规定，炉渣砖的公称尺寸为 240 mm × 115 mm × 53 mm，按其抗压强度分为 MU25、MU20、MU15 三个强度等级。

炉渣砖主要用于一般建筑物的墙体和基础部位。

【知识链接】 我国是一个以煤为主要能源的国家，每年有大量的炉渣废弃物生产，炉渣砖是以炉渣为主要原料的保温节能型轻质墙体材料，符合国家的新型建材产业政策，属被鼓励推广之列。

三、砌墙砖检验与验收

砌墙砖的检验与验收按照《砌墙砖试验方法》（GB/T 2542—2012）进行。

（一）一般规定

1. 检验批

砌墙砖检验批的批量为 3.5 万 ~ 15 万块，但不得超过一条生产线的日产量，不足 3.5 万块按一批计。

2. 检验类型

产品检验分出厂检验和型式检验。出厂检验项目有尺寸偏差、外观质量和强度等级，型式检验为标准要求的全部项目。当产品有下列情况之一时，应进行型式检验：

（1）新厂生产试制定型检验；

（2）正式生产后，原材料、工艺等发生较大改变，可能影响产品性能时；

（3）正常生产时，每半年进行一次（放射性物质一年进行一次）；

（4）出厂检验结果与上次型式检验结果有较大差异时；

（5）国家质量监督机构提出进行型式检验时。

3. 抽样

外观质量检验的试样采用随机抽样法，在每一检验批的产品堆垛中抽取 50 块；尺寸偏差、强度等级检验的试样采用随机抽样法从外观质量检验后的样品中分别抽取 20 块和 10 块。

（二）外观质量检验

1. 方法原理及适用范围

对烧结多孔砖外观缺陷（缺棱掉角、弯曲、裂缝）检查、测量，为评定其质量提供技术依据。适用于烧结砖和非烧结砖。烧结砖包括烧结普通砖、烧结多孔砖以及烧结空心砖和空心砌块，非烧结砖包括蒸压灰砂砖、粉煤灰砖、炉渣砖和碳化砖等。

2. 仪器设备

砖用卡尺：分度值为 0.5 mm（见图 7-5）。钢直尺：分度值不应大于 1 mm。

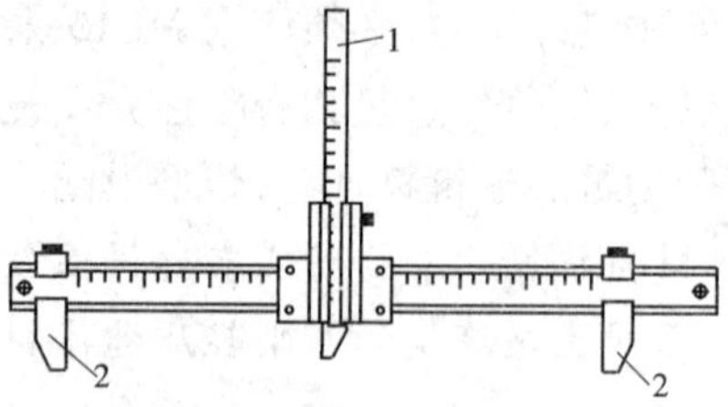

1—垂直尺；2—支脚

图 7-5　砖用卡尺

3. 试验步骤

（1）缺损：缺棱掉角在砖上造成的破损程度，以破损部分对长、宽、高三个棱边的投影尺寸来度量，称为破坏尺寸，如图 7-6（a）所示。缺损造成的破坏面，是指缺损部分对条面、顶面（空心砖为条面、大面）的投影面积，如图 7-6（b）所示。空心砖内壁残缺及肋残缺尺寸，以长度方向的投影尺寸来度量。

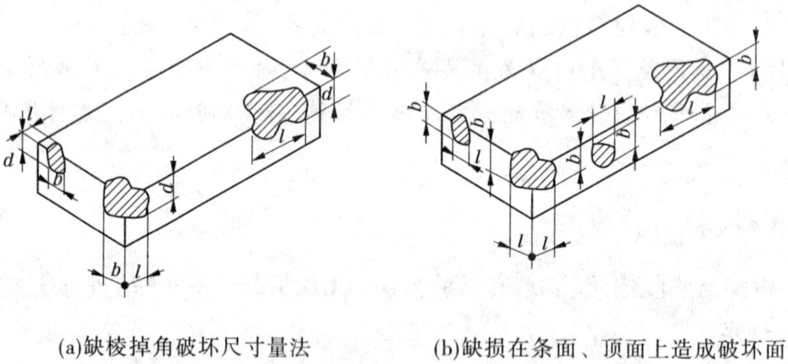

(a)缺棱掉角破坏尺寸量法　　(b)缺损在条面、顶面上造成破坏面量法

l—长度方向的投影尺寸；b—宽度方向的投影尺寸；d—高度方向的投影尺寸

图 7-6　缺损量法　（单位：mm）

（2）裂纹：分为长度方向、宽度方向和水平方向三种，以被测方向的投影长度表示。如果裂纹从一个面延伸至其他面上，则累计其延伸的投影长度，见图 7-7。

当多孔砖的孔洞与裂纹相通时，则将孔洞包括在裂纹内一并测量，见图 7-8。

裂纹长度以在三个方向上分别测得的最长裂纹作为测量结果。

（3）弯曲：分别在大面和条面上测量，测量时将砖用卡尺的两支脚沿棱边两端放置，择其弯曲最大处将垂直尺推至砖面，见图 7-9，但不应将因杂质或碰伤造成的凹处计算在内。以弯曲中测得的较大者作为测量结果。

（4）杂质凸出高度：杂质在砖面上造成的凸出高度，以杂质距砖面的最大距离表示。测

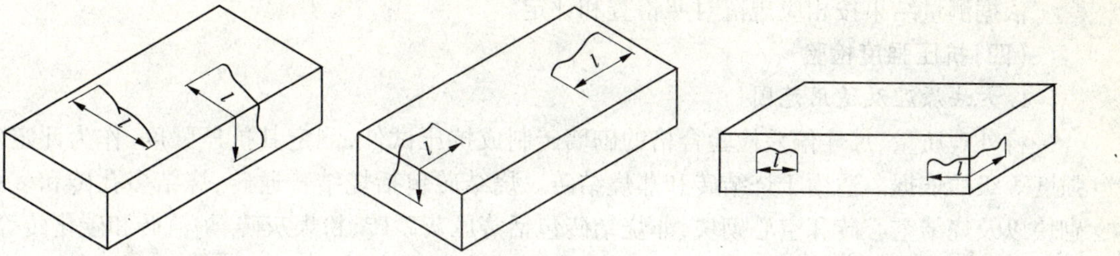

(a)宽度方向裂纹长度量法　　(b)长度方向裂纹长度量法　　(c)水平方向裂纹长度量法

图 7-7　裂纹长度量法　(单位:mm)

量时将砖用卡尺的两支脚置于凸出两边的砖平面上,以垂直尺测量,见图 7-10。

(5)色差:装饰面朝上随机分两排并列,在自然光下距离砖样 2 m 处目测。

4. 结果处理

外观测量以 mm 为单位,不足 1 mm 者,按 1 mm 计。

依据测量结果按相应规范对照检查和评定。

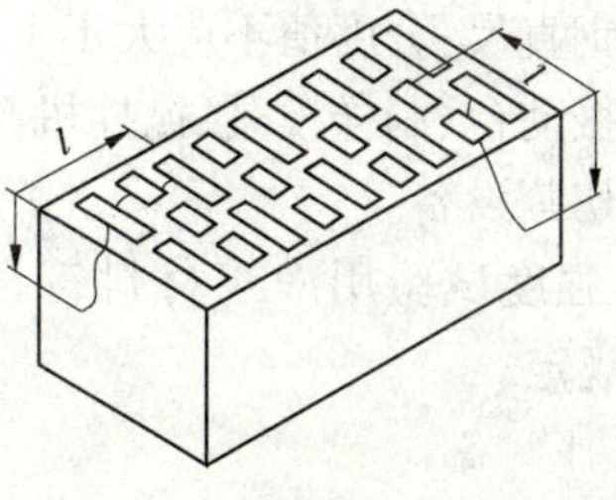

l—裂纹总长度

图 7-8　多孔砖裂纹通过孔洞时长度量法　(单位:mm)

(三)尺寸偏差检测

1. 方法原理及适用范围

对砌墙砖外观尺寸检查、测量,为评定其质量提供技术依据。适用于烧结砖和非烧结砖。烧结砖包括烧结普通砖、烧结多孔砖和多孔砌块以及烧结空心砖和空心砌块,非烧结砖包括蒸压灰砂砖、粉煤灰砖、炉渣砖和碳化砖等。

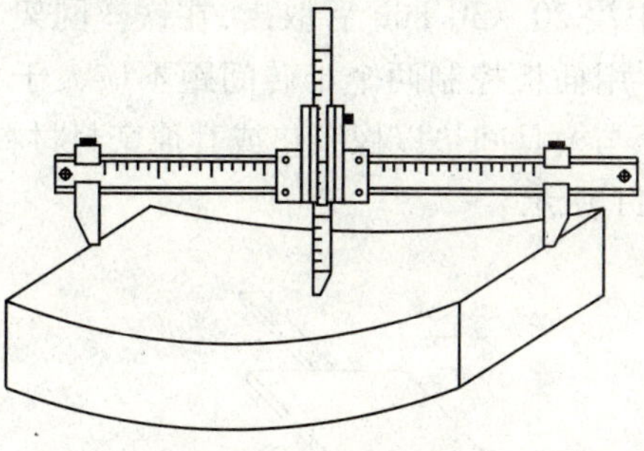

图 7-9　弯曲测量

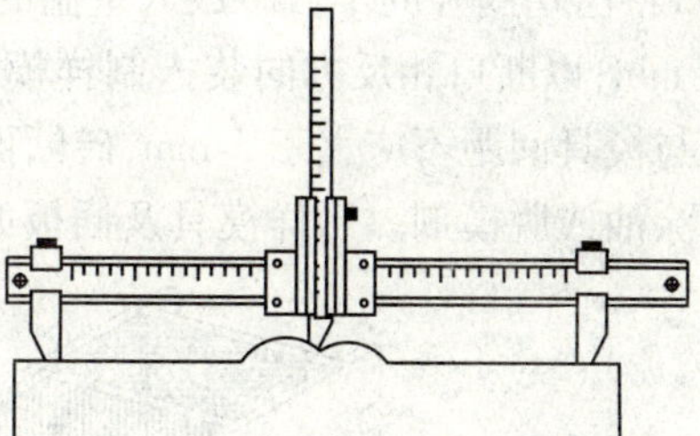

图 7-10　杂质凸出测量

2. 仪器设备

砖用卡尺:分度值为 0.5 mm。

3. 测量方法

长度应在砖的两个大面的中间处分别测量两个尺寸,宽度应在砖的两个大面的中间处分别测量两个尺寸,高度应在两个条面的中间处分别测量两个尺寸。当被测处有缺损或凸出时,可在其旁边测量,但应选择不利的一侧。精确至 0.5 mm。

4. 结果处理

每一方向尺寸以两个测量值的算术平均值表示,精确至 1 mm。

依据测量结果按相应规范对照检查和评定。

(四)抗压强度检验

1. 方法原理及适用范围

将外观质量、尺寸偏差检验合格的砌墙砖制成抗压试件,测定其抗压强度,作为评定砖强度等级的依据。适用于烧结砖和非烧结砖。烧结砖包括烧结普通砖、烧结多孔砖和多孔砌块以及烧结空心砖和空心砌块,非烧结砖包括蒸压灰砂砖、粉煤灰砖、炉渣砖和碳化砖等。

2. 仪器设备

(1)压力试验机的示值相对误差不大于 ±1%,其上、下加压板至少应有一个球铰支座,预期最大破坏荷载应在量程的 20% ~80%。

(2)钢直尺:分度值不应大于 1 mm。

(3)振动台、制样模具、搅拌机。

(4)切割设备。

抗压强度试验用净浆材料符合《砌墙砖抗压强度试验用净浆材料》(GB/T 25183—2010)的规定。

3. 试件制备

1)一次成型制样

(1)一次成型制样适用于采用样品中间部位切割,交错叠加灌浆制成强度试验试样的方式。

(2)将试样锯成两个半截砖,断开的半截砖用于叠合部分的长度不得小于 100 mm,如果不足 100 mm,应另取备用试件补足。

(3)将已切割开的半截砖放入室温的净水中浸 20 ~30 min 后取出,在铁丝网架上滴水 20 ~30 min,以断口相反方向装入制样模具中。用插板控制两个半砖间距不应大于 5 mm,砖大面与模具间距不应大于 3 mm,砖断面、顶面与模具间垫以橡胶垫或其他密封材料,模具内表面涂油或脱模剂。制样模具及插板如图 7-11 所示。

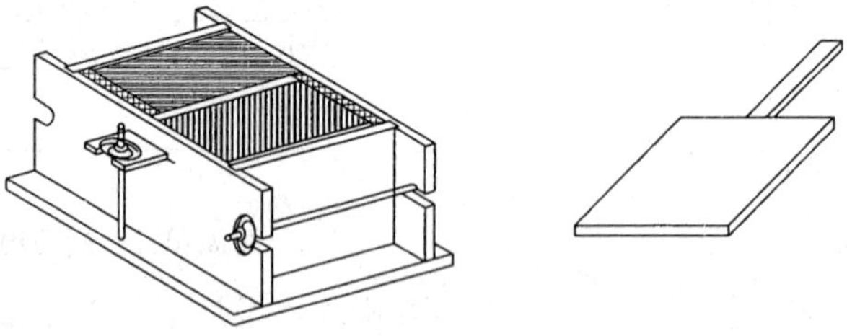

图 7-11 一次成型制样模具及插板

(4)将净浆材料按照配制要求,置于搅拌机中搅拌均匀。

(5)将装好试样的模具置于振动台上,加入适量搅拌均匀的净浆材料,振动时间为 0.5 ~1 min,停止振动,静置至净浆材料达到初凝时间(15 ~19 min)后拆模。

2)二次成型制样

(1)二次成型制样适用于采用整块样品上下表面灌浆制成强度试验试样的方式。

(2)将整块试样放入室温的净水中浸 20 ~30 min 后取出,在铁丝网架上滴水 20 ~30 min。

(3)按照净浆材料配制要求,置于搅拌机中搅拌均匀。

(4)模具内表面涂油或脱模剂,加入适量搅拌均匀的净浆材料,将整块试样一个承压面与净浆接触,装入制样模具中,承压面找平层厚度不应大于 3 mm。接通振动台电源,振动 0.5 ~1 min 后,停止振动,静置至净浆材料初凝(15 ~19 min)后拆模。按同样方法完成整块试样另一承压面的找平。二次成型制样模具如图 7-12 所示。

3)非成型制样

(1)非成型制样适用于试样无须进行表面找平处理制样的方式。

(2)将试样锯成两个半截砖,两个半截砖用于叠合部分的长度不得小于 100 mm,如果不足 100 mm,应另取备用试件补足。

(3)两半截砖切断口相反叠放,叠合部分不得小于 100 mm,如图 7-13 所示,即为抗压强度试样。

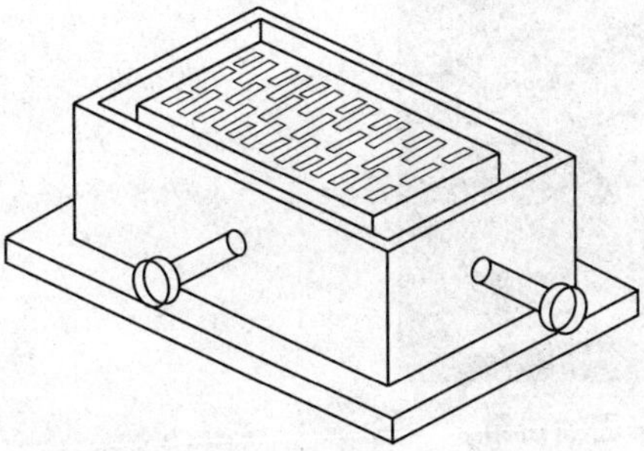

图 7-12　二次成型制样模具

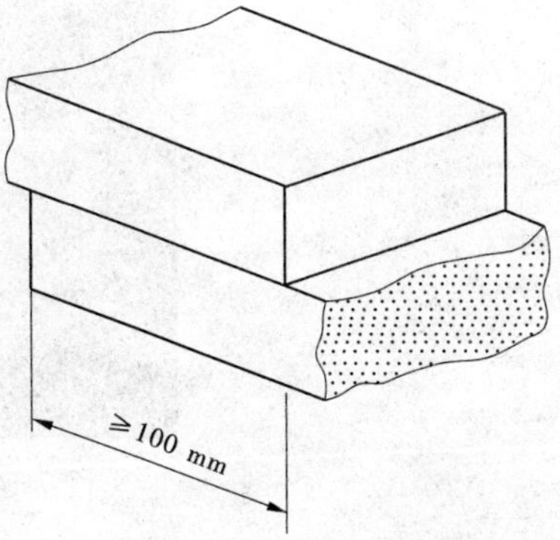

图 7-13　两半截砖叠合示意图

4. 试件养护

一次成型制样、二次成型制样在不低于 10 ℃的不通风室内养护 4 d,非成型制样不需养护,试样气干状态直接进行试验。

5. 试验步骤

(1)测量每个试件连接面或受压面的长、宽尺寸各两个,分别取其平均值,精确至1 mm。

(2)将试件平放在加压板的中央,垂直于受压面加荷,应均匀平稳,不得发生冲击和振动。加荷速度以(2 ±6)kN/s 为宜,直至试件破坏,记录最大破坏荷载 P。

6. 数据处理及结果评定

(1)每块砖样的抗压强度 f_i 按下式计算(精确至 0.01 MPa):

$$f_i = \frac{P}{LB} \tag{7-1}$$

式中 f_i——抗压强度,MPa;

P——最大破坏荷载,N;

L——受压面(或连接面)的长度,mm;

B——受压面(或连接面)的宽度,mm。

(2)每组 10 块砖样的抗压强度标准差按下式计算(精确至 0.01 MPa):

$$S = \sqrt{\frac{1}{9}\sum_{i=1}^{10}(f_i - \bar{f})^2} \tag{7-2}$$

式中 S——10 块砖样的抗压强度标准差,MPa。

f_i——单块砖样抗压强度的测定值,MPa。

$\bar{f}$——10 块砖样的抗压强度平均值,MPa。

(3)抗压强度标准值按下式计算(精确至 0.1 MPa):

$$f_K = \bar{f} - 1.83 \tag{7-3}$$

按相关标准规定对照检查和评定。

【案例 7-1】 请观察图 7-14,分析烧结普通砖表面产生白霜的原因及其后果。

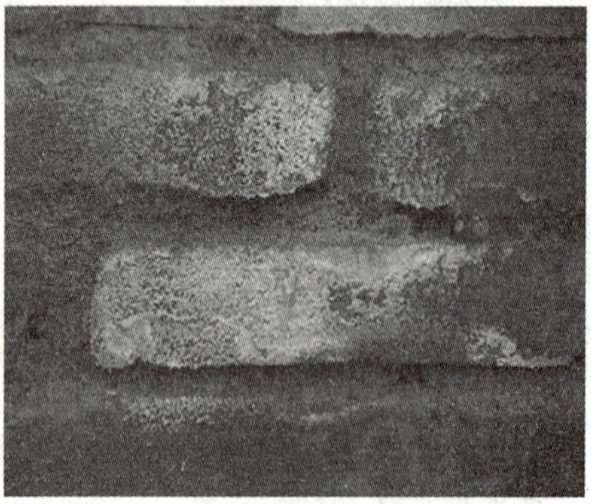

图 7-14 烧结普通砖表面的白霜

分析:此为砖墙的泛霜,主要源于砖内可溶性盐,如硫酸钠等。这些可溶性盐受潮吸水溶解后,随水分蒸发向砖表面迁移,并在过饱和下结晶析出,产生膨胀,从而使砖表面结构疏松,导致砖的强度降低。泛霜还会导致砖面与砂浆抹面层剥离。

想一想 实际工程中采取哪些措施可以减少这种现象的发生?

第二节 墙用砌块

砌块是用于砌筑的、形体大于砌墙砖的人造块材。砌块一般为直角六面体,也有各种异形的。砌块系列中主规格的长度、宽度或高度有一项或一项以上分别大于 365 mm、240 mm 或 115 mm,但高度不大于长度或宽度的 6 倍,长度不超过高度的 3 倍。砌块按产品主规格的尺寸可分为大型砌块(高度大于 980 mm)、中型砌块(高度为 380 ~ 980 mm)和小型砌块(高度为 115 ~ 380 mm)。

砌块是一种新型墙体材料,可以充分利用地方资源和工业废渣,并可节约黏土资源和改善环境。其具有生产工艺简单、原料来源广、适应性强、制作及使用方便灵活、施工方便、可改善墙体功能等特点,因此发展较快。

一、粉煤灰砌块

粉煤灰砌块可分为密实粉煤灰砌块和空心粉煤灰砌块,以粉煤灰混凝土小型空心砌块应用较为广泛。

密实粉煤灰砌块是以粉煤灰、石灰、石膏和集料为原料，经加水搅拌、振动成型、蒸汽养护制成的。根据《粉煤灰砌块》(JC 238—1991(1996))的规定，砌块的主规格尺寸为880 mm×380 mm×240 mm和880 mm×430 mm×240 mm。砌块按立方体抗压强度分为MU10、MU13两个强度等级，按外观质量、尺寸偏差和干缩性能分为一等品(B)、合格品(C)两个质量等级。

粉煤灰混凝土小型空心砌块是以粉煤灰、水泥、集料、水为主要组分(也可加入外加剂等)制成的。根据《粉煤灰混凝土小型空心砌块》(JC 862—2008)的规定，砌块的主规格尺寸为390 mm×190 mm×190 mm，其他规格尺寸可由供需双方商定。砌块按立方体试件的抗压强度分为MU3.5、MU5、MU7.5、MU10、MU15和MU20六个强度等级，按砌块密度等级分为600、700、800、900、1 000、1 200和1 400七个等级。

粉煤灰砌块适用于一般建筑的围护墙，不适用于有酸性侵蚀介质、密封性要求高、易受较大震动的建筑物以及受高温和受潮的建筑部位。

【知识链接】 粉煤灰小型空心砌块的技术性能优于其他小型空心砌块，当粉煤灰掺量不超过30%时，粉煤灰小型空心砌块制品的抗压强度与普通混凝土砌块相近，而体积密度降低9%～18%，热导率降低30%～50%；当粉煤灰掺量达50%时，比黏土砖轻40%，抗压强度高30%，砌筑时建筑砂浆用量减少25%，工期缩短1/3，墙体造价降低20%。

二、蒸压加气混凝土砌块

蒸压加气混凝土砌块是以钙质材料(水泥、石灰等)、硅质材料(砂、矿渣、粉煤灰等)以及加气剂(铝粉)等，经磨细、配料、搅拌、浇筑成型、发气、切割和蒸压养护而成的多孔轻质硅酸盐砌块，如图7-15所示。

图7-15 蒸压加气混凝土砌块

根据《蒸压加气混凝土砌块》(GB 11968—2006)的规定，蒸压加气混凝土砌块长度为600 mm，宽度为100 mm、120 mm、125 mm、150 mm、180 mm及200 mm、240 mm、250 mm、300 mm，高度为200 mm、240 mm、250 mm、300 mm。砌块强度等级按立方体抗压强度可分为A1.0、A2.0、A2.5、A3.5、A5.0、A7.5、A10七个级别，见表7-7。按砌块的干表观密度分为B03、B04、B05、B06、B07、B08六个级别，见表7-8。砌块的质量按其尺寸偏差、外观质量、体积密度和抗压强度分为优等品(A)、合格品(B)两个质量等级，其强度级别见表7-9。

蒸压加气混凝土砌块适用于低层建筑的承重墙、多层建筑的间隔墙和高层框架结构的填充墙，也可用于一般工业建筑的围护墙，作为保温隔热材料时也可用于复合墙板和屋面结构中。在无可靠的防护措施时，该类砌块不得用于水中、高湿度和有侵蚀介质的环境中，也不得用于建筑物的基础和温度长期高于 80 ℃的建筑部位。

表 7-7　蒸压加气混凝土砌块不同强度级别的抗压强度　（单位：MPa）

强度级别		A1.0	A2.0	A2.5	A3.5	A5.0	A7.5	A10.0
立方体抗压强度（MPa）	平均值≥	1.0	2.0	2.5	3.5	5.0	7.5	10.0
	单块最小值≥	0.8	1.6	2.0	2.8	4.0	6.0	8.0

表 7-8　蒸压加气混凝土砌块的干表观密度

干表观密度级别		B03	B04	B05	B06	B07	B08
质量等级	优等品（A）≤	300	400	500	600	700	800
	合格品（B）≤	325	425	525	625	725	825

表 7-9　蒸压加气混凝土砌块的强度级别

干密度级别		B03	B04	B05	B06	B07	B08
强度级别	优等品（A）	A1.0	A2.0	A3.5	A5.0	A7.5	A10.0
	合格品（B）			A2.5	A3.5	A5.0	A7.5

【知识链接】　蒸压加气混凝土砌块质量轻，表观密度约为黏土砖的 1/3，具有保温、隔热、隔声性能好、抗震性强、耐火性好、易于加工、施工方便等优点，是应用较多的轻质墙体材料之一。

三、蒸压加气混凝土砌块的检验与验收

砌墙砖检验与验收按照《蒸压加气混凝土性能试验方法》（GB/T 11969—2008）进行。

（一）检验类型

产品检验分出厂检验和型式检验。

1. 出厂检验

出厂检验的项目包括尺寸偏差、外观质量、立方体抗压强度、干密度。

（1）出厂检验的抽样规则。

同品种、同规格、同等级的砌块，以 10 000 块为一批，不足 10 000 块亦为一批，随机抽取 50 块砌块，进行尺寸偏差、外观检验。

从外观与尺寸偏差检验合格的砌块中随机抽取 6 块砌块制作试件，进行如下项目检验：

①干密度：3 组 9 块；

②强度级别：3 组 9 块。

（2）出厂检验的判定规则。

若受检的 50 块砌块中，尺寸偏差和外观质量不符合规定的砌块数量不超过 5 块，判定该批砌块符合相应等级；若不符合规定的砌块数量超过 5 块，判定该批砌块不符合相应等级。

以3组干密度试件的测定结果平均值判定砌块的干密度级别，符合表7-8规定时则判该批砌块合格。

以3组抗压强度试件测定结果按表7-9判定其强度级别。当强度和干密度级别关系符合表7-9规定，同时3组试件中各个单组抗压强度平均值全部大于表7-9规定的此强度级别的最小值时，判定该批砌块符合相应等级，若有1组或1组以上小于此强度级别的最小值，则判定该批砌块不符合相应等级。

出厂检验中受检产品的尺寸偏差、外观质量、立方体抗压强度、干密度各项检验全部符合相应等级的技术要求规定时，判定为相应等级，否则降等或判定为不合格。

2. 型式检验

型式检验的项目包括尺寸偏差、外观质量、干密度、强度级别、干燥收缩、抗冻性、导热系数。

(二)干密度、含水率和吸水率检验

1. 仪器设备

(1)电热鼓风干燥箱：最高温度为200 ℃。

(2)托盘天平或磅秤：称量2 000 g，感量1 g。

(3)钢板直尺：规格为300 mm，分度值为0.5 mm。

(4)恒温水槽：水温15~25 ℃。

2. 试件

试件的制备，采用机锯或刀锯，锯切时不得将试件弄湿。

试件应沿制品发气方向中心部分上、中、下顺序锯取一组，上块上表面距离制品顶面30 mm，中块在制品正中处，下块下表面距离制品底面30 mm。制品的高度不同，试件间隔略有不同，以高度600 mm的制品为例，试件锯取部位如图7-16所示。

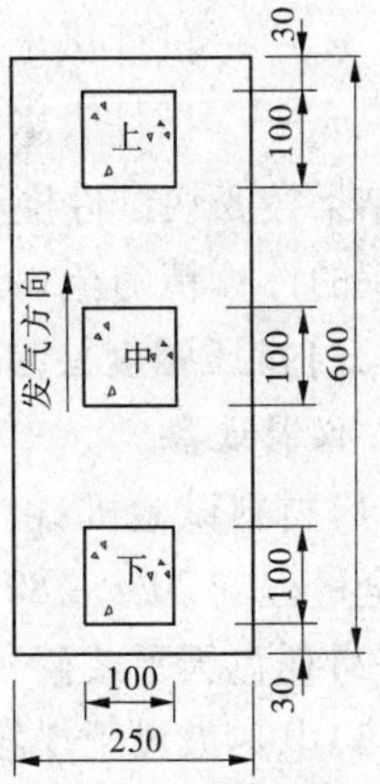

图7-16　立方体试件锯取示意图　(单位：mm)

试件表面必须平整，不得有裂缝或明显缺陷，尺寸允许偏差为±2 mm；试件应逐块编号，标明锯取部位和发气方向。

试件为100 mm×100 mm×100 mm的立方体，共2组6块。

3. 检验步骤

(1)取试件一组3块，逐块量取长、宽、高三个方向的轴线尺寸，精确至1 mm，计算试件的体积；称取试件质量M，精确至1 g。

(2)将试件放入电热鼓风干燥箱内，在(60±5) ℃下保温24 h，然后在(80±5) ℃下保温24 h，再在(105±5) ℃下烘至恒重(m_0)。恒重是指在烘干过程中间隔4 h，前后两次质量差不得超过试件质量的0.5%。

4. 吸水率检验步骤

(1)将另一组3块试件放入电热鼓风干燥箱内，在(60±5) ℃下保温24 h，然后在(80±5) ℃下保温24 h，再在(105±5) ℃下烘至恒重(m_0)。

(2)试件冷却至室温后，放入水温为(20±5) ℃的恒温水槽内，然后加水至试件高度的1/3，保持24 h，再加水至试件高度的2/3，经24 h后，加水高出试件30 mm以上，保持24 h。

（3）将试件从水中取出，用湿布抹去表面水分，立即称取每块质量（m_g），精确至 1 g。

5. 结果计算与评定

（1）干密度按下式计算：

$$\rho_0 = \frac{m_0}{V} \times 10^6 \tag{7-4}$$

式中 ρ_0——干密度，kg/m^3；

m_0——试件烘干后质量，g；

V——试件体积，mm^3。

（2）含水率按下式计算：

$$w_s = \frac{m - m_0}{m_0} \times 100\% \tag{7-5}$$

式中 w_s——含水率（%）；

m_0——试件烘干后质量，g；

m——试件烘干前质量，g。

（3）吸水率按下式计算（以质量分数表示）：

$$w_R = \frac{m_g - m_0}{m_0} \times 100\% \tag{7-6}$$

式中 w_R——吸水率（%）；

m_0——试件烘干后质量，g；

m_g——试件吸水后质量，g。

结果按 3 块试件检测的算术平均值进行评定，干密度的计算精确至 1 kg/m^3，含水率和吸水率的计算精确至 0.1%。结果评定见出厂检验的判定规则。

（三）抗压强度检验

1. 仪器设备

（1）材料试验机：精度不应低于 ±2%，其量程的选择应能使试件的预期最大破坏荷载处在全量程的 20% ~80%。

（2）托盘天平或磅秤：称量 2 000 g，感量 1 g。

（3）电热鼓风干燥箱：最高温度为 200 ℃。

（4）钢板直尺：规格为 300 mm，分度值为 0.5 mm。

2. 试件

制备方法用干密度和含水率检验，试件为 100 mm × 100 mm × 100 mm 的正立方体一组 3 块。

试件在含水率 8% ~12% 下进行检测，如果含水率超过上述规定范围，则在（60 ± 5）℃下烘至所要求的含水率。

3. 检验步骤

（1）检查试件外观。

（2）测量试件的尺寸，精确至 1 mm，并计算试件的受压面积（A_1）。

（3）将试件放在材料试验机的下压板的中心位置，试件的受压方向应垂直于制品的发气方向。

(4)开动试验机,当上压板与试件接近时,调整球座,使接触均衡。

(5)以(2.0±0.5) kN/s的速度连续而均匀地加荷,直至试件破坏,记录破坏荷载(P_1)。

(6)将试验后的试件全部或部分立即称取质量,然后在(105±5) ℃下烘至恒重,计算其含水率。

4. 结果计算与评定

抗压强度按下式计算:

$$f_{cc}=\frac{P_1}{A_1} \tag{7-7}$$

式中 f_{cc}——试件的抗压强度,MPa;

P_1——破坏荷载,N;

A_1——试件受压面积,mm^2。

抗压强度的计算精确至0.1 MPa。结果评定见出厂检验的判定规则。

四、普通混凝土小型空心砌块

普通混凝土小型空心砌块是以普通混凝土拌和物为原料,经成型、养护而成的空心块体墙材,有承重砌块和非承重砌块两类。为减轻自重,非承重砌块也可用炉渣或其他轻质集料配制。

普通混凝土小型空心砌块的主规格尺寸为390 mm×190 mm×190 mm,其他规格尺寸可由供需双方协商。砌块各部位的名称如图7-17所示。砌块的最小外壁厚应不小于30 mm,最小肋厚应不小于25 mm,空心率应不小于25%。

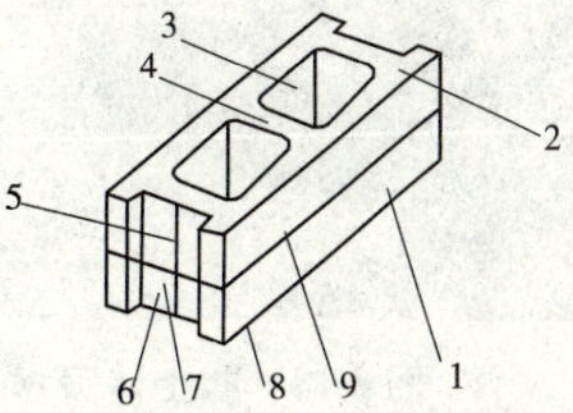

1—条面;2—坐浆面(肋厚较小的面);3—壁;4—肋;5—高度;6—顶面;7—宽度;8—铺浆面(肋厚较大的面);9—长度

图7-17 小型空心砌块各部位的名称

根据《普通混凝土小型空心砌块》(GB 8239—1997)的规定,砌块按尺寸偏差和外观质量分为优等品(A)、一等品(B)和合格品(C)三个质量等级。砌块按抗压强度分为MU3.5、MU5.0、MU7.5、MU10.0、MU15.0、MU20.0六个强度等级,砌块的抗压强度是用砌块受压面的毛面积除破坏荷载求得的。

普通混凝土小型空心砌块适用于地震设计烈度为8度及8度以下地区的一般民用与工业建筑物的墙体。

【知识链接】 普通混凝土小型空心砌块用于承重墙和外墙时,要求其干缩值小于0.5 mm/m;非承重或内墙用的砌块,其干缩值应小于0.6 mm/m。

五、轻集料混凝土小型空心砌块

轻集料混凝土小型空心砌块是由水泥、砂(轻砂或普砂)、轻粗集料、水等配制而成的。所用轻粗集料有粉煤灰陶粒、黏土陶粒、页岩陶粒、膨胀珍珠岩、自然煤矸石轻集料、炉渣等。其主规格尺寸为390 mm×190 mm×190 mm,其他规格尺寸可由供需双方商定。

根据《轻集料混凝土小型空心砌块》(GB/T 15229—2011)的规定,轻集料混凝土小型空心砌块按孔的排数分为四类,即单排孔、双排孔、三排孔和四排孔;按砌块密度等级分为

700、800、900、1 000、1 100、1 200、1 300、1 400 八个级别；按砌块强度等级分为 MU2.5、MU3.5、MU5.0、MU7.5、MU10.0 五个等级。砌块的吸水率应不大于 18%，干燥收缩率应不大于 0.065%，碳化系数应不小于 0.8，软化系数应不小于 0.8，相对含水率和抗冻性应符合标准规定。

强度等级在 MU3.5 以下的主要用于保温墙体或非承重墙体，强度等级为 MU3.5 及其以上的轻集料混凝土小型空心砌块主要用于承重保温墙体。

【知识链接】 轻集料混凝土小型空心砌块质轻，保温性好，强度较高，可以煤矸石、炉渣等工业废料为原料，有利于环境保护。

【案例 7-2】 将黏土砖（见图 7-18）与加气混凝土砌块（见图 7-19）分别在水中浸泡 2 min 后，再分别敲开，观察新断面中孔的大小、形状分布及水渗入的程度，请分析其吸水率不同的原因。

图 7-18 黏土砖吸水

图 7-19 加气混凝土砌块吸水

分析：从新断面可见，水已渗入实心黏土砖内部，而仅渗入加气混凝土砌块表面。之所以有这样的差异，是其孔结构不同造成的。加气混凝土砌块为多孔结构，其孔是封闭的、不连通的小孔，故水难以渗入到其内部。实心黏土砖虽也是多孔结构，但其孔径大，且有大量连通孔存在。封闭不连通的小孔可以有效地阻止水的渗透，孔径大且存在连通孔则为水的渗透提供了条件。

想一想 为什么混凝土掺入引气剂能改善混凝土的抗渗性？

【案例 7-3】 某砌块墙体房屋地处潮汕平原，使用两年后出现多处墙体问题：在面向东西的墙体窗口处有斜裂纹；在持续大雨的季节，有几处墙体有渗漏的现象出现；墙体有几处集中出现细裂纹。

分析：(1)潮汕平原处于亚热带，多雨，夏季气温高。夏季，受日光照射强烈的墙体，内外墙温差较大，一般都在 30 ℃以上，导致墙体出现剪应力，出现了具有“八”字形、45 ℃的斜裂纹。

(2)对于墙体出现渗漏现象，可能与施工时砂浆不饱满有关，更多在于所用的砌块材料不具备防水的功能。潮汕平原多雨季节降雨量很大，持续时间也很长，因此在雨季出现墙体渗漏也就在所难免了。

(3)对于某几处墙体出现集中的细裂纹现象，是由于该处砌块含水过多干缩而引起细裂纹的。施工时,砌块喷水过多,某些还泼了上去。由于砌块是成几堆堆放,泼水上去造成底部有积水现象,故下面砌块含水率变得特别高,因此在施工后用了底下的砌块的墙体干缩厉害,造成了裂纹。

想一想 砌块在施工中应注意哪些问题?

第三节 墙用板材

以板材为围护墙体的建筑体系具有质轻、节能、施工方便快捷、使用面积大、开间布置灵活等特点,因此墙用板材具有良好的发展前景。

一、水泥类墙用板材

水泥类墙用板材具有较好的力学性能和耐久性,生产技术成熟,产品质量可靠,可用于承重墙、外墙和复合墙板的外层面。其主要缺点是表观密度大,抗拉强度低。其优点是生产中可制作预应力空心板,以减轻自重和改善隔声、隔热性能,也可制作以纤维等增强的薄型板,还可在水泥类板材上制作具有装饰效果的表面层。

(一)预应力混凝土空心墙板

预应力混凝土空心墙板构造示意图如图 7-20 所示。使用时,可按要求配以保温层、外饰面层和防水层等,可用于承重或非承重外墙板、内墙板、楼板、屋面板、阳台板和雨篷等。

【知识链接】 预应力混凝土空心墙板利用高强钢材和混凝土,提高了其抗裂度和刚度,减少了构件截面,具有节省材料、耐久性好等特性。

(二)玻璃纤维增强水泥轻质多孔隔墙条板

玻璃纤维增强水泥(简称 GRC)轻质多孔隔墙条板是以低碱水泥为胶结料,耐碱玻璃纤维或其网格布为增强材料,膨胀珍珠岩为轻集料(也可用炉渣、粉煤灰等),并配以发泡剂和防水剂等,经配料、搅拌、浇筑、振动成型、脱水、养护而成,如图 7-21 所示,该板可采用不同的企口和开孔形式,可用于工业与民用建筑的内隔墙及复合墙体的外墙面。主要用于建筑物的内隔墙。抗压强度不低于 10 MPa 的多孔板也可用于建筑加层和两层以下建筑的内外承重墙体部位。

【知识链接】 GRC 轻质多孔隔墙条板的优点是质轻、强度高、隔热、隔声、不燃、加工方便等。

(三)纤维增强低碱度水泥建筑平板

纤维增强低碱度水泥建筑平板是以温石棉、抗碱玻璃纤维等为增强材料,以低碱水泥为胶结材料,加水混合成浆,经制坯、压制、蒸养而成的薄型平板。它适用于各类建筑物室内的非承重内隔墙和吊顶平板等。

【知识链接】 纤维增强低碱度水泥建筑平板的优点是质量轻、强度高、防潮、防火、不易变形、可加工性好。

(四)水泥木屑板

水泥木屑板是以普通水泥或矿渣水泥为胶凝材料,木屑为主要填料,木丝或木刨花为加筋材料,加入水和外加剂,经平压成型、养护、调湿处理等制成的建筑板材。它主要用作建筑物的天棚板、非承重内外墙板、壁橱板和地面板等。

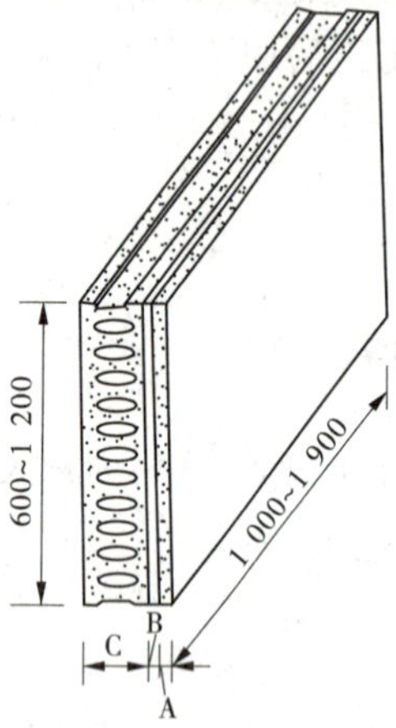

A—外饰面层；B—保温层；C—预应力混凝土空心板

图 7-20　预应力混凝土空心墙板构造示意图

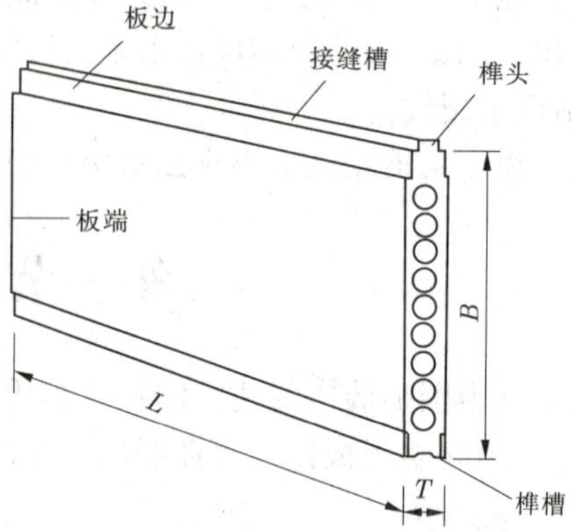

图 7-21　GRC 轻质多孔隔墙条板外形示意图

【知识链接】　水泥木屑板具有自重小、强度高、防火、防水、防蛀、保温、隔声等性能，可进行锯、钻、钉、装饰等加工。

二、石膏类墙用板材

石膏板主要有纸面石膏板、石膏空心条板及石膏纤维板三类。

（一）纸面石膏板

纸面石膏板是以建筑石膏为主要原料，并掺入某些纤维和外加剂所组成的芯材，可与芯材牢固地结合在一起的护面纸所组成的建筑板材。按其用途分为普通纸面石膏板（P）、耐水纸面石膏板（S）、耐火纸面石膏板（H）和耐水耐火纸面石膏板（SH）四种。

普通纸面石膏板是以建筑石膏为主要原料，掺入适量轻集料、纤维增强材料和外加剂构成芯材，并与具有一定强度的护面纸牢固地黏结在一起的建筑板材。若在芯材配料中加入耐水外加剂，并与耐水护面纸牢固地黏结在一起，即可制成耐水纸面石膏板。若在芯材配料中加入无机耐火纤维和阻燃剂等，并与护面纸牢固地黏结在一起，即可制成耐火纸面石膏板。若在芯材配料中既加入耐水外加剂，又加入无机耐火纤维和阻燃剂，并与护面纸牢固地黏结在一起，即可制成耐水耐火纸面石膏板。

普通纸面石膏板适用于建筑物的围护墙、内隔墙和吊顶。在厨房、厕所以及空气相对湿度经常大于 70% 的潮湿环境使用时，必须采取相应防潮措施。耐火纸面石膏板主要用于对防火有较高要求的建筑物内，如档案馆、楼梯间、易燃厂房等。耐水纸面石膏板主要用于相对湿度经常大于 75% 的浴室、厕所、盥洗室等潮湿环境中。耐水耐火纸面石膏板主要用于对耐火、防潮均有较高要求的建筑物内。

【知识链接】　纸面石膏板表面平整、尺寸稳定，具有自重轻、保温隔热、隔声、防火、抗震、可调节室内湿度、加工性好、施工简便等优点，但用纸量较大，成本较高。

（二）石膏空心条板

石膏空心条板外形与生产方式类似于玻璃纤维增强水泥轻质多孔隔墙条板。它是以建筑石膏为胶凝材料，适量加入各种轻质集料（如膨胀珍珠岩、膨胀蛭石等）和无机纤维增强材料，经搅拌、振动成型、抽芯模、干燥而成的。它适用于各类建筑的非承重内墙，但若用于相对湿度大于75%的环境中，则板材表面应作防水等相应处理。

【知识链接】 石膏空心条板具有质轻、比强度高、隔热、隔声、防火、可加工性好等优点，且安装墙体时不用龙骨，简单方便。

(三)石膏纤维板

石膏纤维板是以纤维增强石膏为基材的无面纸石膏板，常用无机纤维或有机纤维为增强材料，与建筑石膏、缓凝剂等经打浆、铺装、脱水、成型、烘干而制成。其规格尺寸和用途与纸面石膏板相同。

【知识链接】 石膏纤维板可节省护面纸，具有质轻、高强、耐火、隔声、韧性高、可加工性好等性能。

三、植物纤维类墙用板材

(一)稻草(麦秸)板

稻草(麦秸)板生产的主要原料是稻草或麦秸、板纸和脲醛树脂胶料等。其生产方法是将干燥的稻草或麦秸热压成密实的板芯，在板芯两面及四个侧边用胶贴上一层完整的面纸，经加热固化而成。板芯内不加任何黏结剂，只利用稻草或麦秸之间的缠绞拧编与压合而形成密实并有相当刚度的板材。稻草(麦秸)板适于用作非承重的内隔墙、天花板、厂房望板及复合外墙的内壁板。

【知识链接】 稻草(麦秸)板生产工艺简单，生产能耗低，仅为纸面石膏板生产能耗的1/4～1/3，质轻，保温隔热性能好，隔声好，具有足够的强度和刚度，可以单板使用而不需要龙骨支撑，且便于锯、钉、打孔、黏结和油漆，施工便捷。其缺点是耐水性差，可燃。

(二)稻壳板

稻壳板是以稻壳与合成树脂为原料，经配料、混合、铺装、热压而成的中密度平板，表面可涂刷酚醛清漆或用薄木贴面加以装饰。稻壳板可作为内隔墙及室内各种隔断板、壁橱(柜)隔板等。

【知识链接】 稻壳板制造工艺简单，设备投资少，稻壳价格低廉，经济效益好，稻壳纤维虽短，但坚韧耐腐、抗虫蚀，导热性低，弹性强，耐压耐磨。

(三)蔗渣板

蔗渣板是以甘蔗渣为原料，经加工、混合、铺装、热压成型而成的平板。该板生产时可不用胶而利用蔗渣本身含有的物质热压时转化成呋喃系树脂而起胶结作用，也可用合成树脂胶结成有胶蔗渣板。蔗渣板可用作内隔墙、天花板、门芯板、室内隔断板和装饰板等。

【知识链接】 蔗渣板具有质轻、吸声、易加工(可钉、锯、刨、钻)和可装饰等特点。

四、复合墙板

将两种或两种以上不同功能的材料组合而成的墙板，称为复合墙板。其优点在于充分发挥所用材料各自的特长，提高使用功能。常用的复合墙板主要由承受外力的结构层(多为普通混凝土或金属板)、保温层(矿棉、泡沫塑料、加气混凝土等)及面层(各类具有可装饰性的轻质薄板)组成。

（一）混凝土夹芯板

混凝土夹芯板是以 20 ~ 30 mm 厚的钢筋混凝土做内外表面层，中间填以矿渣毡、岩棉毡或泡沫混凝土等保温材料，内、外两层面板以钢筋件连接，用于内外墙。

（二）泰柏板

泰柏板是以钢丝焊接成的三维钢丝网骨架与高热阻自熄性聚苯乙烯泡沫塑料组成的芯材板，两面喷（抹）涂水泥砂浆而成的，如图 7-22 所示。泰柏板具有轻质、高强、隔热、隔声、防火、防潮、防震、耐久性好、易加工、施工方便等特点，适用于自承重外墙、内隔墙、屋面板、3 m 跨内的楼板等。

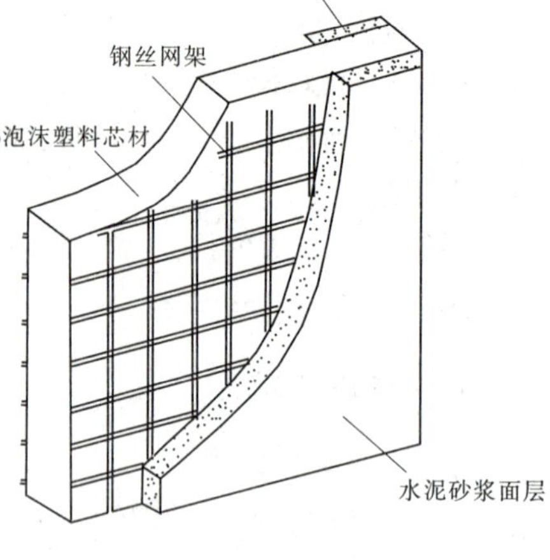

图 7-22 泰柏板示意图

（三）轻型夹芯板

轻型夹心板是用轻质、高强的薄板为面层，中间以轻质的保温隔热材料为芯材组成的复合板。用于面层的薄板有不锈钢板、彩色涂层钢板、铝合金板、纤维增强水泥薄板等。芯材有岩棉毡、玻璃棉毡、矿渣棉毡、阻燃型发泡聚苯乙烯、阻燃型发泡硬质聚氨酯等。该类复合墙板的性能及适用范围与泰柏板基本相同。

五、墙体保温和复合墙体

我国资源和能源缺乏，而建筑耗能的情况又相当严重，要走可持续发展道路，发展绿色节能建筑刻不容缓。改革传统的墙体，提高其保温性能是降低我国采暖建筑能耗的重要措施。为了较大幅度地提高外墙的保温性能，采用黏土空心砖、各种混凝土空心砌块、加气混凝土砌块或条板等单一墙体材料已难满足节能 50% 的要求。大幅度地提高外墙保温性能的有效途径是采用复合墙体。复合墙体是指用承重材料墙体（如砖或砌块）与高效保温材料（如聚苯板、岩棉板或玻璃棉板等）进行复合而成的墙体。在复合墙体中，根据保温材料所处的相对位置不同，又分为内保温复合墙体、夹芯保温复合墙体及外保温复合墙体。

（1）内保温做法，即在外墙内侧（室内一侧）增加保温措施。常用的做法有贴保温板、粉刷石膏（即在墙上粘贴聚苯板，然后用粉刷石膏做面层）、喷（抹）聚苯颗粒胶粉等。内保温做法的问题是：对外墙某些部位，如内外墙交接处难以处理，从而形成“热桥”；同时，保温层直接做在室内，一旦出现问题，维修时对住户影响较大。因此，必须注意保证工程质量，避免出现开裂、脱落等现象。

（2）夹芯保温做法，即把保温材料（聚苯板、岩棉、玻璃棉等）放在墙体中间，形成夹芯墙。这种做法，墙体结构和保温层同时完成，对保温材料的保护较为有利。但由于保温材料把墙体分为内外“两层皮”，因此在内外层墙皮之间必须采取可靠的拉结措施，有抗震要求的地区更要认真做好。

（3）外保温做法，即在墙体外侧（室外一侧）增加保温措施。保温材料可选用聚苯板或岩棉板，采取黏结及锚固件与墙体连接，面层做聚合物砂浆用玻纤网格布增强；对于现浇钢筋混凝土外墙，可采用模板内置保温板的复合浇筑方法，使结构与保温同时完成；也可采用聚苯颗粒胶粉在现场喷、抹,形成保温层的方法;还可以在工厂制成带饰面层的复合保温板,到现场安装,用锚固件固定在外墙上。与内保温做法比较,外保温的热工效率较高,不占用室内空间,对保护主体结构有利,不仅适用于新建房屋,也适用于对既有建筑的节能改造。因此,外保温复合墙体已成为墙体保温方式的发展方向。但由于保温层处于室外环境,因而对外保温的材料性能和施工质量有更为严格的要求,以保证工程质量。

六、新型墙体材料的发展

墙体材料的改革是一个重要且难度大的问题,很久以来,我国大部分地区所采用的墙体材料主要为实心黏土砖,对耕地破坏很严重。我国人均耕地面积小,烧砖毁田,问题更突出,且烧砖污染环境,能耗大。根据国务院办公厅《关于进一步推进墙体材料革新和推广节能建筑的通知》,截至 2010 年年底,所有城市城区禁止使用实心黏土砖,全国实心黏土砖产量控制在 4 000 亿块以下。

墙体材料的改革是关系到子孙后代的大事,但墙体改革却遇到重重困难,其中较为突出的是:①观念问题;②产业政策问题;③新型墙体材料本身的价格、质量、工艺技术等问题。发展新型墙体材料不仅是取代实心黏土砖的问题,首先是保护环境,节约资源、能源,要有利于工业废弃物的综合利用,注重轻质、保温隔热等性能,实现建筑节能 50% 的目标。另外,是满足建筑结构体系的发展,包括抗震以及多种功能;还有就是给传统建筑行业带来变革性新工艺,摆脱人海式施工,采用工厂化、现代化、集约化施工。

新型墙体材料正朝着大型化、轻质化、节能化、利废化、复合化、装饰化以及集约化等方面发展。

【案例 7-4】 图 7-23 所示为钢丝网架水泥聚苯乙烯夹芯板的宏观构造图,请讨论各层材料的作用。

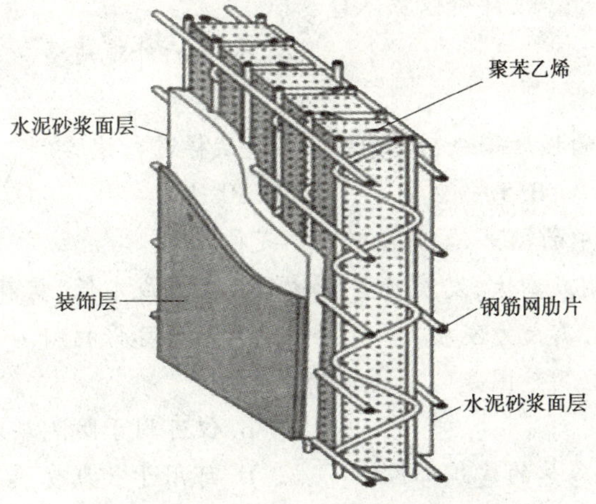

图 7-23 钢丝网架水泥聚苯乙烯夹芯板

分析:从图 7-23 中可见,该墙板由四种不同的材料构成,分别是装饰层、水泥砂浆面层、钢筋网肋片和聚苯乙烯,各层分别有不同的作用。装饰层起到美观的效果;水泥砂浆面层作为钢筋网肋片和装饰层之间的过渡,可抹平钢筋网肋片,使装饰层平整易施工;钢筋网肋片提供墙体所需要的强度;聚苯乙烯芯材由于轻质,可降低墙体重量,同时由于多孔,可起到保温的作用。各种材料综合作用，使墙体材料具备高的性能。

想一想 预应力空心板为什么做成空心的？有什么好处？

本章小结

本章主要介绍了几种工程中常见的墙体材料，包括砌墙砖、墙用砌块和墙用板材。在砌墙砖中介绍了常见的几种砌墙砖的性能及应用，重点介绍了烧结多孔砖的规格、性能、强度等级和质量要求。墙用砌块部分介绍了工程中较常见的几种砌块的性能及应用，重点介绍了蒸压加气混凝土砌块的规格、强度级别、密度级别及应用。墙用板材介绍了水泥类板材、石膏类板材、利用农业废料制作的板材以及考虑节能减排和可持续发展方向的一些复合板材的性能及应用。在材料检验中介绍了工程中常用的砌墙砖、蒸压加气混凝土砌块的性能检验和质量评定的方法，进而会进行材料验收。

思考练习题

一、单选题

1. 鉴别过火砖和欠火砖的常用方法是根据（　　）。

A. 砖的强度　　B. 砖的颜色深浅及敲击声音

C. 砖的外形尺寸　　D. 外观质量

2. 黏土砖在砌筑墙体前一定要经过浇水润湿，其目的是（　　）。

A. 把砖冲洗干净　　B. 保证砂浆的稠度

C. 增加砂浆对砖的胶结力　　D. 保证强度

3. 烧结多孔砖的质量等级评价依据不包括（　　）。

A. 尺寸偏差　　B. 砖的外观质量

C. 泛霜　　D. 自重

4. 检验烧结多孔砖的强度等级，需取（　　）块试样进行试验。

A. 1　　B. 5　　C. 10　　D. 15

5. 关于烧结普通砖中的黏土砖，正确的理解是（　　）。

A. 保护耕地，限制或淘汰，发展新型墙材　　B. 生产成本低，需着重发展

C. 生产工艺简单，需大力发展　　D. 绿色环保材料

6. MU10 灰砂砖的应用范围是（　　）。

A. 可用于基础　　B. 仅可用于防潮层以上的建筑部位

C. 可用于受急冷急热的建筑部位　　D. 可用于长期受热 200 ℃以上的环境

7. 下面（　　）不是加气混凝土砌块的特点。

A. 质轻　　B. 保温隔热性好

C. 加工性能好　　D. 韧性好

二、多选题

1. 烧结普通砖按其主要原料不同，可以分为（　　）。

A. 烧结页岩砖　　B. 烧结黏土砖　　C. 烧结煤矸石砖

D. 烧结粉煤灰砖　　　　E. 烧结多孔砖

2. 评定烧结多孔砖的强度等级需要计算的指标包括(　　)。

A. 单块砖的抗压强度　　B. 抗压强度平均值　　C. 抗压强度标准差

D. 砖强度变异系数　　E. 强度标准值

3. 以下材料可用于砌筑承重墙体的有(　　)。

A. 蒸压加气混凝土砌块　B. 粉煤灰砌块　　C. 普通混凝土小型空心砌块

D. 轻集料混凝土小型空心砌块　　E. 烧结空心砖

4. 利用煤矸石和粉煤灰等工业废渣烧砖,可以(　　)。

A. 减少环境污染　　B. 节约大片良田黏土　　C. 节省大量燃料煤

D. 大幅提高产量　　E. 充分利用和节约资源

三、主观题

1. 某工地备用红砖10万块,尚未砌筑使用,但储存2个月后,发现有部分砖自裂成碎块,断面处可见白色小块状物质。请解释这是何原因所致。

2. 烧结黏土砖在砌筑施工前为什么一定要浇水湿润?浇水过多或过少为什么不好?

3. 烧结多孔砖与烧结空心砖有何异同点?

4. 结合当地实际建筑工程看,常用的非烧结砖有哪些?常用的墙用砌块有哪些?常用的墙用板材有哪些?

5. 为何要限制烧结黏土砖?简述改革墙体材料的重大意义及发展方向。你所在的地区采用了哪些新型墙体材料?它们与烧结普通黏土砖相比有何优越性?

6. 某批烧结多孔砖的强度测定值如表7-10所示,试确定这批砖的强度等级。

表 7-10

砖编号	1	2	3	4	5	6	7	8	9	10
抗压强度(MPa)	15.6	17.2	12.2	17.6	15.5	18.1	19.8	21.0	18.9	15.2

第八章　金属材料

【学习目标】

1. 能掌握钢材的主要技术性质，熟悉钢材的化学成分对钢材性能的影响，了解钢材的冷加工与热处理的作用，知道钢材的技术要求与选用。

2. 了解钢材的分类，了解建筑钢材的检验取样以及验收。

金属材料分为黑色金属和有色金属两大类。黑色金属包括铸铁、钢材，其中的钢材主要是作房屋、桥梁等的结构材料；有色金属包括铝及其合金、铜及铜合金，金、银等，它们广泛地用于建筑装饰装修中。建筑工程中应用量最大的金属材料为建筑钢材。建筑钢材是指用于钢结构的各种型钢（如圆钢、角钢、工字钢等）、钢板和用于钢筋混凝土结构中的各种钢筋和钢丝等。

钢材是在严格的技术控制下生产的材料。它具有品质均匀、强度高、塑性和韧性较好、可以焊接和铆接、便于装配的优点。采用型钢建造的钢结构，具有强度高、自重轻的特点，适用于大跨度结构及高层住宅。但是，钢材也有缺点，如易锈蚀、维修费用高、能耗大、成本高、耐火性差等。

第一节　建筑钢材

一、概述

（一）钢的冶炼

钢是由生铁冶炼而成的。生铁是由铁矿石、熔剂、燃料在高炉中经过还原反应和造渣反应而得到的一种铁、碳合金。其中，碳、磷、硫等的杂质含量比较高。生铁又分为炼钢生铁（白口铁）和铸造生铁（灰口铁）。生铁性脆、强度低、韧性差、耐腐蚀性强。

炼钢是把生铁中碳的含量降到2.0%以下的需要范围，把其他元素调整到规定范围。经过高温冶炼，氧化—造渣—脱氧，即成钢。钢具有良好的塑性，强度和韧度都高，可焊接、铆接等，加工性好。

（二）钢材的分类

钢材的种类繁多，为了便于选用，常将钢按不同的方法进行分类。

1. 按化学成分分

建筑钢材主要成分是铁，其次是碳，还有其他元素。按化学成分分为碳素钢和合金钢两大类。

1）碳素钢

（1）低碳钢：含碳量小于0.25%。

（2）中碳钢：含碳量为0.25%～0.6%。

(3)高碳钢:含碳量大于0.6%。

2)合金钢

(1)低合金钢:合金元素总含量小于5%。

(2)中合金钢:合金元素总含量为5%~10%。

(3)高合金钢:合金元素总含量大于10%。

合金钢是在碳钢中有意识地加入一种或多种合金元素的钢。合金元素的作用是改善钢的性能,或使其获得某些特殊性能。

2.按质量分

(1)普通钢:含硫量不大于0.055%~0.065%,含磷量不大于0.045%~0.085%。

(2)优质钢:含硫量不大于0.03%~0.045%,含磷量不大于0.035%~0.04%。

(3)高级优质钢:含硫量不大于0.02%~0.03%,含磷量不大于0.027%~0.035%。

3.按用途分

(1)结构钢:建筑工程用结构钢,机械制造用结构钢。

(2)工具钢:用于制作刀具、量具、模具等。

(3)特殊钢:不锈钢、耐酸钢、耐热钢、耐磨钢、磁钢等。

4.按脱氧方法分

(1)沸腾钢:脱氧不完全的钢。组织不够致密,有气泡夹杂,质量较差;成品率高,成本低。

(2)镇静钢:脱氧充分,组织致密,化学成分均匀,性能稳定。但产率较低,成本较高。

(3)半镇静钢:脱氧程度及钢的质量介于上述两者之间。

5.按压力加工方式分

(1)热加工钢材。

(2)冷加工钢材。

二、钢材的技术性质

钢材的性质主要包括力学性质和工艺性质两个方面。只有了解、掌握钢材的各种性质,才能做到正确、经济、合理地选择和使用钢材。

(一)力学性质

1.拉伸性能

拉伸是建筑钢材的主要受力形式,所以拉伸性能是表示建筑钢材性能和选用钢材的重要指标。通过拉伸试验,可以测出弹性极限、屈服强度、抗拉强度及伸长率等技术指标。钢材的抗拉性能可以通过室温下低碳钢(软钢)拉伸所得的应力—应变图(见图8-1)来说明。

低碳钢的拉伸过程可分为四个阶段:弹性阶段($O\rightarrow A$)、屈服阶段($A\rightarrow B$)、强化阶段($B\rightarrow C$)和颈缩阶段($C\rightarrow D$)。

1)弹性阶段(Ⅰ)

在OA范围内,应力与应变成正比关系,即试件的应力与应变成正比例增长。如卸去外力,试件恢复原来的形状和尺寸,没有残留的永久变形。故称此阶段为弹性阶段。此阶段的变形称为弹性变形。弹性阶段的最高点A所对应的应力称为弹性极限,用σ_p表示。在弹性阶段,应力与应变的比值即为弹性模量E。

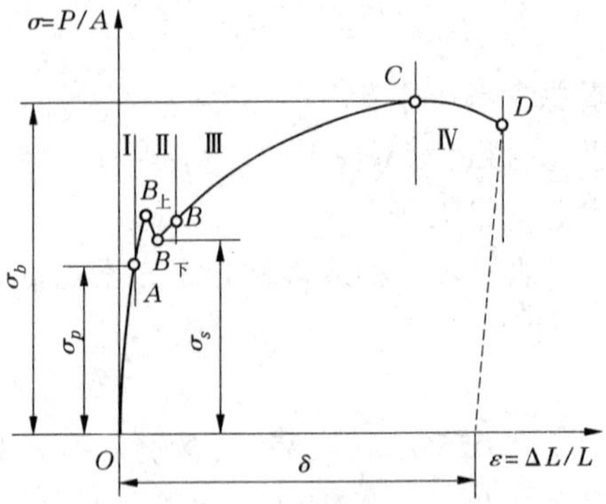

图 8-1 低碳钢受拉的应力—应变曲线图

2)屈服阶段(Ⅱ)

当应力超过 A 点后,应力与应变不再成正比关系,此时卸去外力,试件变形不能全部消失,表明已出现塑性变形。当应力达到 $B_{上}$ 点是这一阶段的最高点,称为上屈服点;$B_{下}$ 为最低点,称为下屈服点。$B_{下}$ 点较稳定,易于测定,故一般以 $B_{下}$ 点所对应的应力为屈服点,用 σ_s 表示。屈服点在实际应用中有着重要意义。当钢材受力到达屈服点后,变形即迅速发展,虽尚未破坏,但已不能满足使用要求。因此,在设计中,一般以屈服点作为设计取值的依据。

3)强化阶段(Ⅲ)

当应力超过屈服强度后,由于钢材内部组织产生晶格畸变,钢材得到强化,使抵抗外力的能力又重新提高。此时的变形发展速度虽然也较快,但却是随着应力的提高而增加,故称为强化阶段。对应于最高点 C 的应力称为抗拉强度,用 σ_b 表示。抗拉强度在设计中虽不能利用,但屈服点 σ_s 与抗拉强度 σ_b 的比值(σ_s/σ_b,即屈强比)确有一定的意义。屈强比越小,表明钢材受力达到屈服点工作时的可靠性越大,结构的安全度大,不易因局部超载而造成破坏;屈强比过小,表明钢材强度的利用率偏低,这是不经济的。合理的屈强比一般为 0.60~0.75。

4)颈缩阶段(Ⅳ)

当强化到达 C 点后,其抵抗变形的能力明显下降,试件薄弱处的截面积将显著缩小,产生“颈缩”现象,直到断裂。将试件断裂后的两端拼合起来,如图 8-2 所示。测定拉断后标距部分的长度 L_1(mm),其与试件原始标距 L_0(mm)之差为塑性变形值,塑性变形值与 L_0 之比称为伸长率(δ),按下式计算:

$$\delta = \frac{L_1 - L_0}{L_0} \times 100\% \tag{8-1}$$

式中 δ——钢材的伸长率(%);

L_0——试件原始标距长度,mm;

L_1——拉断后标距的长度,mm。

由于发生颈缩,塑性变形在试件标距内的分布是不均匀的,颈缩处的伸长率较大,故原标距与直径之比越大,则颈缩处伸长值在整个伸长值中的比重越小,因而计算的伸长率会小些。通常以 δ_5 与 δ_{10} 分别表示 $L_0=5d_0$(d_0 为试件的原始直径)与 $L_0=10d_0$ 时的伸长率。对于同一种钢材，其 $\delta_5 > \delta_{10}$。线材的伸长率多采用定标距 100 mm，结果以 δ_{100} 表示。

伸长率是表明钢材塑性变形能力的一个重要指标。尽管结构在弹性范围内使用，但在应力集中处，其应力可能超过屈服点，有一定的塑性变形，可保证应力重新分布，从而避免结构的破坏。有些钢材（如高碳钢）无明显的屈服现象，通常以发生微量的塑性变形（0.2%）时的应力作为该钢材的屈服强度，称为条件屈服强度（$\sigma_{0.2}$），如图 8-3 所示。

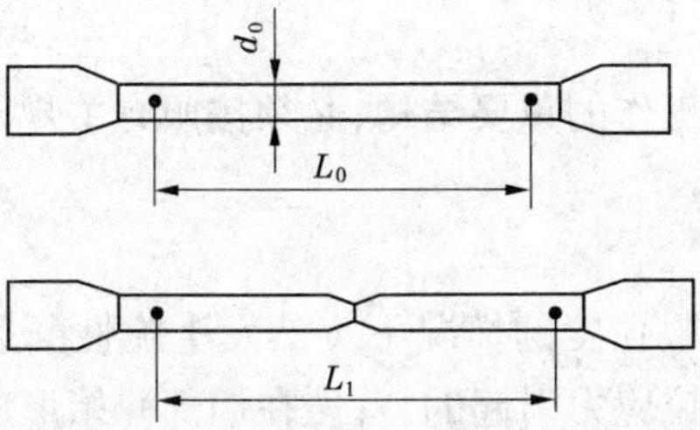

图 8-2　试件拉伸前和断裂后标距的长度

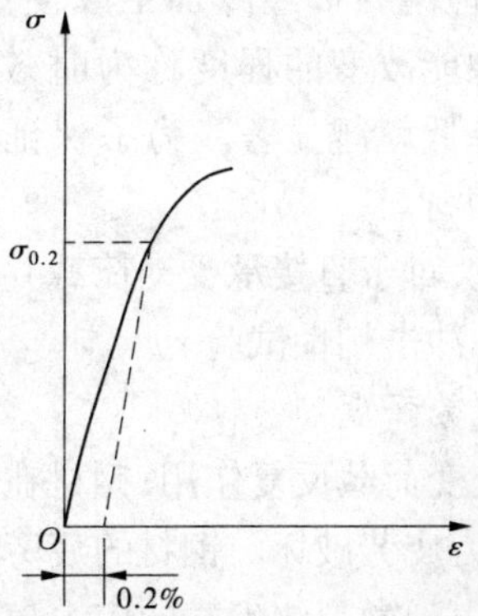

图 8-3　高碳钢拉伸时的应力—应变曲线

2. 冲击韧性

冲击韧性是指钢材抵抗冲击荷载而不被破坏的能力。冲击韧性指标是通过冲击试验来确定的。将重量为 F 的摆锤 1 举起一定高度 H，然后使摆锤自由落下，冲断置于试验台 3 上带 V 型缺口的试件 2，并反向升起一定高度 h，由指针 4 在刻度盘 5 上读出试件折断时的 H、h 值，如图 8-4 所示。冲击韧性按下式计算：

$$\alpha_k = \frac{A_k}{A} \tag{8-2}$$

式中　α_k——钢材的冲击韧性值，J/cm^2；

A_k——击断试件所消耗的冲击功，$A_k = F(H-h)$，J；

A——试验前试件刻度槽处的横截面面积，cm^2。

α_k 越大，冲击试件消耗的能量越多，钢材的冲击韧性越好。

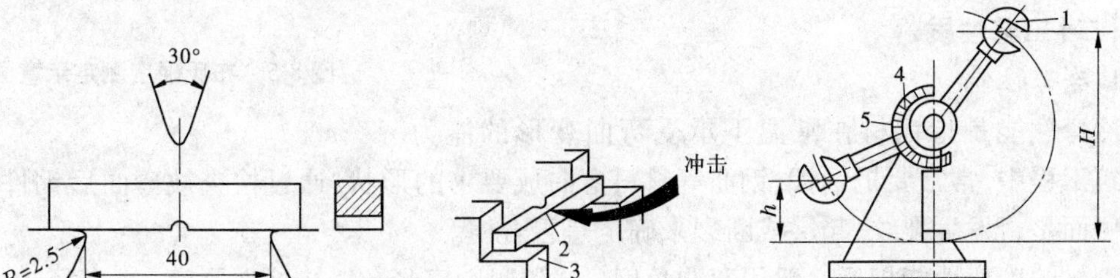

图 8-4　冲击韧性试验

影响钢材冲击韧性的因素很多，如化学成分、内部组织状态、冶炼、轧制质量、环境温度、时效等。某些钢材在室温条件下，呈韧性断裂，当温度降低达到某一温度范围时，α_k 突然明显下降，钢材开始呈脆性断裂，这种性质称为冷脆性。发生冷脆性时的温度（范围）称为脆性临界温度（范围）。

在严寒地区，建筑工程使用的钢材常要评定其冷脆性。此时，选用的钢材的脆性临界温度应比环境最低温度为低，通常规定测 -20 ℃或 -40 ℃条件下的冲击韧性。

因时效作用，冲击韧性还将随着时间的延长而下降。一般，钢材完成时效的过程可达数十年，但钢材如经冷加工或使用中受振动和荷载的影响，时效可迅速发展。因时效导致钢材性能改变的程度称为时效敏感性。时效敏感性越大的钢材，经过时效后，其冲击韧性的降低就越显著。为了保证安全，对于承受动荷载的重要结构，应当选用时效敏感性小的钢材。

因此，对于直接承受动荷载并可能在负温下工作的重要结构，必须按照有关规范要求进行钢材的冲击韧性试验。

3. 疲劳强度

受交变荷载反复作用，钢材在应力低于其屈服强度的情况下突然发生脆性断裂破坏的现象，称为疲劳破坏。钢材的疲劳破坏一般是由拉应力引起的，首先在局部开始形成细小断裂，随后由于微裂纹尖端的应力集中而使其逐渐扩大，直至突然发生瞬时疲劳断裂。疲劳破坏是在低应力状态下突然发生的，所以危害极大，往往造成灾难性的事故。

在一定条件下，钢材疲劳破坏的应力值随应力循环次数的增加而降低。钢材在无穷次交变荷载作用下而不至于引起断裂的最大循环应力值，称为疲劳强度极限，实际测量时常以 2×10^6 次应力循环为基准。钢材的疲劳强度与很多因素有关，如内部组织结构、表面状态、合金成分、夹杂物的多少和应力集中等几种情况。一般来说，钢材的抗拉强度越高，其疲劳强度也较高。

4. 硬度

硬度是指钢材抵抗较硬物体压入产生局部变形的能力。测定钢材硬度常用布氏法。布氏法是用一直径为 D 的硬质钢球，在荷载 P(N)的作用下压入试件表面，经规定的时间后卸去荷载，用读数放大镜测出压痕直径 d，以压痕表面积(mm^2)除荷载 P，即为布氏硬度值 HB。HB 值越大，表示钢材越硬，如图 8-5 所示。

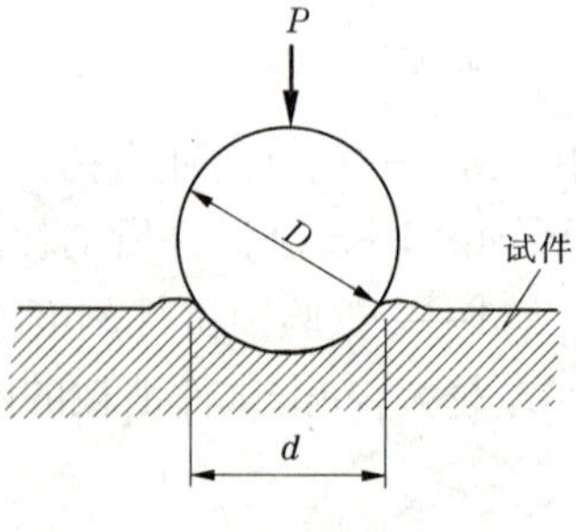

图 8-5 布氏硬度测定示意图

（二）工艺性质

1. 冷弯性能

冷弯性能是指钢材在常温下承受弯曲变形的能力。在建筑工程中，常常要把钢板、钢筋等材料弯曲成要求的形状，通过检查被弯曲后钢件拱面和两侧面是否发生裂纹、起层或断裂来确定是否合格。

钢材的冷弯性能指标一般用弯曲角度(α)和弯心直径(d)与试件厚度（或直径）a 的比值(d/a)来表示，如图 8-6 所示。

钢材在弯曲过程中，受弯部位产生局部不均匀塑性变形，这种变形在一定程度上比伸长率更能反映钢材的内部组织状态、内应力及夹杂质等缺陷。因此，也可以用冷弯的方法来检验钢的质量。

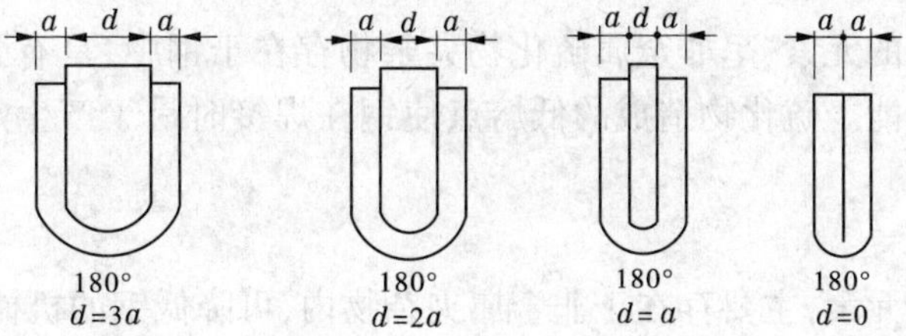

图 8-6 钢材冷弯规定

2. 可焊性

焊接是把两块金属局部加热,并使其接缝部分迅速呈熔融或半熔融状态,从而牢固地连接起来。它是钢结构的主要连接形式。在建筑工程中,无论是钢结构,还是钢筋混凝土的钢筋骨架、接头埋件、连接件等,绝大多数是采用焊接方式连接的。这就要求钢材具有良好的可焊性。

可焊性是指钢材是否适应通常的焊接方法与工艺的性能。可焊性好的钢材易于用一般的焊接方法和工艺施焊,焊接时不易形成裂纹、气孔、夹渣等缺陷,焊接后接头强度与母体相近。

钢材的化学成分对钢材的可焊性有很大的影响。随钢材的含碳量、合金元素及杂质元素含量的提高,钢材的可焊性降低。当钢材的含碳量超过 0.25% 时,可焊性明显降低;当硫含量较多时,会使焊口处产生热裂纹,严重降低焊接质量。钢材的焊接须执行有关规定。

三、钢材的化学成分

钢是铁碳合金,在冶炼的过程中,刻意地添加或降低某些元素对钢材性能及质量都会产生一定的影响。

(一)碳

土木工程用钢材含碳量不大于 0.8%,在此范围内,随着钢中碳含量的增加,钢材的强度和硬度相应提高,而塑性和韧性则相应降低。随着含碳量的增加,碳还可显著降低钢材的可焊性,增加钢的冷脆性和时效敏感性,降低钢的抗大气锈蚀性。

(二)硅

硅是炼钢时用脱氧剂硅铁脱氧而残留在钢中的。当硅的含量小于 1.0% 时,能提高钢的强度,且对钢的塑性和冲击韧性无明显影响。因此,在合金钢中有时加入一定量的硅,作为合金元素以改善其机械性能。

(三)锰

当锰含量为 0.8% ~1% 时,可保持钢材在原有塑性和冲击韧性条件下,较显著地提高屈服点和抗拉强度,能消除钢的热脆性,降低钢的冷脆性,起到脱氧去硫的作用;但当锰含量过高时,将显著降低钢的可焊性。

(四)磷

磷为钢中的有害元素。随着磷含量的增加,钢材的强度提高,但塑性和韧性显著下降。特别是温度愈低,对韧性和塑性的影响愈大,磷在钢中的偏析作用强烈,使钢材冷脆性增大,并显著降低钢材的可焊性。但磷可提高钢的耐磨性和耐腐蚀性。

（五）硫

硫是钢中很有害的元素，呈非金属硫化物夹杂物存在于钢中，具有强烈的偏析作用，降低钢材的各种机械性能。硫化物造成的低熔点使钢在焊接时易于产生热裂纹，显著降低钢材的可焊性。

（六）氧

氧为钢中的有害元素，主要存在于非金属夹杂物内，可降低钢的机械性能，特别是韧性。氧有促进时效倾向的作用，氧化物造成的低熔点亦使钢的可焊形变差。

（七）氮

氮对钢材性质的影响与碳、磷相似，使钢材的强度提高，塑性特别是韧性显著降低。氮可加剧钢材的时效敏感性和冷脆性，降低可焊性。

四、钢材的加工

在建筑工地或钢筋混凝土预制构件厂，通常采取冷加工或时效来提高钢筋的屈服点，以节约钢材。

（一）钢材的冷加工

将钢材在常温下进行拉、拔、轧的加工称为冷加工。经过冷拉、冷拔、冷轧使钢材产生塑性变形，从而使其强度和硬度提高，塑性和韧性下降，这种现象称为冷加工强化处理。

1. 冷拉

冷拉是将热轧钢筋用冷拉设备加力进行张拉，使之伸长。钢材经冷拉后强度提高而塑性下降，材质变硬。钢筋的冷拉可采用控制应力（双控法）或控制冷拉率（单控法）的方法。钢筋经冷拉后，一般屈服强度可提高20%～25%。

2. 冷拔

冷拔是将直径为6.5～8 mm的碳素结构钢Q235（或Q215）盘条，通过拔丝机中钨合金做成的比钢筋直径小0.5～1.0 mm的冷拔模孔，冷拔成比原直径小的钢丝，称为冷拔低碳钢丝。如果经过多次冷拔，可得规格更小的钢丝。冷拔作用比纯拉伸的作用强烈，钢筋不仅受拉，而且同时受到挤压作用。经过一次或多次冷拔后得到的冷拔低碳钢丝，其屈服强度可提高40%～60%，但失去软钢的塑性和韧性，而具有硬质钢材的特点。

3. 冷轧

冷轧是将圆钢在轧钢机上轧成断面形状规则的钢筋，可以提高强度及与混凝土的黏结力。钢筋在冷轧时，纵向与横向同时产生变形，因而能较好地保持其塑性和内部结构的均匀性。

（二）冷加工时效

钢材经冷加工后，随时间的延长，其强度、硬度提高，而塑性、韧性下降的现象称为时效。钢材经冷加工后，在常温下搁置15～20 d或加热至100～200 ℃，保持2 h左右，钢材的屈服强度、抗拉强度及硬度都进一步提高，而塑性、韧性继续降低，直至完成时效过程。前者称为自然时效，后者称为人工时效。

钢材经冷加工及时效处理后，其性质变化的规律可明显地在应力—应变图上得到反映，如图8-7所示。

在图8-7中，*OABCD*为未经冷拉和时效试件的$\sigma \sim \varepsilon$曲线。当试件冷拉至超过屈服强

度的任意一点 K 时，卸去荷载，此时由于试件已产生塑性变形，则曲线沿 KO' 下降，KO' 大致与 AO 平行。如立即再拉伸，则 $\sigma \sim \varepsilon$ 曲线将成为 $O'KCD$（虚线）曲线，屈服强度由 B 点提高到 K 点。但如在 K 点卸荷后进行时效处理，然后拉伸，则 $\sigma \sim \varepsilon$ 曲线将成为 $O'K_1C_1D_1$ 曲线。这表明冷拉时效后，屈服强度和抗拉强度均得到提高，但塑性和韧性则相应降低。

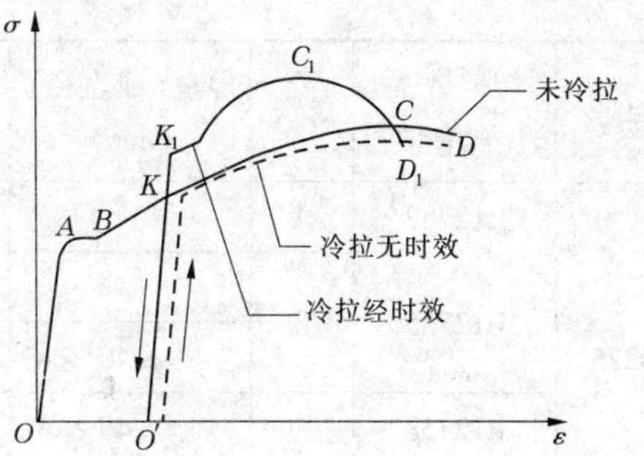

图 8-7　钢筋经冷拉时效后应力—应变图

因时效导致钢材性能改变的程度称为时效敏感性。时效敏感性大的钢材，经时效后，其冲击韧性值降低较大。因此，在受到振动冲击荷载作用的重要结构（如吊车梁、桥梁等），应选用时效敏感性小的钢材。

（三）热处理

热处理是将钢材按规定的温度，进行加热、保温和冷却处理，以改变其组织，得到所需要的性能的一种工艺。热处理包括淬火、回火、退火和正火。

五、建筑钢材的选用

建筑钢材主要采用碳素结构钢和低合金高强度结构钢两种。

（一）碳素结构钢

1. 碳素结构钢牌号的表示方法

《碳素结构钢》（GB/T 700—2006）规定：牌号由代表屈服点的字母、屈服点数值、质量等级符号、脱氧程度符号四部分按顺序组成。其中以“Q”代表屈服点，屈服点数值分别为 195 MPa、215 MPa、235 MPa 和 275 MPa 四种；质量等级以硫、磷等杂质含量由多到少划分的，分别由 A、B、C、D 符号表示；脱氧程度以 F 表示沸腾钢、Z 和 TZ 分别表示镇静钢和特殊镇静钢，Z 和 TZ 在钢的牌号中予以省略。如 Q235 - AF，表示屈服点为 235 MPa 的 A 级沸腾钢。

2. 技术要求

各牌号碳素结构钢的化学成分应符合表 8-1 的规定。

表 8-1　碳素结构钢的化学成分（GB/T 700—2006）

牌号	统一数字代号[a]	等级	厚度（或直径）（mm）	脱氧方法	化学成分（质量分数）（%），不大于				
					C	Si	Mn	P	S
Q195	U11952	—	—	F、Z	0.12	0.30	0.50	0.035	0.040
Q215	U12152	A	—	F、Z	0.15	0.35	1.2	0.045	0.050
	U12155	B	—						0.045
Q235	U12352	A	—	F、Z	0.22	0.35	1.40	0.045	0.050
	U12355	B	—		0.20[b]				0.045
	U12385	C	—	Z	0.17			0.040	0.040
	U12359	D	—	TZ				0.035	0.035

续表 8-1

牌号	统一数字代号[a]	等级	厚度(或直径)(mm)	脱氧方法	化学成分(质量分数)(%),不大于 C	Si	Mn	P	S
Q275	U12752	A	—	F、Z	0.24	0.35	1.50	0.045	0.050
	U12755	B	—	Z	0.21			0.045	0.045
			≤40		0.22				
	U12758	C	>40	Z	0.20			0.040	0.040
	U12759	D	—	TZ				0.035	0.035

注:a. 表中为镇静钢、特殊镇静钢牌号的统一数字,沸腾钢牌号的统一数字代号如下:

Q195F—U11950;Q215AF—U12150,Q215BF—U12153;Q235AF—U12350,Q235BF—U12353;Q275AF—U12750。

b. 经需方同意,Q235B 的碳含量可不大于 0.22%。

各牌号碳素结构钢的力学性能、工艺性能应符合表 8-2 和表 8-3 的规定。

表 8-2 碳素结构钢的力学性能(GB/T 700—2006)

牌号	等级	屈服强度[a] R_{eH}(N/mm²) 厚度(或直径)(mm) ≤16 ≥	>16～40	>40～60	>60～100	>100～150	>150～200	抗拉强度[b] R_m (N/mm²)	断后伸长率 A(%) 厚度(或直径)(mm) ≤40 ≥	>16～40	>60～100	>100～150	>150～200	冲击试验(V 型缺口) 温度(℃)	冲击吸收功(纵向)(J) 不小于
Q195	—	195	185	—	—	—	—	315～430	33	—	—	—	—	—	—
Q215	A	215	205	195	185	175	165	335～450	31	30	29	27	26	—	—
	B													+20	27
Q235	A	235	225	215	205	195	185	370～500	26	25	24	22	21	—	—
	B													+20	
	C													0	27[c]
	D													-20	
Q275	A	275	265	255	245	225	215	410～540	22	21	20	18	17	—	—
	B													+20	
	C													0	27
	D													-20	

注:a. Q195 的屈服强度值仅供参考,不做交货条件。

b. 厚度大于 100 mm 的钢材,抗拉强度下限允许降低 20 N/mm²。宽带钢(包括剪切钢板)抗拉强度上限不做交货条件。

c. 厚度小于 25 mm 的 Q235B 级钢,如供方能保证冲击吸收功值合格,经需方同意,可不做检验。

在建筑工程中,主要应用的是碳素钢 Q235,其具有较高的强度,良好的塑性、韧性和可焊性。用 Q235 可轧制成各种型材、钢板、管材和钢筋。

(二)低合金高强度结构钢

1. 牌号表示方法

《低合金高强度结构钢》(GB 1591—2008)规定:我国低合金高强度结构钢共有 8 个牌

号，所加元素主要有锰、硅、钒、钛、铌、铬、镍及稀土元素。其牌号的表示方法由屈服点字母Q、屈服点数值、质量等级（分A、B、C、D、E五级）三个部分组成。

表 8-3　碳素结构钢工艺性能（GB/T 700—2006）

牌号	试样方向	冷弯试验 180°　$B=2a$[a] 钢材厚度（或直径）[b]（mm） ≤60	>60～100
		弯心直径	
Q195	纵	0	—
	横	$0.5a$	
Q215	纵	$0.5a$	$1.5a$
	横	a	$2a$
Q235	纵	a	$2a$
	横	$1.5a$	$2.5a$
Q275	纵	$1.5a$	$2.5a$
	横	$2a$	$3a$

注：a. B 为试样宽度，a 为试样厚度（或直径）。

b. 当钢材厚度（或直径）大于 100 mm 时，弯曲试验由双方协商确定。

2. 技术要求

低合金高强度结构钢的化学成分、力学性能见表8-4、表8-5。

在钢结构中，常采用低合金高强度结构钢轧制型钢、钢板。采用低合金高强度结构钢，可减轻结构重量，延长使用寿命，特别是大跨度、大柱网结构，技术经济效果更显著。

表 8-4　低合金高强度结构钢的化学成分（GB 1591—2008）

牌号	质量等级	化学成分[a,b]质量分数（%） C	Si	Mn	P	S	Nb	V	Ti	Cr	Ni	Cu	N	Mo	B	Als
					不大于											不小于
Q345	A	≤0.20	≤0.50	≤1.70	0.035	0.035	0.07	0.15	0.20	0.30	0.50	0.30	0.12	0.10	—	—
	B				0.035	0.035										
	C				0.030	0.030										0.015
	D	≤0.18			0.030	0.025										
	E				0.025	0.020										
Q390	A	≤0.20	≤0.50	≤1.70	0.035	0.035	0.07	0.20	0.20	0.30	0.50	0.30	0.015	0.10	—	—
	B				0.035	0.035										
	C				0.030	0.030										0.015
	D				0.030	0.025										
	E				0.025	0.020										

续表 8-4

牌号	质量等级	化学成分[a,b]质量分数(%)														
		C	Si	Mn	P	S	Nb	V	Ti	Cr	Ni	Cu	N	Mo	B	Als
					不大于											不小于
Q420	A				0.035	0.035										—
	B				0.035	0.035										
	C	≤0.20	≤0.50	≤1.70	0.030	0.030	0.07	0.20	0.20	0.30	0.50	0.30	0.015	0.20	—	
	D				0.030	0.025										0.015
	E				0.025	0.020										
Q460	C				0.030	0.030										
	D	≤0.20	≤0.60	≤1.80	0.030	0.025	0.11	0.20	0.20	0.30	0.80	0.55	0.015	0.20	0.004	0.015
	E				0.025	0.020										
Q500	C				0.030	0.030										
	D	≤0.18	≤0.60	≤1.80	0.030	0.025	0.11	0.12	0.20	0.60	0.80	0.55	0.015	0.20	0.004	0.015
	E				0.025	0.020										
Q550	C				0.030	0.030										
	D	≤0.18	≤0.60	≤2.00	0.030	0.025	0.11	0.12	0.20	0.80	0.80	0.80	0.015	0.30	0.004	0.015
	E				0.025	0.020										
Q620	C				0.030	0.030										
	D	≤0.18	≤0.60	≤2.00	0.030	0.025	0.11	0.12	0.20	1.00	0.80	0.80	0.015	0.30	0.004	0.015
	E				0.025	0.020										
Q690	C				0.030	0.030										
	D	≤0.18	≤0.60	≤2.00	0.030	0.025	0.11	0.12	0.20	1.00	0.80	0.80	0.015	0.30	0.004	0.015
	E				0.025	0.020										

注：a. 型材及棒材 P、S 含量可提高 0.005%，其中 A 级钢上限可为 0.045%。

b. 当细化晶粒元素组合加入时，20(Nb + V + Ti) ≤0.22%，20(Mo + Cr) ≤0.30%。

六、钢筋混凝土结构用钢材及钢结构用钢材

(一)钢筋混凝土结构用钢材

钢筋混凝土结构用的钢筋和钢丝主要由碳素结构钢和低合金结构钢轧制而成。主要品种有热轧钢筋、冷加工钢筋、热处理钢筋、预应力混凝土用钢丝及钢绞线。按直条或盘条供货。

1. 热轧钢筋

用加热钢坯轧制的条形成品钢筋，称为热轧钢筋。它是建筑工程中用量最大的钢材品种之一，主要用于钢筋混凝土和预应力混凝土结构的配筋。

表 8-5　低合金高强度结构钢的力学性能（GB 1591—2008）

牌号	质量等级	拉伸试验[a,b,c]																					
		以下公称厚度（直径，边长）屈服强度（R_d）（MPa）									以下公称厚度（直径，边长）抗拉强度（R_m）（MPa）							断后伸长率 A（%）公称厚度（直径，边长）					
		≤16 mm	>16～40 mm	>40～63 mm	>63～80 mm	>80～100 mm	>100～150 mm	>150～200 mm	>200～250 mm	>250～400 mm	≤40 mm	>40～63 mm	>63～80 mm	>80～100 mm	>100～150 mm	>150～250 mm	>250～400 mm	≤40 mm	>40～63 mm	>63～100 mm	>100～150 mm	>150～250 mm	>250～400 mm
Q345	A、B	≥345	≥335	≥325	≥315	≥305	≥285	≥275	≥265	—	470～630	470～630	470～630	470～630	450～600	450～600	—	≥20	≥19	≥19	≥18	≥17	—
Q345	C	≥345	≥335	≥325	≥315	≥305	≥285	≥275	≥265	—	470～630	470～630	470～630	470～630	450～600	450～600	—	≥21	≥20	≥20	≥19	≥18	—
Q345	D、E	≥345	≥335	≥325	≥315	≥305	≥285	≥275	≥265	≥265	470～630	470～630	470～630	470～630	450～600	450～600	450～600	≥21	≥20	≥20	≥19	≥18	≥17
Q390	A、B、C、D、E	≥390	≥370	≥350	≥330	≥330	≥310	—	—	—	490～650	490～650	490～650	490～650	470～620	—	—	≥20	≥19	≥19	≥18	—	—
Q420	A、B、C、D、E	≥420	≥400	≥380	≥360	≥360	≥340	—	—	—	520～680	520～680	520～680	520～680	500～650	—	—	≥19	≥18	≥18	≥18	—	—
Q460	C、D、E	≥460	≥440	≥420	≥400	≥400	≥380	—	—	—	550～720	550～720	550～720	550～720	530～700	—	—	≥17	≥16	≥16	≥16	—	—
Q500	C、D、E	≥500	≥480	≥470	≥450	≥440	—	—	—	—	610～770	600～760	590～750	540～730	—	—	—	≥17	≥17	≥17	—	—	—
Q550	C、D、E	≥550	≥530	≥520	≥500	≥490	—	—	—	—	670～830	620～810	600～790	590～780	—	—	—	≥16	≥16	≥16	—	—	—
Q620	C、D、E	≥620	≥600	≥590	≥570	—	—	—	—	—	710～880	690～880	670～860	—	—	—	—	≥15	≥15	≥15	—	—	—
Q690	C、D、E	≥690	≥670	≥660	≥640	—	—	—	—	—	770～940	750～920	730～900	—	—	—	—	≥14	≥14	≥14	—	—	—

注：a. 当屈服不明显时，可测量 $P_{0.2}$ 代替下屈服强度。

b. 对于宽度不小于 600 mm 的扁平材，拉伸试验取横向试样；对于宽度小于 600 mm 的扁平材、型材及棒材取纵向试样，断后伸长率最小值相应提高 1%（绝对值）。

c. 厚度 >250～400 mm 的数值适用于扁平材。

热轧钢筋按外形分为光圆钢筋和带肋钢筋。光圆钢筋的横截面为圆形，且表面光滑，钢筋按屈服强度特征值分为235、300级。带肋钢筋分普通热轧钢筋及细晶粒热轧钢筋。带肋钢筋表面上有两条对称的纵肋和沿长度方向均匀分布的横肋。横肋的纵横面高度相等且与纵肋相交的钢筋称为等高肋钢筋，见图8-8(a)；横肋的纵横面呈月牙形且与纵肋不相交的钢筋称为月牙肋钢筋，见图8-8(b)。根据《钢筋混凝土用钢　第一部分：热轧光圆钢筋》(GB 1499.1—2008)和《钢筋混凝土用钢　第二部分：热轧带肋钢筋》(GB 1499.2—2007)，热轧钢筋的力学性能与工艺性能应符合表8-6的规定，H、R、B、F分别为热轧(Hot rolled)、带肋(Ribbed)、钢筋(Bars)和细(Fine)四个词的英文首位字母。

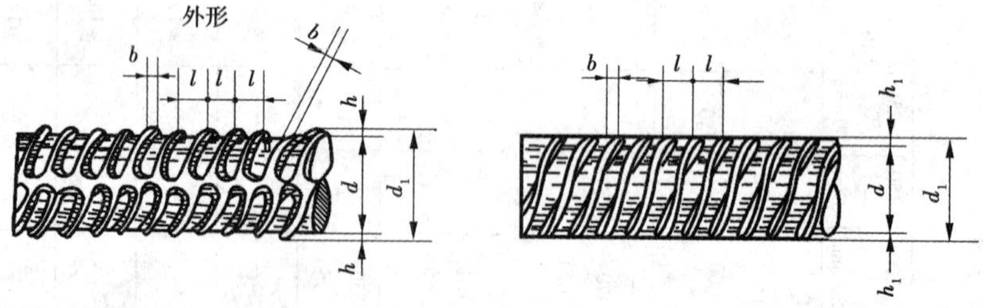

(a) 等高肋钢筋

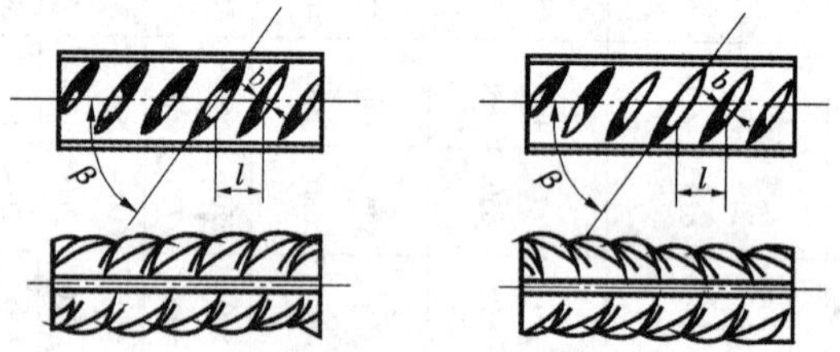

(b) 月牙肋钢筋

b—肋顶宽；l—肋间距；h、h_1—肋高度；d—钢筋内径；d_1—钢筋的公称直径；β—肋与轴线的夹角

图8-8　带肋钢筋外形

HPB235钢筋的强度较低，多作为现浇楼板的受力筋、箍筋和构造筋。HRB335、HRB400钢筋的强度较高，与混凝土的黏结力好，多作为钢筋混凝土构件的受力钢筋。尺寸较大的构件也可用HRB335级钢筋作为箍筋。

HRB400钢筋又称新Ⅲ级钢筋。HRB400钢筋具有优良的综合力学性能，这种钢筋的优点主要表现在四大指标上：在强度方面与传统钢筋相比，新Ⅲ级钢筋的强度提高了20%，强屈比不小于1.25；在塑性方面，标准规定伸长率为不小于14%，而实际新Ⅲ级钢筋的平均伸长率可达到20%左右，换言之，在强度提高的前提下，这种钢筋的塑性指标不降低；在焊接性能方面，HRB400钢筋可以满足焊接工艺要求；在锚固性能方面，由于采用了特殊外形和工艺，新Ⅲ级钢筋具有良好的锚固性能。由于这种钢筋的高延伸率和显著的抗变形时效性及优异的强韧性能，是地震区建筑结构理想的材料。综合分析可节省钢材5%～10%。

HRB500钢筋的强度较高，但塑性和焊接性能较差，可用作预应力钢筋。

表 8-6　热轧钢筋的性能(GB 1499)

牌号	表面形状	公称直径 a(mm)	化学成分(质量分数)(%) 不大于						屈服强度 σ_s (MPa)	抗拉强度 σ_b (MPa)	伸长率 δ_5 (%)	冷弯试验	
			C	Si	Mn	P	S	C_{ep}	不小于			角度	弯心直径
HPB235 HPB300	光圆	6~22	0.22~0.25	0.30~0.55	0.65~1.50	0.045	0.050	—	235 300	370 420	25	180°	$d=a$
HRB335 HRBF335	月牙肋	6~25 28~40 >40~50	0.25	0.80	1.60	0.045	0.045	0.52	335	455	17	180°	$d=3a$ $d=4a$ $d=5a$
HRB400 HRBF400	月牙肋	6~25 28~40 >40~50	0.25	0.80	1.60	0.045	0.045	0.54	400	540	16	180°	$d=4a$ $d=5a$ $d=6a$
HRB500 HRBF500	月牙肋	6~25 28~40 >40~50	0.25	0.80	1.60	0.045	0.045	0.55	500	630	15	180°	$d=6a$ $d=7a$ $d=8a$

注：C_{ep}为碳当量(%)，按下式计算：$C_{ep}=C+Mn/6+(Cr+V+Mo)/5+(Cu+Ni)/15$。

2. 冷拉钢筋

在常温下，将热轧钢筋施加规定的拉应力解除后，即得冷拉钢筋。

冷拉Ⅰ级钢筋适用作非预应力钢筋，HRB335、HRB400、HRB500 钢筋适用作预应力钢筋，但由于冷拉后的钢筋硬、脆性增加，冲击韧性降低，因此受冲击荷载的动力基础不得使用冷拉钢筋。

3. 冷拔低碳钢丝

冷拔低碳钢丝是将直径为6.5~8 mm 的 Q235(或 Q215)圆盘条通过截面小于钢筋截面的钨合金拔丝模而制成的。冷轧带肋钢筋使用低碳热轧圆盘条经冷轧或冷拔减径后，在其表面冷轧成三面有肋的钢筋。冷拔低碳钢丝的力学性能如表 8-7 所示。它克服了肋冷拉、冷拔钢筋握裹力低的缺点，同时具有和冷拉、冷拔相近的强度，因此在中、小型预应力混凝土结构构件和普通混凝土结构构件中得到了越来越广泛的应用。

表 8-7　冷拔低碳钢丝的力学性能(GB 50204—2002)

钢丝级别	直径(mm)	抗拉强度(MPa) 1 组	抗拉强度(MPa) 2 组	伸长率(标距 100 mm)(%)不小于	180°反复弯曲(次数不小于)
		不小于			
甲级	5	650	600	3.0	4
甲级	4	700	650	2.5	4
乙级	3~5	550		2.0	4

注：1. 甲级钢丝应采用符合Ⅰ级热轧钢筋标准的圆盘条拔制。

2. 预应力冷拔低碳钢丝经机械调直后，抗拉强度标准值应降低 5.0 MPa。

4. 冷轧带肋钢筋

冷轧带肋钢筋是用低碳钢热轧圆盘条经冷轧后，在其表面带有沿长度方向均匀分布的两面或三面横肋的钢筋。《冷轧带肋钢筋》(GB 13788—2008)规定：冷轧带肋钢筋代号以

C、R、B 表示，分别为冷轧、带肋、钢筋，并按抗拉强度等级划分为 5 个牌号，分别为 CRB550、CRB650、CRB800、CRB970、CRB1170。CRB550 钢筋的公称直径为 4 ~ 12 mm，CRB650 及以上牌号的公称直径分别为 4 mm、5 mm、6 mm。冷轧带肋钢筋的力学性能和工艺性能见表 8-8。

表 8-8 冷轧带肋钢筋的力学性能和工艺性能(GB 13788—2008)

牌号	抗拉强度 σ_b(MPa)	伸长率(%)，不小于		弯曲试验 180°	反复弯曲次数	松弛率(%)(初始应力 $\sigma_{con}=0.7\sigma_b$)	
		δ_{10}	δ_{100}			1 000 h 不大于	10 h 不小于
CRB550	550	8.0	—	$D=3d$	—	—	—
CRB650	650	—	4.0	—	3	8	5
CRB800	800	—	4.0	—	3	8	5
CRB970	970	—	4.0	—	3	8	5
CRB1170	1 170	—	4.0	—	3	8	5

注：表中 D 为弯心直径，d 为钢筋公称直径。

CRB550 钢筋宜用于普通钢筋混凝土结构中，其他牌号的钢筋宜用于预应力混凝土结构中。

5. 热处理钢筋

热处理钢筋是用热轧的螺纹钢筋经淬火和回火调质热处理而成的，按其螺纹外形分为有纵肋和无纵肋两种。

热处理钢筋经过调质热处理而成，具有强度高、韧性高、黏结力高和塑性降低小等优点，特别适用于预应力混凝土构件。

6. 余热处理钢筋

余热处理钢筋是热轧后立即穿水，进行表面控制冷却，然后利用芯部余热自身完成回火处理所得的成品钢筋。余热处理钢筋的级别为Ⅲ级，强度等级代号为 RRB400，公称直径为 8 ~ 40 mm，月牙肋表面形状。

7. 预应力混凝土用钢丝及钢绞线

1)预应力混凝土用钢丝

预应力混凝土用钢丝是指以优质碳素钢盘条制成的专用线材，按加工状态分为冷拉钢丝和消除应力钢丝两类，按外形分为光圆钢丝、螺纹肋钢丝、刻痕钢丝三种。消除应力钢丝按松弛性能又分为低松弛级钢丝和普通松弛级钢丝。

冷拉钢丝：用盘条通过拔丝模或轧辊经冷加工而制成产品，以盘卷供货的钢丝。

消除应力钢丝：按下述一次性连续处理方法之一生产的钢丝。

(1)钢丝在塑性变形下(轴应变)进行的短时热处理，得到的应是低松弛钢丝。

(2)钢丝通过矫直工序后在适当温度下进行短时热处理，得到的应是普通松弛钢丝。

2)预应力混凝土用钢绞线

预应力混凝土用钢绞线是按严格的技术条件绞捻起来的钢束，是以数根圆形断面钢丝经绞捻和消除内应力的热处理后制成的。钢绞线按捻制结构分为三种结构类型：1 ×2、1 ×3 和 1 ×7，分别用 2 根、3 根和 7 根钢丝捻制而成。

钢绞线具有强度高、与混凝土黏结好、断面面积大、使用根数少、在结构中排列布置方便、易于锚固等优点,主要用于大跨度、大荷载的预应力屋架、薄腹梁等构件中。

(二)钢结构用钢材

钢结构用钢有热轧型钢、冷弯薄壁型钢、钢管和钢板材。

1. 热轧型钢

钢结构常用的热轧型钢有工字钢、H 型钢、T 型钢、槽钢、等边角钢、不等边角钢等。热轧型钢由于截面形式合理,材料在截面上分布对受力最为有利,且构件间连接方便,所以它是钢结构中采用的主要钢材。型钢的规格通常以反映其断面形状的主要轮廓尺寸来表示。

2. 冷弯薄壁型钢

1)结构用冷弯空心型钢

结构用冷弯空心型钢是用连续辊式冷弯机组生产的,按形状可分为方形空心薄壁型钢(代号为 F)和矩形空心薄壁型钢(代号为 J)。

2)通用冷弯开口型钢

通用冷弯开口型钢是用可冷加工变形的冷轧或热轧钢带在连续辊式冷弯机组上生产的,按形状分为 8 种,即冷弯等边角钢、冷弯不等边角钢、冷弯等边槽钢、冷弯不等边槽钢、冷弯内卷边槽钢、冷弯外卷边槽钢、冷弯 Z 型钢和冷弯卷边 Z 型钢。

3. 钢管

钢结构中常用热轧无缝钢管和焊接钢管。钢管在相同的截面面积下,刚度较大,因而是中心受压杆的理想截面;流线型的表面使其承受风压小,用于高耸结构十分有利。在建筑结构上,钢管多用于制作桁架、塔桅等构件,也可用于制作钢管混凝土。钢管混凝土可用于厂房柱、构架柱、地铁站台柱、塔柱和高层建筑等。

4. 钢板材

钢板材包括钢板、花纹钢板、建筑用压型钢板和彩色涂层钢板等。

钢板是矩形平板状的钢材,可直接轧制成或由宽钢带剪切而成,按轧制方式分为热轧钢板和冷轧钢板。钢板规格表示方法为宽度(mm)×厚度(mm)×长度(mm)。钢板分为厚板(厚度大于 4 mm)和薄板(厚度小于等于 4 mm)两种。厚板主要用于结构,薄板主要用于屋面板、楼板和墙板等。在钢结构中,单块钢板不能独立工作,必须用几块板组合成工字型、箱形等结构来承受荷载。

七、建筑钢材的检验与验收

(一)拉伸试验

1. 试验目的

测定低碳钢的屈服强度、抗拉强度与伸长率。注意观察拉力与变形之间的变化。确定应力与应变之间的关系曲线,评定钢筋的强度等级。

2. 主要仪器设备

(1)万能材料试验机。为保证机器安全和试验准确,其吨位选择最好是使试件达到最大荷载时,指针位于指示度盘第三象限内。试验机的测力示值误差不大于 1%。

(2)游标卡尺(精确度为 0.1 mm)。

3. 试件制作和准备

抗拉试验用钢筋试件不得进行车削加工，可以用两个或一系列等分小冲点或细划线标出原始标距(标记不应影响试样断裂)，测量标距长度 L_0(精确至 0.1 mm)，如图 8-9 所示。计算钢筋强度用横截面面积采用表 8-9 所列公称横截面面积。

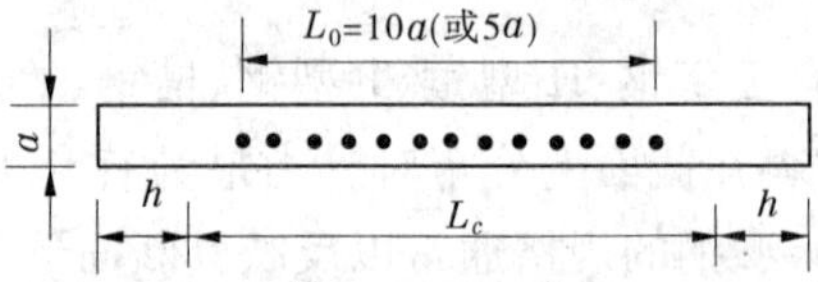

a—试样原始直径；L_0—标距长度；h—夹头长度；L_c—试样平行长度(不小于 L_0+a)

图 8-9　钢筋拉伸试件示意图

表 8-9　钢筋的公称横截面面积

公称直径(mm)	公称横截面面积(mm^2)	公称直径(mm)	公称横截面面积(mm^2)
8	50.27	22	380.1
10	78.54	25	490.9
12	113.1	28	615.8
14	153.9	32	804.2
16	201.1	36	1 018
18	254.5	40	1 257
20	314.2	50	1 964

4. 屈服强度和抗拉强度的测定

(1)调整试验机测力度盘的指针，使其对准零点，并拨动副指针，使其与主指针重叠。

(2)将试件固定在试验机夹头内。开动试验机进行拉伸，拉伸速度为：屈服前，应力增加速度符合表 8-10 规定，并保持试验机控制器固定于这一速率位置上，直至该性能测出；屈服后或只需测定抗拉强度时，试验机活动夹头在荷载下的移动速度每分钟不大于 0.5 L_c。

表 8-10　屈服前的加荷速率

金属材料的弹性模量(MPa)	加荷速率(N/(mm^2·s))	
	最小	最大
<150 000	1	10
≥150 000	3	30

(3)拉伸中，测力度盘的指针停止转动时的恒定荷载或第一次回转时的最小荷载，即为所求的屈服点荷载 $F_s(N)$。按下式计算试件的屈服强度：

$$\sigma_s = \frac{F_s}{A} \tag{8-3}$$

式中　σ_s——屈服强度，MPa；

F_s——屈服点荷载，N；

A——试件的公称横截面面积,mm^2。

当 $\sigma_s > 1\ 000$ MPa 时,应计算至 10 MPa;当 σ_s 为 200 ~ 1 000 MPa 时,应计算至 5 MPa;当 $\sigma_s \leqslant 200$ MPa 时,应计算至 1 MPa。小数点数字按"四舍六入五单双法"处理。

(4)向试件连续施载直至拉断,由测力度盘读出最大荷载 F_b(N)。按下式计算试件的抗拉强度:

$$\sigma_b = \frac{F_b}{A} \tag{8-4}$$

式中 σ_b——抗拉强度,MPa;

F_b——最大荷载,N;

A——试件的公称横截面面积,mm^2。

σ_b 计算精度的要求同 σ_s。

5.伸长率的测定

(1)将已拉断试件的两段在断裂处对齐,尽量使其轴线位于一条直线上。如拉断处由于各种原因形成缝隙,则此缝隙应计入试件拉断后的标距部分长度内。

(2)当拉断处到邻近的标距端点的距离大于 $L_0/3$ 时,可用卡尺直接量出已被拉长的标距长度 L_1(mm)。

(3)当拉断处到邻近的标距端点的距离小于或等于 $L_0/3$ 时,可按下述移位法确定 L_1:在长段上,从拉断处 O 取基本等于短段格数,得 B 点,接着取等于长段所余格数(偶数,见图 8-10(a))之半,得 C 点;或取所余格数(奇数,见图 8-10(b))减 1 与加 1 之半,得 C 与 C_1 点。移位后的 L_1 分别为 $AO + OB + 2BC$ 或 $AO + OB + BC + BC_1$。

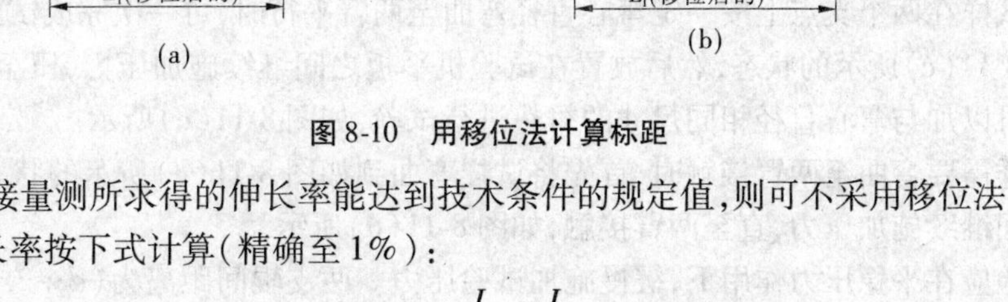

图 8-10 用移位法计算标距

如果直接量测所求得的伸长率能达到技术条件的规定值,则可不采用移位法。

(4)伸长率按下式计算(精确至 1%):

$$\delta_{10}(\text{或}\ \delta_5) = \frac{L_1 - L_2}{L_0} \times 100\% \tag{8-5}$$

式中 δ_{10}、δ_5——$L_0 = 10d$ 或 $L_0 = 5d$ 时的伸长率(%);

L_0——原标距长度 $10d$(或 $5d$),mm;

L_1——试件拉断后直接量出或按移位法确定的标距部分长度,mm(精确至 0.1 mm)。

(5)如试件在标距端点上或标距处断裂,则试验结果无效,应重做试验。

(二)弯曲试验

1.主要仪器设备

压力机或万能试验机具有不同直径的弯心。

2. 试验步骤

(1)钢筋冷弯试件不得进行车削加工,试样长度通常按下式确定:

$$L \approx 5a + 150 \tag{8-6}$$

(2)半导向弯曲。

试样一端固定,绕弯心直径进行弯曲,如图 8-11(a)所示。试样弯曲到规定的弯曲角度或出现裂纹、裂缝或断裂为止。

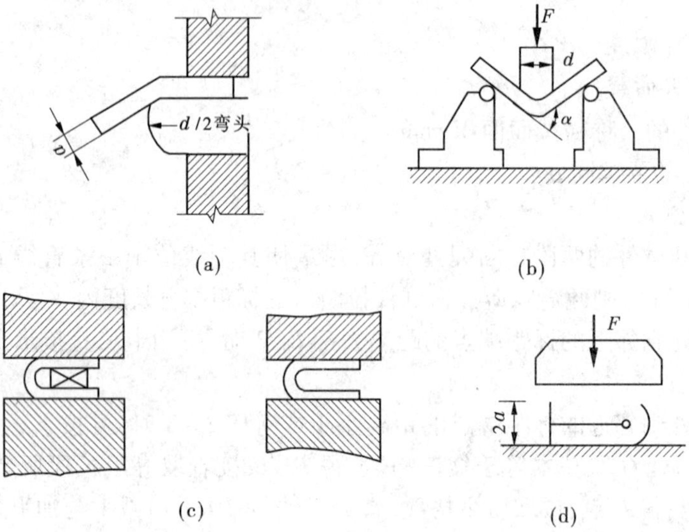

图 8-11　弯曲试验示意图

(3)导向弯曲。

①试样放置于两个支点上,将一定直径的弯心在试样两个支点中间施加压力,使试样弯曲到规定的角度,如图 8-11(b)所示,或使试样弯曲至出现裂纹、裂缝、断裂为止。

②当试样在两个支点上按一定弯心直径弯曲至两臂平行时,可一次完成试验,亦可先弯曲到如图 8-11(c)所示的状态,然后放置在试验机平板之间继续施加压力,压至试样两臂平行。此时可以加与弯心直径相同尺寸的衬垫进行试验,如图 8-11(c)所示。

当试样需要弯曲至两臂接触时,首先将试样弯曲到如图 8-11(c)所示的状态,然后放置在两平板间继续施加压力,直至两臂接触,如图 8-11(d)所示。

③试验应在平稳压力作用下,缓慢施加试验压力。两支辊间距离为$(d+2.5a)\pm 0.5a$,并且在试验过程中不允许有变化。

④试验应在 10 ~ 35 ℃或控制条件(23 ±5) ℃下进行。

(三)结果评定

1. 抽样方法

(1)钢筋、钢丝、钢绞线应按批次进行检查,以同一厂别、同一炉罐号、同一规格、同一交货状态、同一进场时间为一验收批。每批数量不大于 60 t,取一组试件。

(2)冷扭钢筋,每批数量不大于 10 t,取一组数量试样。

(3)各类钢筋每组试件数量如表 8-11 所示。

表 8-11　钢筋抽样检测数量

钢筋种类	每组试件数量	
	拉伸试验	弯曲试验
热轧光圆钢筋	2 根	2 根
热轧带肋钢筋	2 根	2 根
低碳钢热轧圆盘条	2 根	2 根
余热处理钢筋	2 根	2 根
冷轧带肋钢筋	逐盘 1 个	每批 2 个
冷扭钢筋	3 个	3 个

(4)凡表 8-11 中规定取 2 根试件的(低碳钢热轧圆盘条与冷弯试件除外),均应从任意两根(两盘)中分别切取,每根钢筋上切取一个拉力试件、一个冷弯试件。试件应在钢筋或盘条的任意一端截去 500 mm 后切取。低碳钢热轧圆盘条试件应取自同盘的两端。

(5)试件截取长度 L。拉伸试件:$L \geqslant 5d + 200$ mm,冷弯试件:$L \geqslant 5d + 150$ mm。

2. 结果评定

1)拉伸试验评定

(1)屈服强度、抗拉强度、伸长率均应符合相应标准中规定的指标。

(2)若拉力试验的 2 根试件的屈服强度、抗拉强度、伸长率三个指标中有一个指标不符合标准,即为拉力试验不合格,应取双倍试件重新测定;在第二次拉力试验中,如仍有一个指标不符合规定,不论这个指标在第一次试验中是否合格,拉力试验项目定为不合格,表示该批钢筋为不合格品,则整批不得交货。

(3)试验出现下列情况之一者,试验结果无效:

①试件断在标距外或断在机械刻划的标距标记上,而且断向伸长率不小于规定值。

②操作不当,影响试验结果。

③试验记录有误或设备发生故障。

2)弯曲试验评定

冷弯试验后,弯曲外侧表面如无裂纹、断裂或起层,即判为合格。做冷弯的两根试件中,如有一根试件不合格,可取双倍数量试件重新做冷弯试验,第二次冷弯试验中,如仍有一根不合格,即判该批钢筋为不合格。

(四)建筑钢材的验收

建筑钢材的验收涉及的技术标准很多。一项具体的钢材品种,除有自己的产品标准外,还要涉及制材所用钢种的标准、钢铁产品牌号表示法标准、金属材料的试验方法标准及取样规定标准等。此外,每种钢材的验收、包装、标志及质量证明书的一般规定还另订有技术标准。这里主要介绍热轧钢筋的验收。热轧钢筋的验收主要包括以下几个方面的内容。

1. 尺寸、外形

钢筋的尺寸主要是公称直径和定尺长度,均不得超出允许的偏差。热轧光圆钢筋的公称直径为 8 ~ 20 mm,允许偏差为 ±0.4 mm。热轧带肋钢筋的公称直径是与钢筋的公称横截面面积相等的圆的直径。热轧钢筋的公称直径为6～50 mm,GB 1499推荐的钢筋公称直径为6 mm、8 mm、10 mm、12 mm、16 mm、20 mm、25 mm、32 mm、40 mm、50 mm。通过对外形上各细部尺寸的允许偏差进行控制。钢筋通常按定尺交货,具体交货长度应在合同中注明。长度允许偏差不得大于+50 mm。钢筋以盘卷交货时,每盘应是一条钢筋,允许每批有5%的盘数(不足两盘时可有两盘)由两条钢筋组成,其盘重及盘径由供需双方协商规定。

钢筋的外形,热轧光圆钢筋的不圆度不得大于0.40 mm;热轧带肋钢筋的各细部尺寸,如内径、肋高、肋宽及肋的间距等,均按公称直径不同提出不同的允许偏差。钢筋实际质量与理论质量的允许偏差应符合表8-12的规定。

表8-12 钢筋实际质量与理论质量的允许偏差

公称直径(mm)	实际质量与理论质量的偏差(%)	公称直径(mm)	实际质量与理论质量的偏差(%)
6～12	±7	14～20	±5
22～50	±4		

测量钢筋质量偏差时,试样数量不少于10支,试样总长度不少于60 m,长度应逐支测量,应精确到10 mm。当试样总质量不大于100 kg时,应精确到0.5 kg;当试样总质量大于100 kg时,应精确到1 kg。

当供方能保证钢筋质量偏差符合规定时,试样的数量和长度可不受上述限制。

钢筋实际质量与理论质量的偏差(%)按下式计算:

$$质量偏差 = \frac{试样实际质量 - (试样总长度 \times 理论质量)}{试样总长度 \times 理论质量} \times 100\% \tag{8-7}$$

2. 表面检查

钢筋表面不得有裂纹、结疤和折叠。钢筋表面允许有凸块,但不得超过横肋的高度。钢筋表面上其他缺陷的深度和高度不得大于所在部位尺寸的允许偏差。

直条钢筋的弯曲度应不影响正常使用,总弯曲度不大于钢筋总长度的0.4%。钢筋端应剪切正直,局部变形应不影响使用。

带肋钢筋应在其表面轧上牌号标志,还可依次轧上厂名(或商标)和直径(mm)数字。钢筋牌号以阿拉伯数字表示,HRB335、HRB400、HRB500对应的阿拉伯数字分别为2、3、4。厂名以汉语拼音字头表示。直径以阿拉伯数字表示,直径不大于10 mm的钢筋可不轧制标志,可采用挂标牌方法。

标志应清晰明了,标志的尺寸由供方按钢筋直径大小作适当规定,与标志相交的横肋可以取消。除上述规定外,钢筋的包装、标志和质量证明书应符合《型钢验收、包装、标志及质量证明书的一般规定》(GB/T 2101—2008)的规定。

3. 化学成分、力学性能和工艺性能

钢筋用钢的化学成分和碳当量应符合标准的规定,碳当量按《钢铁及合金总碳含量的测定感应炉燃烧后红外吸收法》(GB/T 223.86—2009)进行检测,取样按《钢和铁化学成分测定用试样的取样和制样方法》(GB/T 20066—2006)。

钢筋的屈服点、拉伸强度和伸长率检测按《金属材料 拉伸试验 第1部分室温试验方法》(GB/T 228.1—2010)的规定进行。

钢筋的冷弯试验按《金属材料弯曲试验方法》(GB/T 232—2010)进行。

第二节 铝合金

一、铝、铝合金的性能

(一)铝

铝是一种银白色的轻金属,属于有色金属。纯铝的密度小,仅为2.7 g/cm^3,为铁的1/3,其熔点较低(660 ℃),具有良好的导热性、导电性、反辐射性能及耐腐蚀性能。纯铝还很软,强度不大,有着良好的延展性,可拉成细丝和轧成箔片,并有易于加工和焊接等特点,大量用于制造电线、电缆、无线电工业以及包装业。

(二)铝合金

1. 防锈铝

防锈铝中主要合金元素是锰和镁。锰提高抗蚀能力,并起固溶强化作用。镁固溶强化,同时降低比重。防锈铝锻造退火后是单相固溶体,抗蚀性能高,塑性好。它不能进行时效硬化,属于不可热处理强化的铝合金,但可冷变形,利用加工硬化提高强度。防锈铝的抗蚀性和强度比纯铝高,有良好的塑性和焊接性能,但因太软而切削加工性能不良。防锈铝可用于焊接件、容器、管道,或需用深延伸、弯曲等方法制造的低载荷零件、制品以及铆钉等。

2. 硬铝

硬铝是铝和铜或再加入镁、锰等组合的合金,建筑工程上主要为含铜(3.8%~4.8%)、镁(0.4%~0.8%)、锰(0.4%~0.8%)、硅(不大于0.8%)的铝合金,称为硬铝。经热处理强化后,可获得较高的强度和硬度,耐腐蚀性好。建筑上可用于作承重结构或其他装饰制件,其强度极限可达330~490 MPa,伸长率可达12%~20%,布氏硬度比普通钢材的还要高,是发展轻型结构的好材料。

3. 超硬铝

超硬铝是铝和锌、镁、铜等的合金。经热处理强化后,其强度和硬度比普通硬铝的更高,塑性及耐蚀性中等,切削加工性和点焊性能良好,但在负荷状态下易受腐蚀,常用包铝方法保护,可用于承重构件和高荷载零件。

4. 锻铝

锻铝是铝和镁、硅及铜的合金。合金的元素种类多但用量少,有良好的热塑性、铸造性能和锻造性能,并有较高的机械性能。这类合金主要用于承受重载荷的锻件和模锻件,通常要进行固溶处理和人工时效。

二、铝合金的应用

铝在建筑上,早在80多年前就已被作为装饰材料,逐渐发展应用到窗框、幕墙以及结构构件。1970年,美国建筑上用铝量约为100多万t,20年中增长了4倍,占其全国铝消耗量的1/4以上。1973年,日本在建筑上使用铝占其全国总耗铝量的1/3,在房屋建筑中使用600万t以上。

在建筑工程中,经常会使用到铝合金型材。铝合金可被加工成各种铝合金门窗、龙骨、压型板、花纹板、管材、型材、棒材等材料。为了提高铝合金型材的抗腐蚀性，常用阳极氧化的方法对其进行表面处理，增强其氧化膜厚度。在氧化处理的同时，还可进行表面着色处理，以增加铝合金制品的外观美。

本章小结

本章重点介绍了钢的冶炼和钢材的分类，加工对钢材质量的影响，讨论了钢材的力学性质及冷弯性能，化学成分对钢材质量的影响。在上述基本知识掌握的基础上，介绍了建筑钢材常用的两大钢种：碳素结构钢与低合金高强度结构钢。应牢固掌握它们各自牌号的表示方法以及各自的技术要求，能够从不同的牌号了解它们的钢质的差异。

本章介绍了常用建筑钢材，如热轧钢筋、型钢、钢板、钢管等，尤其是热轧钢筋，是建筑工程中应用最多的材料。应对它们的种类、规格、表示方法、技术要求等非常熟悉。建筑钢材的检验和验收也是非常实用的业务常识，应该掌握。

为了更好地利用钢材，在本章学习中，应掌握钢材的成分、组织结构、制作对技术性能的影响；了解各品种钢材的特性及其正确合理的应用方法。

思考练习题

一、单选题

1. 钢材抵抗冲击荷载而不被破坏的能力称为(　　)。

A. 塑性　　B. 冲击韧性　　C. 弹性　　D. 硬度

2. 低碳钢在拉伸过程中受力至拉断，其中受拉时所能承受的最大应力值出现在(　　)。

A. 弹性阶段　　B. 屈服阶段　　C. 强化阶段　　D. 颈缩阶段

3. 屈服点为 235 MPa 的 B 级沸腾钢的牌号表示为(　　)。

A. Q235B－F　　B. FQ235－B　　C. Q235－BF　　D. FQB235

4. 钢的含碳量为(　　)。

A. <2.0%　　B. >3.0%　　C. >2.0%　　D. >2.0%且<3.0%

5. Q235－C 的钢材，其质量要比 Q235－AF 的钢材(　　)。

A. 好　　B. 差　　C. 两种钢材质量接近　　D. 冲击韧性差

6. 严寒地区使用的钢材，应选用(　　)。

A. 脆性临界温度低于环境最低温度的钢材

B. 脆性临界温度高于环境最低温度的钢材

C. 脆性临界温度与环境最低温度相同的钢材

D. 强度高、塑性好、质量等级为 A 的钢材

7. 普通碳素结构钢随钢号的增加，钢材的(　　)。

A. 强度增加、塑性增加　　B. 强度降低、塑性增加

C. 强度降低、塑性降低　　D. 强度增加、塑性降低

8. 伸长率是衡量钢材的(　　)指标。

A. 弹性　B. 塑性　C. 脆性　D. 耐磨性

二、多选题

1. (　　)是衡量钢材强度的两个重要指标。

A. 屈服强度　B. 屈强比　C. 冲击韧性　D. 极限抗拉强度

E. 耐磨性

2. 建筑工程中常用的钢种有(　　)。

A. 碳素结构钢中的低碳钢　B. 优质碳素结构钢

C. 高合金钢　D. 低合金高强度结构钢

E. 中合金钢

3. 钢中的有害元素有(　　)。

A. Si　B. S　C. P　D. Mn　E. N

4. 钢材热处理的工艺有(　　)。

A. 退火　B. 淬火　C. 冷拉　D. 回火　E. 冷拔

三、判断题

1. 一般来说,钢材硬度愈高,强度也愈大。(　　)

2. 屈强比愈小,钢材受力超过屈服点工作时的可靠性愈大,结构的安全性愈高。(　　)

3. 一般来说,钢材的含碳量增加,其塑性也增加。(　　)

4. 钢筋混凝土结构主要是利用混凝土受拉、钢筋受压的特点。(　　)

四、简答题

1. 钢有哪几种分类方法?

2. 建筑钢材有哪些主要性质? 每种性质用何种指标表示? 有何实际意义? 如何确定?

3. 钢材的化学成分对其性能有什么影响?

4. 建筑工程中常用的钢筋品种有哪些?

5. 钢材的冷加工强化有何作用?

第九章　建筑功能材料

【学习目标】

1. 了解建筑功能材料的概念、种类。

2. 掌握石油沥青及改性沥青防水卷材的性能、种类、规格；掌握建筑塑料的主要特性，了解其施工方法；熟悉其他建筑功能材料。

3. 熟悉常用保温隔热材料、建筑装饰材料的种类及性能特点，了解其他建筑装饰材料的品种、特性和应用。

4. 能根据工程要求，合理选用建筑功能材料。

5. 掌握沥青、塑料等建筑功能材料的检测检验技术。

建筑功能材料是为了满足建筑物某一特殊功能要求为主要目的的一类建筑材料。建筑作为人类物质文明的象征和社会、文化进步的标志，其种类与样式越来越丰富，功能也越来越多样化。建筑功能材料赋予建筑物的防水、防火、保温、隔热、隔声、装饰、采光等功能，决定着建筑物的使用功能与建筑品质，一般情况下是非承重的材料。

建筑功能材料种类繁多，用途不一，功能各异。通常按其功能可以分为建筑防水材料、建筑防火材料、建筑保温隔热材料、建筑装饰材料等。塑料也是一种使用广泛的建筑功能材料。

第一节　防水材料

防水是建筑物的一项基本功能。防水材料是实现这一功能的物质基础。能防止地下水、地表水（包括雨水、工业与民用的给排水）、空气中的湿气、蒸汽和一些侵蚀性液体对建筑或各种构筑物渗透、渗漏和侵蚀的材料，统称为防水材料。

防水材料种类很多，其特点各不相同。防水材料的基本用材有石油沥青、煤沥青、改性沥青及合成高分子材料等。防水工程质量的好坏取决于防水材料的性能，目前土建工程中广泛使用的传统防水材料是沥青及其制品，但沥青材料热粘冷脆、易老化开裂、易起鼓、施工条件差、环境污染等固有的缺陷严重影响着施工质量。随着石化工业的发展，防水材料已向高聚物改性沥青系列及合成高分子材料方向发展。

根据外观形态，建筑防水材料分为防水卷材、防水涂料、密封材料、刚性防水材料四大类。各类别防水材料的性能见表9-1。

一、沥青

沥青作为防水材料已有很久的历史，直到现在，沥青基防水材料也是应用最广泛的防水材料。沥青属于憎水性有机胶凝材料，其结构致密，几乎完全不溶于水和不吸水，与混凝土、砂浆、砖、石、木材、金属等材料有非常好的黏结能力；具有较好的抗腐蚀能力，能抵抗一般酸、碱、盐的腐蚀;具有良好的电绝缘性,因而广泛用于建筑工程的防水、防潮、防渗及防腐和道路工程。

表 9-1　防水材料的分类和特点

大类	小类	特点
防水卷材	沥青类防水卷材	拉伸强度高,对于基层和结构物变形能力强,防水层不易开裂;防水层厚度可按工程质量要求控制;便于大面积施工
	改性沥青防水卷材	
	合成高分子防水卷材	
防水涂料	乳化沥青类防水涂料	防水层薄,质量轻,可减轻层面负荷;可冷施工;适合于基层形状不规则部位的施工;抵抗变形能力较差
	改性沥青类防水涂料	
	合成高分子类防水涂料	
	水泥基类防水涂料	
密封材料	非定形密封材料(膏状或糊状)	使用一定时间后变为塑性、弹性体,适用于接缝和孔槽
	定形密封材料(带状或片状)	抵抗变形能力强,防水效果好,植入接缝两侧混凝土内能与混凝土紧密结合
刚性防水材料	防水混凝土	利用结构本身防水,耐久性好;造价低,施工简单;兼具有承重、围护和防水功能;无毒无污染;抗冻耐老化,易修补
	防水砂浆	
	灌浆堵漏材料	
	外加剂(防水剂、减水剂、膨胀剂等)	

(一)沥青的分类

沥青按其从自然界中的获得方式,可分为地沥青和焦油沥青。地沥青包括天然沥青和石油沥青,是天然存在的或由石油精炼加工得到的沥青材料;焦油沥青包括煤沥青、木沥青和页岩沥青,它们是利用各种有机物烟煤、木材、页岩等干馏加工得到的焦油,再经分馏加工提炼出各种轻质油后得到的产品。

用于建筑工程中的沥青主要有石油沥青和煤沥青。

(二)石油沥青

1. 石油沥青的构成

石油沥青是由多种烃和烃的衍生物组成的混合物,含有氮、硫、氧等少数非金属元素。从使用角度将沥青中化学性质相近而且与其工程性能有一定联系的成分划分为成分组,这些成分组称为组分。石油沥青各组分含量的变化直接影响着沥青的技术性质。各组分的含量及其特性见表 9-2。

2. 石油沥青的主要技术性质

1)黏滞性(黏性)

石油沥青的黏滞性是反映沥青材料内部阻碍其相对流动的一种特性,以绝对黏度表示,是沥青性质的重要指标之一。

表 9-2　石油沥青中各组分含量及其特性

类别	成分	颜色	状态	密度（g/cm^3）	碳氢比	在石油沥青中的含量	对石油沥青性能的影响
石油沥青	油分	淡黄色	液体	0.7～1.0	0.5～0.7	45～60	柔软性、抗裂性，施工难度
	树脂	黄至黑褐色	黏稠半固体	1.0～1.1	0.7～0.8	15～30	中性树脂：塑性、流动性和黏结性。酸性树脂：改善沥青对矿物材料的浸润性，增强沥青的可乳化性
	地沥青质	深褐至黑色	固体	大于1.0	0.8～1.0	10～30	决定沥青的黏结力、黏度、温度稳定性和硬度

石油沥青的黏滞性大小与组分及温度有关。地沥青质含量高，同时有适量的树脂，而油分含量较少时，则黏滞性较大。在一定温度范围内，当温度上升时，则黏滞性随之降低；反之，则随之增大。

绝对黏度的测定方法因材而异，并较为复杂，工程上常用相对黏度（条件黏度）表示。测定相对黏度的主要方法是用标准黏度计和针入度仪（详见试验部分）。黏稠石油沥青的相对黏度用针入度仪测定的针入度来表示。针入度值越小，表明石油沥青的黏度越大。黏稠石油沥青的针入度是在规定温度 25 ℃条件下，以规定质量 50 g 的标准针，经历规定时间 5 s 贯入试样中的深度，以 1/10 mm 为单位表示，符号为 P(25 ℃、50 g、5 s)。

对于液体石油沥青或较稀的石油沥青，其相对黏度可用标准黏度计测定的标准黏度表示。标准黏度值越大，则表明石油沥青的黏度越大。标准黏度是在规定温度（20 ℃、25 ℃、30 ℃或 60 ℃）、规定直径（3 mm、5 mm 或 10 mm）的孔口流出 50 mL 沥青所需的时间秒数，符号为 $C_d^t T$，d 为流口孔径，t 为试样温度，T 为流出 50 mL 沥青所需的时间。

2）塑性

塑性是指石油沥青在外力作用下产生变形而不破坏（产生裂缝或断开），除去外力后仍保持变形后的形状不变的性质，又称为延展性。塑性是沥青性质的重要指标之一。

石油沥青的塑性大小与组分有关。当石油沥青中树脂含量较多，且其他组分含量适当时，则塑性较大。影响沥青塑性的因素有温度和沥青膜层厚度。温度升高，塑性增大，膜层越厚，塑性越高；反之，膜层越薄，则塑性越差。当膜层厚度薄至 1 μm 时，塑性消失，即接近于弹性。在常温下，塑性较好的沥青在产生裂缝时，也可能由于特有的黏塑性而自行愈合，故塑性还反映了沥青开裂后的自愈能力。沥青之所以能用来制造性能良好的柔性防水材料，在很大程度上取决于沥青的塑性。沥青的塑性对冲击振动有一定的吸收能力，能减少摩擦时的噪声，故沥青也是一种优良的地面材料。

石油沥青的塑性用延度表示，延度越大，塑性越好。

沥青延度是将沥青制成“8”字形标准试件（中间最小截面面积 1 cm^2）（详见试验部分），在规定拉伸速度（5 cm/min）和规定温度（25 ℃）下拉断时的长度（cm）。

3）温度敏感性（温度稳定性）

温度敏感性是指石油沥青的黏滞性和塑性随温度升降而变化的性能，也称为温度稳定性。温度敏感性也是沥青性质的重要指标之一。

石油沥青中地沥青质含量较多时，在一定程度上能够减小其温度敏感性（即提高温度稳定性）。当沥青中蜡含量较多时，则会增大温度敏感性。建筑工程上要求选用温度敏感性较小的沥青材料，因而在工程使用时往往加入滑石粉、石灰石粉或其他矿物填料来减小其温度敏感性。

沥青的温度敏感性用软化点表示，采用“环球法”测定（详见试验部分）。它是将沥青试样装入规定尺寸（直径约为 16 mm、高约为 6 mm）的铜环内，试样上放置一标准钢球（直径为 9.53 mm，质量为 3.5 g），浸入水或甘油中，以规定的升温速度（5 ℃/min）加热，使沥青软化下垂，当下垂到规定距离（25.4 mm）时的温度，即为软化点，单位为℃。软化点越高，则温度敏感性越小。

4）大气稳定性

大气稳定性是指石油沥青在热、阳光、氧气和潮湿等因素的长期综合作用下抵抗老化的性能。

在阳光、空气和热等的综合作用下，沥青各组分会不断递变，低分子化合物将逐步转变成高分子物质，即油分和树脂逐渐减少，而地沥青质逐渐增多，从而使沥青流动性和塑性逐渐减小，硬脆性逐渐增大，直至脆裂，这个过程称为石油沥青的老化。

石油沥青的大气稳定性以沥青试样在 160 ℃下加热蒸发 5 h 后质量蒸发损失百分率和蒸发后的针入度比表示。蒸发损失百分率越小，蒸发后针入度比值越大，则表示沥青的大气稳定性越好，即老化越慢。

5）施工安全性

黏稠沥青在使用时必须加热，当加热至一定温度时，沥青材料中挥发的油分蒸气与周围空气组成混合气体，此混合气体遇火焰则易发生闪火。若继续加热，油分蒸气的饱和度增加。由于此种蒸气与空气组成的混合气体遇火焰极易燃烧而引发火灾。为此，必须测定沥青加热闪火和燃烧的温度，即闪点和燃点。

闪点是指加热沥青至挥发出的可燃气体和空气的混合物，在规定条件下与火焰接触，初次闪火（有蓝色闪光）时的沥青温度（℃）。

燃点是指加热沥青产生的气体和空气的混合物，与火焰接触能持续燃烧 5 s 以上时，此时沥青的温度（℃）。燃点比闪点约高 10 ℃。沥青质含量越多，闪点和燃点相差越大。液体沥青由于油分较多，闪点和燃点相差很小。闪点和燃点的高低表明沥青引起火灾或爆炸的可能性大小，它关系到运输、储存和加热使用等方面的安全。

6）防水性

石油沥青是憎水性材料，几乎完全不溶于水，且本身构造致密；它与矿物材料表面有很好的黏结力，能紧密黏附于矿物材料表面。同时，它又具有一定的塑性，能适应材料或构件的变形。所以，沥青具有良好的防水性，故广泛用作建筑工程的防潮、防水、抗渗材料。

7）溶解度

溶解度是指石油沥青在三氯乙烯、四氯化碳或苯中溶解的百分率，以表示石油沥青中有效物质的含量，即纯净程度。那些不溶解的物质会降低沥青的性能（如黏性等），应把不溶物视为有害物质(如沥青碳或似碳物)而加以限制。

3. 石油沥青的分类及选用

1)石油沥青的分类

石油沥青按照其用途主要划分为三大类,即道路石油沥青、建筑石油沥青和防水防潮石油沥青。其牌号基本都是按针入度指标来划分的,每个牌号还要保证相应的延度、软化点以及溶解度、蒸发损失、蒸发后针入度比、闪点等的要求。

在同一品种石油沥青材料中,牌号愈小,沥青愈硬;牌号愈大,沥青愈软。同时,随着牌号增加,沥青的黏性减小(针入度增加),塑性增加(延度增大),而温度敏感性增大(软化点降低)。

2)石油沥青的选用

选用沥青材料时,应根据工程性质(房屋、道路、防腐工程)及当地气候条件、所处工作环境(屋面、地下)来选择不同牌号的沥青。在满足使用要求的前提下,尽量选用较大牌号的石油沥青,以保证在正常使用条件下,石油沥青有较长的使用年限。

a. 道路石油沥青

道路石油沥青主要在道路工程中作胶凝材料,用来与碎石等矿质材料共同配制成沥青混凝土、沥青砂浆等,沥青拌和物用于一级道路路面或车间地面等工程。通常,道路石油沥青牌号越高,则黏性越小(即针入度越大),塑性越好(即延度越大),温度敏感性越大(即软化点越低)。

在道路工程中选用沥青时,要根据交通量和气候特点来选择。南方地区宜选用高黏度的石油沥青,以保证在夏季沥青路面具有足够的稳定性;而北方寒冷地区宜选用低黏度的石油沥青,以保证沥青路面在低温下仍具有一定的变形能力,减少低温开裂。

道路石油沥青还可用作密封材料和胶粘剂以及沥青涂料等。此时,一般选用黏性较大和软化点较高的道路石油沥青。

b. 建筑石油沥青

建筑石油沥青针入度小(黏性较大),软化点较高(耐热性较好),但延伸度较小(塑性较小),主要用作制造油纸、油毡、防水涂料和沥青嵌缝膏。它们绝大部分用于屋面及地下防水、沟槽防水防腐及管道防腐等工程。使用时制成的沥青胶膜较厚,增大了对温度的敏感性。同时,黑色沥青表面又是好的吸热体,一般同一地区的沥青屋面的表面温度比其他材料的都高,高温季节测试沥青屋面达到的表面温度比当地最高气温高 25 ~ 30 ℃;为避免夏季流淌,一般屋面用沥青材料的软化点还应比本地区屋面最高温度高 20 ℃以上,低于 20 ℃时夏季易流淌,过高冬季低温易硬脆甚至开裂,所以选用石油沥青时要根据地区、工程环境及要求而定。用于地下防潮、防水工程时,一般对软化点要求不高,但其塑性要好,黏性要大,使沥青层能与建筑物黏结牢固,并能适应建筑物的变形而保持防水层完整,不遭破坏。

c. 防水防潮石油沥青

防水防潮石油沥青的温度稳定性较好,特别适用作油毡的涂覆材料及建筑屋面和地下防水的黏结材料。其中 3 号沥青温度敏感性一般,质地较软,用于一般温度下的室内及地下结构部分的防水;4 号沥青温度敏感性较小,用于一般地区可行走的缓坡屋面防水;5 号沥青温度敏感性小,用于一般地区暴露屋顶或气温较高地区的屋面防水;6 号沥青温度敏感性最小,并且质地较软,除一般地区外,主要用于寒冷地区的屋面及其他防水防潮工程。

市场所见除以上三类石油沥青产品外，还有普通石油沥青，普通石油沥青含有害成分的蜡较多，一般含量大于5%，有的高达20%以上。石蜡熔点低(32～55 ℃)，黏结力差，故在建筑工程中一般不宜直接使用。

4. 沥青的掺配

某一种牌号沥青的特性往往不能满足工程技术要求，因此需用不同牌号沥青进行掺配。在进行掺配时，为了不使掺配后的沥青胶体结构破坏，应选用表面张力相近和化学性质相似的沥青。试验证明，同产源的沥青容易保证掺配后的沥青胶体结构的均匀性。所谓同产源，是指同属石油沥青，或同属煤沥青(或焦油沥青)。

两种沥青掺配的比例可用下式估算：

$$\left.\begin{aligned} Q_1 &= 100K_1/K_2 \\ K_1 &= T_2 - T \\ K_2 &= T_2 - T_1 \\ Q_2 &= 100 - Q_1 \end{aligned}\right\} \tag{9-1}$$

式中 Q_1——较软沥青用量(%)；

Q_2——较硬沥青用量(%)；

T——掺配后的沥青软化点，℃；

T_1——较软沥青软化点，℃；

T_2——较硬沥青软化点，℃。

例如，某工地需要用软化点为80 ℃的石油沥青，现有10号和60号两种石油沥青，应如何掺配才能满足工程需要？

由试验测得，10号石油沥青的软化点为95 ℃，60号石油沥青的软化点为45 ℃，根据式(9-1)计算得到60号石油沥青的掺量为30%，10号石油沥青的掺量为70%。

根据估算的掺配比和邻近的比例(±5%～10%)进行融化试配，测定掺配后沥青的软化点，然后绘制掺配比—软化点曲线，即可从曲线上确定所要求的掺配比例。同样地，可以采用针入度指标按上述方法进行估算与试配。

(三)煤沥青

煤沥青是由干馏煤的产品——煤焦油加工而获得的。煤沥青的组分主要是芳香族碳氢化合物及其氧、硫和氮的衍生物的混合物。

1. 煤沥青的组分

煤沥青由游离碳、树脂、中性油分三部分组成。其中，游离碳是高分子有机化合物的固态碳质微粒，它不溶于任何有机溶剂。煤沥青中含有的游离碳能增加沥青的黏度，提高其热稳定性。随着游离碳含量的增加，煤沥青的低温脆性亦随之增加。树脂为环心含氧的环状碳氢化合物，含有固态晶体结构的硬树脂和赤褐色黏－塑性的软树脂。中性油分是液态的碳氢化合物，其结构较其他组分简单。

除上述基本组分外，煤沥青中性油中还含有酚、萘等。当萘的含量低于10%～15%时，它能溶解于油分中；当萘含量高于上述界限且温度低于10 ℃时，则呈固态晶体析出，影响煤沥青的低温变形能力。酚为苯环中含羟基的物质，它能溶于水，有毒且易氧化。

2. 煤沥青的技术性能

煤沥青与石油沥青类似，也有黏性、塑性等技术性能。但因煤沥青化学组成中主要是芳香族烃,有较多的表面活性物质,因此有不同于石油沥青的技术性能。

(1)煤沥青的温度稳定性较差。煤沥青是较粗的分散系,其中软质树脂的温感性高,由固态或黏稠态转变为液态或流动态的温度范围较窄,受热易软化,低温易开裂。

(2)煤沥青抗老化能力低。煤沥青所含易挥发成分及不饱和烃类,在温度较高或与氧接触或日光照射时,某些低分子量成分容易发生聚合或缩合反应,向高分子量成分转化。因此,煤沥青的老化过程比石油沥青快。

(3)煤沥青与石料黏附性较好。煤沥青中含有酸、碱性物质较多,它们是极性物质,使煤沥青有较高的表面活力和黏附力,与酸、碱性石料均能较好地黏附在一起。

(4)煤沥青的塑性和耐久性差。因为煤沥青含有较多的游离碳,塑性低,易开裂。

(5)煤沥青组分中含有较多的不饱和芳香族化合物,它们有较大的化学活性,在一定环境中易产生氧化、聚合,使老化过程加快。

(6)煤沥青含有害的成分较多,臭味较重,应注意防护。

(四)改性沥青

建筑上使用的沥青必须具有一定的物理性质和黏附性,即在低温条件下应有弹性和塑性,在高温条件下要有足够的强度和稳定性,在加工和使用条件下具有抗老化能力,还应与各种矿物料和结构表面有较强的黏附力,对构件变形的适应性和耐疲劳性等。通常,石油加工厂制备的沥青不一定能全面满足这些要求,如只控制耐热性(软化点),其他方面就很难达到要求,致使目前沥青防水屋面渗漏现象严重,使用寿命短。为此,常用橡胶、树脂和矿物填料等对沥青改性。橡胶、树脂、橡胶和树脂以及矿物填充料等统称为石油沥青改性材料。

1.橡胶改性沥青

橡胶是沥青的重要改性材料,它和沥青有较好的混溶性,并能使沥青具有橡胶的很多优点,如高温变形小,低温柔性好。由于橡胶的品种不同,掺入的方法也有所不同,因而各种橡胶沥青的性能也有差异。常用的品种有以下几类。

1)氯丁橡胶沥青

沥青中掺入氯丁橡胶后,可使其气密性、低温柔性、耐化学腐蚀性、耐光性、耐臭氧性、耐气候性和耐燃烧性得到大大地改善。

氯丁橡胶掺入沥青中的方法有溶剂法和水乳法。先将氯丁橡胶溶于一定的溶剂(如甲苯)中形成溶液,然后掺入沥青(液体状态)中,混合均匀即成为氯丁橡胶沥青;或分别将橡胶和沥青制成乳液,再混合均匀即可使用。

2)丁基橡胶沥青

丁基橡胶沥青具有优异的耐分解性,并有较好的低温抗裂性能和耐热性能。配制的方法为:将丁基橡胶碾切成小片,于搅拌条件下把小片加热到 100 ℃的溶剂中(不得超过 100 ℃),制成浓溶液。同时,将沥青加热脱水熔化成液体状沥青。通常在 100 ℃左右把两种液体按比例混合搅拌均匀进行浓缩 15 ~ 20 min,达到要求性能指标。同样,也可以分别将丁基橡胶和沥青制备成乳液,然后按比例把两种乳液混合即可。丁基橡胶在混合物中的含量一般为 2% ~4%。

3)再生橡胶沥青

再生橡胶掺入沥青中后,可大大提高沥青的气密性、低温柔性、耐光性、耐热性、耐臭氧性、耐气候性。

再生橡胶沥青材料的制备方法为：先将废旧橡胶加工成1.5 mm以下的颗粒，然后与沥青混合，经加热搅拌脱硫，就能得到具有一定弹性、塑性和黏结力良好的再生橡胶沥青材料。废旧橡胶的掺量视需要而定，一般为3%～15%。

2. 树脂改性沥青

用树脂改性石油沥青可以改进沥青的耐寒性、黏结性和不透气性。由于石油沥青中含芳香性化合物很少，故树脂和石油沥青的相溶性较差，而且可用的树脂品种也较少。常用的品种有古马隆树脂沥青（香豆桐树脂沥青）、聚乙烯树脂沥青、无规聚丙烯树脂沥青等。

3. 橡胶和树脂改性沥青

橡胶和树脂同时用于改善石油沥青的性质，使石油沥青同时具有橡胶和树脂的特性，且树脂比橡胶便宜，橡胶和树脂又有较好的混溶性，故效果较好。

橡胶、树脂和沥青在加热熔融状态下，沥青与高分子聚合物之间发生相互侵入和扩散，沥青分子填充在聚合物大分子的间隙内，同时聚合物分子的某些链节扩散进入沥青分子中，形成凝聚的网状混合结构，故可以得到较优良的性能。

配制时，采用的原材料品种、配比、制作工艺不同，可以得到很多性能各异的产品。主要有卷、片材，密封材料，防水材料等。

在改性沥青防水材料中，矿物填充料改性沥青也经常应用于防水工程中，限于篇幅，不再赘述。

【知识链接】 其他防水材料

一、橡胶型防水材料

橡胶是有机高分子化合物的一种，具有高聚物的特征与基本性质，是一种弹性体。橡胶最主要的特性是在常温下具有显著的高弹性能，即在外力作用下能很快发生变形，且变形可达百分之数百，当外力除去后，又会恢复到原来的状态，而且保持这种性质的温度区间范围很大。

橡胶在阳光、热、空气（氧和臭氧）或机械力的反复作用下，表面会出现变色、变硬、龟裂、发黏，同时机械强度降低，这种现象叫作老化。为了防止老化，一般加入防老化剂，如蜡类、二苯基对苯二胺等。

橡胶可分为天然橡胶和合成橡胶两类。

（一）天然橡胶（NR）

天然橡胶主要由橡胶树的浆汁中取得。在橡胶树的浆汁中加入少量的醋酸、氧化锌或氟硅酸钠即行凝固，凝固体经压制后成为生橡胶，再经硫化处理则得到软质橡胶（熟橡胶）。天然橡胶的主要成分是异戊二烯高聚体，其他还有少量水分、灰分、蛋白质及脂肪酸等。

天然橡胶的密度为0.91～0.93 g/cm^3，在130～140 ℃软化，在150～160 ℃变黏软，220 ℃时熔化，270 ℃时迅速分解，常温下弹性很大。天然橡胶易老化失去弹性，一般用作橡胶制品的原料。

（二）合成橡胶

合成橡胶又称为人造橡胶。生产过程一般可以看作由两步组成：首先将基本原料制成单体，而后将单体经聚合、缩合作用合成为橡胶。建筑工程中常用的合成橡胶有以下几种。

1. 氯丁橡胶（CR）

氯丁橡胶是由氯丁二烯聚合而成的，为浅黄色及棕褐色弹性体。其密度为1.23 g/cm^3，溶于苯和氯仿，在矿物油中稍溶胀而不溶解，硫化后不易老化，耐油、耐热、耐臭氧、耐酸碱腐蚀性好，黏结力较高，脆化温度为 -35 ~ 55 ℃，热分解温度为 230 ~ 260 ℃，最高使用温度为 120 ~ 150 ℃。与天然橡胶比较，其绝缘性较差，但抗拉强度、透气性和耐磨性较好。

2. 丁苯橡胶(SBR)

丁苯橡胶是由丁二烯和苯乙烯共聚而成的，是应用最广、产量最多的合成橡胶。丁苯橡胶为浅黄褐色，其延性与天然橡胶相近，加入碳黑后，强度与天然橡胶相仿。其密度随苯乙烯的含量高低而不同，通常为 0.91 ~ 0.97 g/cm^3，不溶于苯和氯仿。其耐老化性、耐磨性、耐热性较好，但耐寒性、黏结性较差，脆化温度为 -52 ℃，最高使用温度为 80 ~ 100 ℃。能与天然橡胶混合使用。

3. 丁基橡胶(BR)

丁基橡胶是由异丁烯与少量异戊二烯在低温下加聚而成的，为无色弹性体。其密度为 0.92 g/cm^3，能溶于 5 个碳以上的直链烷烃或芳香烃的溶剂中。它是耐化学腐蚀、耐老化、不透气性和绝缘性最好的橡胶，具有抗断裂性能好、耐热性好、吸水率小等优点，且具有较好的耐寒性，其脆化温度为 -79 ℃，最高使用温度为 150 ℃，但弹性较差，加工温度高，黏结性差，难与其他橡胶混用。

4. 乙丙橡胶(EPM)和三元乙丙橡胶(EPDM 或 EPT)

乙丙橡胶是乙烯与丙烯的共聚物。乙丙橡胶的密度仅为 0.85 g/cm^3 左右，是最轻的橡胶，且耐光、耐热、耐氧及臭氧、耐酸碱、耐磨性能等非常好，也是最廉价的合成橡胶。但乙丙橡胶硫化困难。为此，在乙丙橡胶共聚反应时，加入第三种非共轭双键的二烯烃单体，得到可用硫进行硫化的三元乙丙橡胶。目前，三元乙丙橡胶已普遍发展和利用。

5. 丁腈橡胶(NBR)

丁腈橡胶是丁二烯与丙烯腈的共聚体。它的特点是对油类及许多有机溶剂的抵抗力极强，它的耐热、耐磨和抗老化性能也胜于天然橡胶，但其绝缘性较差，弹性较低，加工较难，成本较高。

6. 再生橡胶(再生胶)

再生橡胶是由废旧轮胎和胶鞋等橡胶制品或生产中的下脚料经再生处理而得到的橡胶。这类橡胶原料来源广，价格低，建筑上使用较多。

再生处理主要是脱硫，即通过高温使橡胶产生氧化解聚，使大型网状橡胶分子结构被适度地氧化解聚，变成大量的小型网状结构和少量链状物。脱硫过程中破坏了原橡胶的部分弹性，而获得了部分塑性和黏性。

二、树脂型防水材料

以合成树脂为主要成分的防水材料，称为树脂型防水材料，如氯化聚乙烯防水卷材、聚氯乙烯防水卷材、氯化磺化聚乙烯防水卷材、聚氨酯密封膏、聚氯乙烯接缝膏等。

三、水泥基渗透结晶型防水材料

近年来，水泥基渗透结晶型防水材料得到了越来越广泛的应用。它是由硅酸盐水泥、特殊的活性化学物质、石英砂和石灰等原材料配制而成的，广泛应用于水工、桥梁、隧道、地下等工程。

水泥基渗透结晶型防水材料的特性主要表现在材料中的活性物质可从表面渗入到混凝

土内部，发生化学反应后生成水化晶体，使混凝上结构致密，其渗透深度可达 120 mm 以上；该材料化学反应生成的晶体性能稳定、不易分解，即使涂层遭受磨损，也不影响其防水效果；当遇到微细裂缝（不超过 0.4 mm）且有水渗入时，该材料具有自动修复裂缝和填充孔隙的功能；具有耐化学侵蚀、保护钢筋的作用；产品无毒、无害，可用于接触饮用水的混凝土结构等工程；材料施工操作简单，对复杂混凝土基面的适应性好。

水泥基渗透结晶型防水材料可分为涂层防水材料、增强型涂层防水材料、快速封堵材料、带水封堵材料等。

施工完毕后的潮湿养护是保证水泥基渗透结晶型防水材料充分、有效发挥防水作用的重要环节。

二、防水卷材

【知识链接】 防水卷材的政策性导向

在建设部发布的建设事业“十一五”推广应用和限制禁止使用技术（第一批）的公告中，长纤维聚酯毡、无碱玻纤毡胎基 SBS、APP 改性沥青防水卷材（Ⅱ型）、三元乙丙橡胶（硫化型）防水卷材、聚氯乙烯防水卷材（Ⅱ型）、自粘类改性沥青防水卷材（包括无胎基和聚酯胎基）、高密度聚乙烯自粘胶膜防水卷材及预铺反粘技术、膨润土防水毯应用技术被列为推广应用产品（第一批）；纸胎及复合胎沥青防水卷材、聚乙烯膜层厚度在 0.5 mm 以下的聚乙烯丙纶等复合防水卷材被列为限制应用产品；S 型聚氯乙烯防水卷材、采用二次加热复合成型工艺或再生原料生产的聚乙烯丙纶等复合防水卷材禁止用于房屋建筑的防水工程。

防水卷材是指用特制的纸胎或其他纤维纸胎及纺织物，浸透石油沥青、煤沥青及高聚物改性沥青制成的，或以合成高分子材料为基料加入助剂及填充料经过多种工艺加工而成的卷状并起防水作用的产品，形状有长条形、片状。防水卷材在建筑防水材料的应用中处于主导地位，在建筑防水工程的实践中起着重要作用，是一种量大面广的防水材料。其规格品种由过去单一的沥青油毡发展到具有不同物理性能的几十种高、中档新型防水材料。按其主要防水组成材料可分为沥青防水卷材、高聚物改性沥青防水卷材和合成高分子防水卷材三大系列。各系列又有许多子系品种，见表 9-3。

防水卷材是建筑工程防水材料的重要品种之一，占建筑防水材料的 80%，广泛应用于建筑物地上、地下及特殊部位的防水。防水卷材的品种较多，性能各异。但无论何种防水卷材，要满足建筑防水工程的要求，均需具备以下性能：

（1）耐水性：指在水的作用和被水浸润后其性能基本不变，具有不透水性的性能。常用不透水性、吸水性等指标表示。

（2）温度稳定性：指在高温下不流淌、不起泡、不滑动，低温下不脆裂的性能，也即在一定温度变化下保持原有性能的能力。常用耐热度、耐热性等指标表示。

（3）机械强度、延伸性和抗断裂性：指防水卷材承受一定荷载、应力或在一定变形的条件下不断裂的性能。常用拉力、拉伸强度和断裂伸长率等指标表示。

（4）柔韧性：指在低温条件下保持柔韧性的性能。它对保证易于施工、不脆裂十分重要。常用柔度、低温弯折性等指标表示。

（5）大气稳定性：指在阳光、热、臭氧及其他化学侵蚀介质等因素的长期综合作用下抵抗侵蚀的能力。常用耐老化性、热老化保持率等指标表示。

表 9-3　防水卷材的主要类型

<table>
<tr><td rowspan="15">防水卷材</td><td rowspan="5">沥青防水卷材</td><td colspan="2">纸胎沥青防水卷材</td></tr>
<tr><td colspan="2">玻纤布胎沥青防水卷材</td></tr>
<tr><td colspan="2">玻纤胎沥青防水卷材</td></tr>
<tr><td colspan="2">黄麻织物胎沥青防水卷材</td></tr>
<tr><td colspan="2">铝箔胎沥青防水卷材</td></tr>
<tr><td rowspan="6">高聚物改性沥青防水卷材</td><td colspan="2">SBS 改性沥青防水卷材</td></tr>
<tr><td colspan="2">APP 改性沥青防水卷材</td></tr>
<tr><td colspan="2">SBR 改性沥青防水卷材</td></tr>
<tr><td colspan="2">PVC 改性沥青防水卷材</td></tr>
<tr><td colspan="2">废胶粉改性沥青防水卷材</td></tr>
<tr><td colspan="2">其他改性沥青防水卷材</td></tr>
<tr><td rowspan="4">合成高分子防水卷材</td><td rowspan="2">弹性体防水卷材</td><td>三元乙丙橡胶防水卷材</td></tr>
<tr><td>聚氯乙烯－橡胶共混防水卷材</td></tr>
<tr><td rowspan="2">塑性体防水卷材</td><td>聚氯乙烯防水卷材</td></tr>
<tr><td>增强氯化聚氯乙烯防水卷材</td></tr>
</table>

各类防水卷材的选用应充分考虑建筑的特点、地区环境条件、使用条件等多种因素，结合材料的特性来选择。

(一) 沥青防水卷材

沥青防水卷材是在基胎(如原纸、纤维织物等)上浸涂沥青后，再在表面撒粉状或片状的隔离材料而制成的可卷曲的片状防水材料。它是我国传统的防水卷材，生产历史久，成本较低，应用广泛，沥青材料的低温柔性差，温度敏感性大，在大气作用下易老化，防水耐用年限较短，它属于低档防水材料。沥青防水卷材最具代表性的是纸胎石油沥青防水卷材，简称油毡或油毛毡。用于生产油毡的原纸见图 9-1。

石油沥青纸胎油毡(见图 9-2)是用低软化点的石油沥青浸渍原纸做成油纸，再用高软化点的石油沥青涂盖油纸表面，再涂或撒布一层滑石粉或云母作为隔离材料所制成的一种纸胎防水卷材。

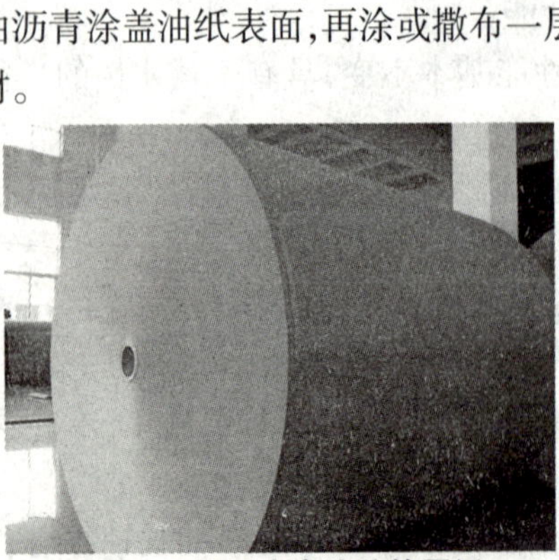

图 9-1　用于生产油毡的原纸

图 9-2　石油沥青纸胎油毡

《石油沥青纸胎油毡》(GB 326—2005)规定:各种油毡的物理性能应符合表9-4的规定。

表9-4 石油沥青纸胎油毡的物理性能

规格		Ⅰ型	Ⅱ型	Ⅲ型
单位面积浸涂材料总量(g/cm^2)≥		600	750	1 000
不透水性	压力(MPa) ≥	0.02	0.02	0.10
	保持时间(min) ≥	20	30	30
吸水率(%) ≤		3.0	2.0	1.0
耐热度((85±2)℃)		2 h涂盖层无滑动、流淌和集中性气泡		
拉力(纵向)(N/500 mm)		240	270	340
柔度((18±2)℃)		绕ϕ20 mm圆棒或弯板无裂纹		

Ⅰ型、Ⅱ型油毡适用于简易防水、临时性建筑防水、建筑防潮及包装等。Ⅲ型油毡适用于屋面、地下、水利等工程的多层防水。

近年来,通过对油毡胎体材料加以改进,开发出了一大类沥青基防水材料,使沥青防水卷材的性能得到了很大改善。常见沥青防水卷材的特点与适用范围见表9-5。

表9-5 常见沥青防水卷材的特点与适用范围

卷材名称	特点	适用范围
石油沥青纸胎油毡	资源丰富、价格低廉,抗拉性能低、低温柔性差、温度敏感性大;使用年限较短;是我国传统的防水材料	三毡四油、二毡三油叠层铺设的屋面工程
石油沥青玻璃布油毡	抗拉强度较高、胎体不易腐烂,柔韧性好,耐久性比纸胎油毡高1倍以上	用作纸胎油毡的增强附加层和突出部位的防水层
石油沥青玻纤油毡	耐腐蚀性和耐久性好,柔韧性、抗拉性能优于纸胎油毡	常用于屋面和地下防水工程
石油沥青黄麻胎油毡	抗拉强度高,耐水性和柔韧性好,但胎体材料易腐烂	常用于屋面增强附加层
石油沥青铝箔胎油毡	防水性能好,隔热和隔水汽性能好,柔韧性较好,且具有一定的抗拉强度	与带孔玻纤毡配合或单独使用,用于热反射屋面和隔汽层

(二)高聚物改性沥青防水卷材

由于沥青防水卷材的低温柔性、伸长率小、拉伸强度低、耐久性差,难以适应建筑物基层伸缩、开裂变形和耐久性的需要,已逐渐从市场中淘汰。在沥青中添加适当的高聚物改性剂,可以改善传统沥青防水卷材的缺点,高聚物改性沥青防水卷材具有高温不流淌、低温不脆裂、拉伸强度较高和伸长率较大等优点。

迄今为止,高聚物改性沥青防水卷材是新型防水材料中使用比例最高的一类。在沥青中掺入聚合物后,可改变沥青的胶体分散结构,也改变了分散成分,聚合物分子彼此之间相互分开,生成网状结构,而沥青则填充到网状高分子化合物中,冷却后,沥青仍停留在那个位置，增加聚合物分子链的移动性、弹性和塑性。

高聚物改性沥青防水卷材是以合成高分子聚合物改性沥青为涂盖层，以纤维毡、纤维织物或塑料薄膜为胎体，以粉状、粒状、片状或塑料膜为覆面材料制成可卷曲的片状防水材料。根据胎体品种不同，可分为玻纤胎、聚酯胎、复合玻纤胎、聚乙烯膜胎改性沥青防水卷材等。高聚物改性沥青防水卷材适用于防水等级为Ⅰ级（特别重要的民用建筑，对防水有特殊要求的工业建筑，防水耐用年限为25年）、Ⅱ级（重要的工业与民用建筑、高层建筑，防水耐用年限为15年）和Ⅲ级的屋面防水工程。改性沥青防水卷材种类很多，如丁苯橡胶改性沥青防水卷材、三元乙丙改性沥青防水卷材、再生胶改性沥青防水卷材及橡塑共混改性沥青防水卷材等。目前，比较常用和重要的是弹性体改性沥青防水卷材（SBS卷材）与塑性体改性沥青防水卷材（APP卷材）。

1. 弹性体改性沥青防水卷材（SBS卷材）

SBS（苯乙烯－丁二烯－苯乙烯）改性沥青防水卷材（见图9-3）是以玻纤毡、聚酯毡等增强材料为胎体，以SBS改性石油沥青为浸渍涂盖层，以塑料薄膜为防黏隔离层，经过选材、配料、共熔、浸渍、复合成型、收卷曲等工序加工而成的一种柔性防水卷材。SBS是对沥青改性效果最好的高聚物，它是一种热塑性弹性体，是塑料、沥青等脆性材料的增韧剂，加入到沥青中的SBS（添加量一般为沥青的10%～15%）与沥青相互作用，使沥青产生吸收、膨胀，形成分子键和牢固的沥青混合物，从而显著改善了沥青的弹性、伸长率、高温稳定性和低温柔韧性、耐疲劳性和耐老化等性能。SBS卷材具有高温不流淌、低温不脆裂、拉伸强度高、延伸率较大等优异性能，且价格适中，在我国属中低档防水卷材。

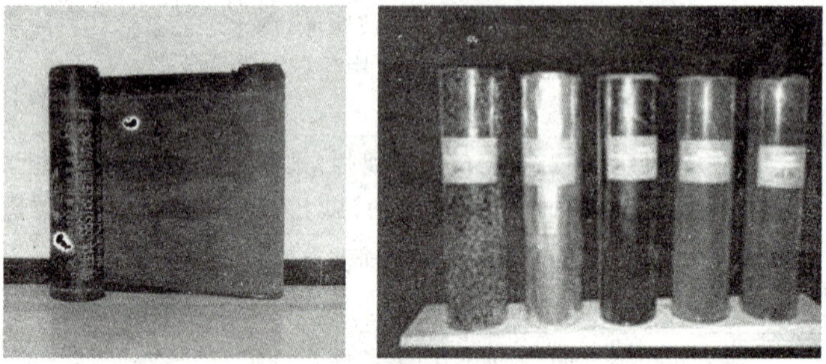

图9-3　SBS改性沥青防水卷材

SBS改性沥青防水卷材的性能特点如下：

（1）SBS改性沥青防水卷材的伸长率高，可达150%，大大优于普通纸胎防水卷材，对结构变形有很高的适应性。

（2）有效使用温度范围广，为－38～119℃。

（3）耐疲劳性能优异，疲劳循环1万次以上仍无异常。

（4）可溶物含量高，可制成厚度大的产品，具有塑料和橡胶特性。

（5）具有优良的耐老化性和耐久性，耐酸、碱及微生物腐蚀。

（6）施工方便，可选用冷黏结、热黏结和自黏结，可叠层施工。

SBS改性沥青油毡除用于一般工业与民用建筑防水外，还适用于高级和高层建筑物的屋面、地下室、卫生间等的防水防潮，以及桥梁、停车场、屋顶花园、游泳池、蓄水池、隧道等建筑的防水，由于该卷材具有良好的低温柔韧性和极高的弹性延伸性，更适合于北方寒冷地区和结构易变形的建筑物防水。

SBS 改性沥青防水卷材的技术性能见表 9-6。

表 9-6　SBS 改性沥青防水卷材的技术性能

项目			I		II		
型号			I		II		
胎基			PY	G	PY	G	PYG
可溶物含量（g/m²）	卷材厚（mm）	3	≥2 100				—
		4	≥2 900				—
		5	≥3 500				
	试验现象		—	胎基不燃	—	胎基不燃	—
不透水性	压力（MPa）		≥0.3	≥0.2	≥0.3		
	保持时间（min）		≥30				
耐热性	（℃）		≥90		≥105		
	（mm）		≤2				
	试验现象		无流淌、滴落				
拉力	最大峰（N/(50 mm)）		≥500	≥350	≥800	≥500	≥900
	次大峰（N/(50 mm)）		—	—	—	—	≥800
	试验现象		拉伸过程中，试件中部无沥青涂盖层开裂或与胎基分离现象				
延伸率（%）	最大峰时延伸率		≥30	—	≥40	—	—
	第二峰时延伸率		—		—		≥15
低温柔度（℃）			−20		−25		
			无裂缝				
浸水后质量增加（%）	PE、S		≤1.0				
	M		≤2.0				
人工气候加速老化	外观		无滑动、流淌、滴落				
	拉力保持率（%）		≥80				
	低温柔度（℃）		−15		−20		
			无裂缝				
热老化	拉力保持率（%）		≥90				
	延伸率保持率（%）		≥80				
	低温柔度（℃）		−15		−20		
			无裂缝				
	尺寸变化率（%）		≤0.7	—	≤0.7	—	≤0.3
	质量损失（%）		≤1.0				

续表 9-6

型号		I	II
渗油性	张数	≤2	
接缝剥离强度(N/mm)		≥1.5	
钉杆撕裂强度[a](N)		≥1.5	
矿物粒料黏附性[b](g)		—	≤300
卷材下表面沥青涂盖层厚度[c](mm)		≥1.0	

注:a 仅适用于单层机械固定施工方式卷材。

b 仅适用于矿物粒料表面的卷材。

c 仅适用于热融施工方式卷材。

2. 塑性体改性沥青防水卷材(APP 卷材)

图 9-4 APP 改性沥青防水卷材

APP(无规聚丙烯)改性沥青防水卷材(见图 9-4)属塑性体沥青防水卷材,系采用纤维毡或纤维织物为胎体,浸涂 APP 改性沥青,上表面撒布矿物粒、片料或覆盖聚乙烯膜,下表面撒布细砂或覆盖聚乙烯膜所制成的可卷曲片状防水材料。我国生产的 APP 改性沥青油毡是以聚酯毡或玻纤毡为胎体,经氧化沥青轻度浸渍后,两面涂覆 APP 改性沥青,然后上表面撒以隔离材料,下表面覆盖聚乙烯薄膜或撒布细砂而成的沥青类防水卷材。该类卷材的特点是抗拉强度大,延伸率高,具有良好的弹塑性和耐高、低温性能;耐热度好,120 ℃不变形,150 ℃不流淌;耐老化性能好,有效使用年限在 20 年以上,但其低温柔度较 SBS 沥青油毡相对较差。以聚酯毡为胎基的卷材抗拉性能、延伸率高,具有很强的抗穿刺和抗撕裂能力。无纺玻纤毡卷材成本低,抗蚀性及尺寸稳定性好,但抗拉强度和延伸率较低。

APP 改性沥青防水卷材的物理力学性能见表 9-7。

表 9-7 APP 改性沥青防水卷材的物理力学性能

序号	型号			指标				
				I		II		
				PY	G	PY	G	PYG
1	可溶物含量(g/m^2)	卷材厚(mm)	3	≥2 100				—
			4	≥2 900				—
			5	≥3 500				
		试验现象		—	胎基不燃	—	胎基不燃	—

续表 9-7

序号	型号		Ⅰ PY	Ⅰ G	Ⅱ PY	Ⅱ G	Ⅱ PYG
			指标				
2	耐热性	℃	≥110		≥130		
		mm	≤2				
		试验现象	无流淌、滴落				
3	低温柔性(℃)		−7		−15		
			无裂缝				
4	不透水性(120 min)压力(MPa)		0.3	0.2	0.3		
5	拉力	最大峰拉力(N/(50 mm))≥	500	350	800	500	900
		次高峰拉力(N/(50 mm))≥	—	—	—	—	800
		试验现象	拉伸过程中,试件中部无沥青涂盖层开裂或与胎基分离现象				
6	延伸率	最大峰时延伸率(%)	≥25	—	≥40	—	—
		第二峰时延伸率(%)	—		—		≥15
7	浸水后质量增加(%)	PE/S	≤1.0				
		M	≤2.0				
8	热老化	拉力保持率(%)	≥90				
		延伸率保持率(%)	≥80				
		低温柔性(℃)	−2		−10		
			无裂缝				
		尺寸变化率(%)	≤0.7	—	≤0.7	—	≤0.3
		质量损失(%)	≤1.0				
9	接缝剥离强度(N/mm)		≥1.0				
10	钉杆撕裂强度[a](N)		—				≥300
11	矿物粒料黏附性[b](g)		≤2.0				
12	卷材下表面沥青涂盖层厚度[c](mm)		≥1.0				
13	人工气候老化	外观	无滑动、流淌、滴落				
		拉力保持率(%)	≥80				
		低温柔度(℃)	−2		−10		
			无裂缝				

注:a 仅适用于单层机械固定施工方式卷材。

b 仅适用于矿物粒料表面的卷材。

c 仅适用于热融施工方式卷材。

APP 改性沥青油毡适用于各种屋面、墙体、地下室等一般工业和民用建筑的防水,也可用于水池、桥梁、公路、机场跑道、水坝等的防水、防护工程,还可用于各种金属容器和地下管道的防腐保护。由于该类油毡的耐高温性能和耐老化性能都较好,故特别适用于我国南方炎热地区。

对沥青进行改性,可以大大改善沥青的延伸性、耐热性、低温柔性的性能,而生产成本又不至于增加太多,故改性沥青防水卷材在世界各国的防水材料中都占有重要的位置。国外对防水卷材用沥青的改性研究已有多年,并且开发出各具特色的改性沥青产品。近十几年来,新型改性沥青防水卷材的出现,使屋面防水材料的质量大大提高。

改性沥青防水卷材的特点主要表现在三个方面,即沥青的改性、高强胎体的应用及新的施工方法。就沥青的改性而言,虽然世界各国用于沥青改性的材料很多,如丁基橡胶、氯化聚乙烯、氯丁橡胶、再生橡胶、各种聚合物等,但主要的仍是 SBS 和 APP 的改性沥青。沥青通过改性,不仅改善了针入度指数、低温柔性,也大幅度提高了软化点。

(三)合成高分子防水卷材

以合成树脂、合成橡胶或其共混体为基材,加入助剂和填充料,通过压延、挤出等加工工艺而制成的无胎或加筋的塑性可卷曲的片状防水材料,大多数是宽度为 1 ~ 2 m 的卷状材料,统称为高分子防水卷材。

高分子防水卷材具有耐高温、低温性能好、拉伸强度高、延伸率大、对环境变化或基层伸缩的适应性强,同时耐腐蚀、抗老化、使用寿命长、可冷施工、减少对环境的污染等特点。合成高分子防水卷材类别繁多,这里主要介绍使用广泛的三元乙丙橡胶(EPDM)防水卷材和聚氯乙烯(PVC)防水卷材。

1. 三元乙丙橡胶(EPDM)防水卷材

三元乙丙橡胶简称 EPDM,是以乙烯、丙烯和双环戊二烯等三种单体共聚合成的三元乙丙橡胶为主体,掺入适量的丁基橡胶、软化剂、补强剂、填充剂、促进剂和硫化剂等,经过配料、密炼、拉片、过滤、热炼、挤出或压延成型、硫化、检验、分卷、包装等工序加工制成可卷曲的高弹性防水材料。

三元乙丙橡胶防水卷材的物理性能应符合表 9-8 的要求。

表 9-8 三元乙丙橡胶防水卷材的物理性能

项目名称		一等品	合格品
拉伸强度,常温(7 N/mm^2)		≥8.0	≥7.0
断裂伸长率(%)		≥450	≥450
直角形撕裂强度,常温(N/cm^2)		≥280	≥245
脆性温度(℃)		≤ -45	≤ -40
不透水性(30 min)压力(MPa)		0.3	0.1
臭氧老化 168 h×40 ℃,预拉伸 40%,1 000×10^{-8}		1 000 无裂纹	1 000 无裂纹
热老化(80 ℃×168 h)	拉伸强度变化率(%)	-20 ~ 40	-20 ~ 50
	扯断伸长率变化率(%)	-30	-30
	撕裂强度变化率(%)	-40 ~ 40	-50 ~ 50

三元乙丙橡胶防水卷材有优良的耐候性、耐臭氧性和耐热性。此外,它还具有质量轻、

拉伸强度高、断裂伸长率大、低温柔性好(脆性温度在 -40 ℃以下)、使用寿命长(估计20年以上)、耐酸碱腐蚀等特点,是世界上公认的高分子防水材料中性能最优越的一种高弹性体防水材料,也是国际上使用性能最好、最典型、最常用的一种防水材料,广泛应用于防水要求高、耐用年限长的工业与民用建筑的防水工程。

2. 聚氯乙烯(PVC)防水卷材

聚氯乙烯防水卷材是以聚氯乙烯(PVC)树脂为主要原料,掺入适量的改性剂、抗氧剂、紫外线吸收剂、着色剂、填充剂等,经混合、塑化、挤出、压延、整形、冷却、检验、分卷、包装等工序加工制成的可卷曲的片状防水材料。这种卷材具有抗拉强度较高、延伸率较大、耐高低温性能较好等特点,而且热熔性能好。

聚酯纤维内增强型聚氯乙烯(PVC)防水卷材是一种热塑性的 PVC 卷材,该卷材是以聚酯纤维织物作为加强筋,通过特殊的挤出涂布法工艺,使双面的聚氯乙烯塑料层和中间的聚酯加强筋结合成为一体而形成的高分子卷材。配方先进的聚氯乙烯塑料层与网状结构的聚酯纤维织物相结合,使卷材拥有极佳的尺寸稳定性和较低的热膨胀系数,提升卷材直接暴露在自然环境中的长期性能。施工采用热风焊接方法,保证焊缝的效果。

PVC 防水卷材拉伸强度高,伸长率好,热尺寸变化率小,可焊接性、水汽扩散性良好,耐老化,耐紫外线照射,耐化学腐蚀,机械强度高,耐侵蚀性、耐根系渗透性,低温下(-20 ℃)具有良好的柔韧性,使用寿命长(屋面25年、地下50年以上),且无环境污染。适用于工业与民用建筑的各种屋面防水,地下室、水库、堤坝、公路隧道、铁路隧道、防空洞、粮库、垃圾厂、废水处理等建筑防水工程。

【知识链接】 防水卷材的施工

防水卷材施工方法分为热施工法(热黏结法、热熔法、热风焊接法)和冷施工法(冷粘法、自粘法、机械固定法)。

防水卷材采用黏结的方法铺贴于基层上。传统的石油沥青纸胎油毡是用热沥青胶进行铺贴施工的,但沥青胶在熬制和施工过程中,都是有毒作业,对操作者和环境都非常有害,工人劳动条件恶劣,且易发生火灾和烫伤。新型防水卷材的施工克服了这些弊端。新型防水卷材的施工方法如下。

1. 按粘贴方法的不同,新型防水卷材的粘贴方法分为:

(1)冷粘法:是采用黏结剂实现卷材与基层、卷材与卷材的黏结,不需要加热,这种方法又称为卷材冷施工、冷操作、冷粘贴。

(2)自粘法:自粘法既不需要加热,也不需要黏结剂,而是利用卷材底面的自毡性黏结剂粘贴施工。

(3)热熔法:用火焰喷灯或火焰喷枪烘烤卷材底面(粘贴面)和基层表面,待卷材底面熔融后即可粘贴。边烘边贴,将卷材与基层、卷材与卷材相互粘紧贴实。这种施工方法要求卷材的厚度不小于4 mm,以防卷材破损。

(4)热风焊接法:是借助于热风焊机的热空气焊枪产生的高热空气将卷材的搭接边溶化后,进行黏结的施工方法。

(5)冷热结合粘贴法:在施工中,防水卷材与基层的粘贴采用冷粘法施工,而卷材与卷材之间的搭接采用热熔法或热风焊接法粘贴施工。

2. 按粘贴面积的不同,新型防水卷材的粘贴方法分为:

(1)满粘法:满粘法又称全铺法。施工时,防水卷材与基层全面积粘贴,不留空隙。

(2)空铺法：是指在防水卷材周围一定范围内粘贴，其余部分不粘贴，成分离状态。

(3)条粘法：卷材与基层之间采用条状粘贴，卷材与基层之间留有和大气相通的条状空隙通道，有利于将基层的潮气排除。

(4)点粘法：施工时，卷材与基层之间采用点状黏结，卷材与基层之间形成和大气相通的弯形通道，可以排潮。大体来说，黏结点每平方米面积不少于5个，每个黏结点面积约100 mm^2。

【案例9-1】 东北某城市高档高层住宅小区楼群屋面需铺设防水卷材，有以下几种材料可选用，请选择：

A. 石油沥青纸胎油毡

B. 玻纤毡胎APP改性沥青防水卷材

C. 三元乙丙橡胶防水卷材

D. 聚氯乙烯防水卷材

分析A：石油沥青纸胎油毡是传统的防水卷材，具有价格低廉的优点。但其低温柔性较差，温度敏感性较强，且易老化，属低档防水卷材，不宜用于高档高层建筑。

分析B：APP改性沥青防水卷材属塑性体沥青防水卷材。其老化期在20年以上，适宜的温度范围为 -15 ~ 130 ℃，耐紫外线的能力比其他改性沥青卷材都强，尤适宜于有强烈阳光照射的炎热地区使用，而于寒冷的东北地区使用，效果则不及三元乙丙橡胶防水卷材等材料。

分析C：三元乙丙橡胶防水卷材宜优先选用。其耐老化性能好，使用寿命可达30 ~ 50年以上。拉伸强度较高(7 MPa以上)，断裂伸长率很大(450%以上)，对黏结基层变形开裂的适应跟踪能力强，耐高温及低温性能好，其中一等品的脆性温度在 -45 ℃以下。

分析D：聚氯乙烯(PVC塑料)防水卷材拉伸强度高，其中P型还高于三元乙丙橡胶防水卷材。但总体性能逊于三元乙丙橡胶防水卷材，而价格较便宜。中低档住宅可选用此类防水材料，而高档住宅楼则选用三元乙丙橡胶防水卷材效果更好。

综合以上分析，应选C。

三、防水涂料

防水涂料是以高分子合成材料、沥青等为主体，在常温下呈无定型流态或半流态，经涂布能在结构物表面结成坚韧防水膜的物料的总称。

防水涂料固化成膜后的防水涂膜具有良好的防水性能，特别适合于各种复杂、不规则部位的防水，能形成无接缝的完整防水膜。它大多采用冷施工，不必加热熬制，既减少了环境污染，改善了劳动条件，又便于施工操作，加快了施工进度。此外，涂布的防水涂料既是防水层的主体，又是胶粘剂，因而施工质量容易保证，维修也较简单。但是，防水涂料须采用刷子或刮板等逐层涂刷(刮)，故防水膜的厚度较难保持均匀一致。因此，防水涂料广泛适用于工业与民用建筑的屋面防水工程、地下室防水工程和地面防潮、防渗等。

防水涂料按液态类型可分为溶剂型、水乳型和反应型三类。溶剂型的黏结性较好，但污染环境；水乳型的价格低，但黏结性差些。从涂料发展趋势来看，随着水乳型性能的提高，它的应用会更广。防水涂料按成膜物质的主要成分可分为沥青类、高聚物改性沥青类和合成高分子类。

（一）防水涂料的性能

防水涂料的品种很多，各品种之间的性能差异很大，但无论何种防水涂料，要满足防水工程的要求，必须具备以下性能。

1. 固体含量

固体含量指防水涂料中所含固体比例。由于涂料涂刷后靠其中的固体成分形成涂膜，因此固体含量多少与成膜厚度及涂膜质量密切相关。

2. 耐热度

耐热度指防水涂料成膜后的防水薄膜在高温下不发生软化变形、不流淌的性能。它反映防水涂膜的耐高温性能。

3. 柔性

柔性指防水涂料成膜后的膜层在低温下保持柔韧的性能。它反映防水涂料在低温下的施工和使用性能。

4. 不透水性

不透水性指防水涂料在一定水压（静水压或动水压）和一定时间内不出现渗漏的性能，是防水涂料满足防水功能要求的主要质量指标。

5. 延伸性

延伸性指防水涂膜适应基层变形的能力。防水涂料成膜后必须具有一定的延伸性，以适应由于温差、干湿等因素造成的基层变形，保证防水效果。

（二）防水涂料的选用

防水涂料的使用应考虑建筑的特点、环境条件和使用条件等因素，结合防水涂料的特点和性能指标选择。

1. 沥青防水涂料

沥青防水涂料指以沥青为基料配制而成的防水涂料。将石油沥青溶于汽油等有机溶剂而配制的涂料，称为溶剂型沥青涂料，其实质是一种沥青溶液。将石油沥青分散于水中，形成稳定的水分散体构成的涂料，称为水乳型沥青类防水涂料，这类涂料对沥青基本没有改性或改性作用不大，有石灰乳化沥青、膨润土沥青乳液和水性石棉沥青防水涂料等。主要适用于Ⅲ级和Ⅳ级防水等级的工业与民用建筑屋面、混凝土地下室和卫生间防水。

石灰乳化沥青是以石油沥青为基料，以石灰膏为分散剂，以石棉绒为填充料加工而成的一种沥青浆膏（冷沥青悬浮液）。工程中结合聚氯乙烯胶泥等接缝材料，可用于保温或非保温无砂浆找平层屋面等工程的防水；可作为膨胀珍珠岩等保温材料的黏结剂，做成沥青膨胀珍珠岩等保温材料。

2. 高聚物改性沥青防水涂料

高聚物改性沥青防水涂料指以沥青为基料，用合成高分子聚合物进行改性，制成的水乳型或溶剂型防水涂料。这类涂料在柔韧性、抗裂性、拉伸强度、耐高低温性能、使用寿命等方面比沥青基涂料有很大的改善。品种有再生橡胶改性沥青防水涂料、溶剂型氯丁橡胶沥青防水涂料、水乳型氯丁橡胶沥青防水涂料、SBS 橡胶改性沥青防水涂料等。适用于Ⅱ、Ⅲ、Ⅳ级防水等级的屋面、地面的防水工程；地下混凝土工程防潮抗渗，沼气池防漏气；厕所、厨房及室内地面防水；旧屋面防水工程的翻修；防腐蚀地坪的防水隔离层。

高聚物改性沥青防水涂料的物理性能应符合表 9-9 的要求，其涂膜厚度选用应符合表 9-10

的规定。

表 9-9　高聚物改性沥青防水涂料的物理性能

项目		性能要求
固体含量(%)		≥43
耐热度(80 ℃,5 h)		无流淌、起泡和滑动
柔性(-10 ℃)		3 mm 厚,绕 ϕ ±20 mm 圆棒无起纹、断裂
不透水性	压力(MPa)	≥0.1
	保持时间(min)	≥30
延伸((20±2)℃拉伸,min)		≥4.5

表 9-10　涂膜厚度选用

屋面防水等级	设防道数	高聚物改性沥青防水涂料	合成高分子防水涂料
Ⅰ级	三道或三道以上设防	—	不应小于 1.5 mm
Ⅱ级	二道设防	不应小于 3 mm	不应小于 1.5 mm
Ⅲ缀	一道设防	不应小于 3 mm	不应小于 2 mm
Ⅳ级	一道设防	不应小于 2 mm	—

3. 合成高分子防水涂料

合成高分子防水涂料指以合成橡胶或合成树脂为主要成膜物质制成的单组分或多组分的防水涂料。这类涂料具有高弹性、高耐久性及优良的耐高低温性能。品种有聚氨酯防水涂料、丙烯酸酯防水涂料、聚合物水泥涂料和有机硅防水涂料等。适用于Ⅰ、Ⅱ、Ⅲ级防水等级的屋面、地下室、水池及卫生间等的防水工程。

聚氨酯涂膜防水材料有透明、彩色、黑色等品类,并兼有耐磨、装饰及阻燃等性能。由于它的防水延伸及温度适应性能优异,施工简便,故在中高级公用建筑的卫生间、水池等防水工程及地下室和有保护层的屋面防水工程中得到广泛应用。

合成高分子防水涂料的物理性能应符合表 9-11 的要求,其涂膜厚度选用应符合表 9-10 的规定。

表 9-11　合成高分子防水涂料的物理性能

项目		性能要求		
		反应固化型	挥发固化型	聚合物水泥涂料
固体含量(%)		≥94	≥65	≥65
拉伸强度(MPa)		≥1.65	≥1.5	≥1.2
断裂延伸率(%)		≥350	≥300	≥200
柔性(℃)		-30,弯折无裂纹	-20,弯折无裂纹	-10,绕 ϕ10 mm 棒无裂纹
不透水性	压力(MPa)	≥0.3		
	保持时间(min)	≥30		

4. 硅橡胶防水涂料

硅橡胶防水涂料是以硅橡胶乳液及其他乳液的复合物为主要基料，掺入无机填料及各种助剂配制而成的乳液型防水涂料。该涂料兼有涂膜防水和浸透性防水材料两者的优良性能，具有良好的防水性、渗透性、成膜性、弹性、黏结性和耐高低温性能，可在潮湿的基层上施工，可刷涂、喷涂或滚涂，适用于地下工程、输水及储水构筑物、卫生间、屋面等防水、防渗及渗漏修补工程。

四、密封材料

建筑密封材料是指能承受接缝位移以达到气密、水密目的而嵌入建筑接缝中的定形和非定形的材料。

建筑密封材料防水工程是对建筑物进行水密与气密，起到防水作用，同时起到防尘、隔汽与隔声的作用。

（一）建筑密封材料的种类及性能

密封材料分为不定型密封材料和定型密封材料两大类。前者指膏糊状材料，如腻子、塑性密封膏、弹性和弹塑性密封膏或嵌缝膏（见图 9-5、图 9-6）；后者是指根据密封工程的要求制成带、条、垫形状的密封材料（见图 9-7、图 9-8）。

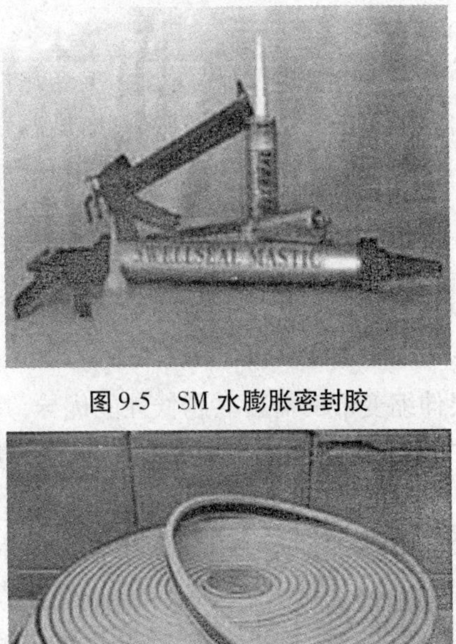

图 9-5　SM 水膨胀密封胶

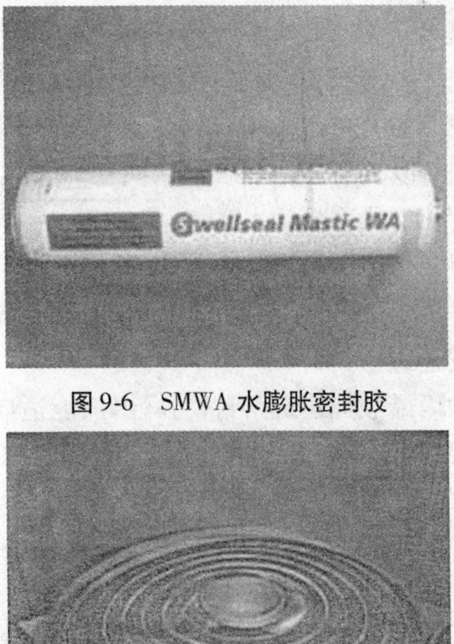

图 9-6　SMWA 水膨胀密封胶

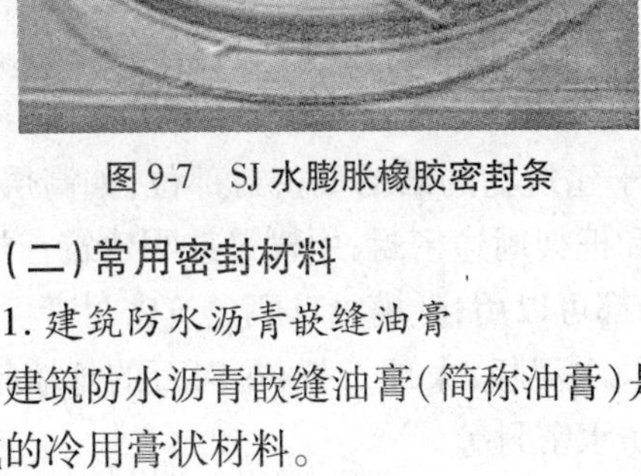

图 9-7　SJ 水膨胀橡胶密封条

图 9-8　BTS 水膨胀橡胶腻子条

（二）常用密封材料

1. 建筑防水沥青嵌缝油膏

建筑防水沥青嵌缝油膏（简称油膏）是以石油沥青为基料，加入改性材料及填充料混合制成的冷用膏状材料。

(1)性能:黑色膏状物,黏结性好,伸长率高,耐高低温性能好,老化缓慢。

(2)主要用途:适用于各种混凝土屋面板、墙板等建筑构件节点的防水密封。

(3)使用注意事项:储存、操作远离明火;使用时不得用汽油、煤油等稀释,以防止降低油膏黏度,亦不得戴粘有滑石粉和机油的湿手套操作;用料后的余料应密封,在5~25 ℃室温中存放,储存期为6~12个月。

2. 聚氨酯建筑密封膏

聚氨酯建筑密封膏是以聚氨基甲酸酯聚合物为主要成分的双组分反应固化型的建筑密封材料。聚氨酯密封膏按流变性分为两种类型:N型,非下垂型;L型,自流平型。

聚氨酯建筑密封膏具有延伸率大、弹性高、黏结性好、耐低温、耐油、耐酸碱及使用年限长等优点。

聚氨酯建筑密封膏被广泛用于各种装配式建筑屋面板、墙、楼地面、阳台、窗柜、卫生间等部位的接缝、施工缝的密封,给水排水管道、贮水池等工程的接缝密封,混凝土裂缝的修补,也可用于玻璃及金属材料的嵌缝。

3. 聚氯乙烯接缝膏

聚氯乙烯接缝膏是以煤焦油和聚氯乙烯(PVC)树脂粉为基料,按一定比例加入增塑剂、稳定剂及填充料(滑石粉、石英粉)等,在140 ℃温度下塑化而成的膏状密封材料,简称PVC接缝膏。

PVC接缝膏有良好的黏结性、防水性、弹塑性、耐热性、耐寒性、耐腐蚀和抗老化性。这种密封材料可以热用,也可以冷用。热用时,将聚氯乙烯接缝膏用慢火加热,加热温度不得超过140 ℃,达塑化状态后,应立即浇灌于清洁干燥的缝隙或接头等部位。冷用时,加溶剂稀释。

4. 丙烯酸酯建筑密封膏

丙烯酸酯建筑密封膏是以丙烯酸酯乳液为基料,掺入增塑剂、分散剂、碳酸钙等配制而成的建筑密封膏。

丙烯酸酯建筑密封膏弹性好,能适应一般基层伸缩变形的需要。耐候性能优异,其使用年限在15年以上。耐高温性能好,在−20~140 ℃情况下,长期保持柔韧性。黏结强度高,耐水、耐酸碱性,并有良好的着色性。

丙烯酸酯密封膏适用于混凝土、金属、木材、天然石料、砖、瓦、玻璃之间的密封防水。

5. 硅酮建筑密封膏

硅酮建筑密封膏是由有机聚硅氧烷为主剂,加入硫化剂、促进剂、增强填充料和颜料等组成的。

(1)性能:弹性优异,耐磨性好;耐高低温性能好,耐油性、耐候性、耐化学腐蚀性好;施工方便,无毒、无污染。

(2)主要用途:高模量硅酮建筑密封膏主要用于建筑物的结构型密封部位,如高层建筑物大型玻璃幕墙、隔热玻璃黏结密封、建筑物门窗和框架周边密封;中模量硅酮建筑密封膏,除具有极大伸缩性的接触不能使用外,在其他场合都可以用;低模量硅酮建筑密封膏主要用于建筑物的非结构型密封部位,如预制混凝土墙板、水泥板、大理石板、花岗石的外墙接缝、混凝土与金属框架的黏结、卫生间、高速公路接缝防水密封等。

五、防水卷材性能检验

（一）常用标准

（1）《石油沥青纸胎油毡、油纸沥青防水卷材试验方法》（GB 326—2007，GB 328.1～328.7—2007）。

（2）《塑性体改性沥青防水卷材》（GB 18243—2008）。

（3）《弹性体改性沥青防水卷材》（GB 18242—2008）。

（二）试验项目

（1）石油沥青油毡试验项目包括耐热度和拉力试验。

（2）弹性体改性沥青和塑性体改性沥青防水卷材试验项目包括拉力、延伸率和耐热度试验。

（三）取样方法

以同一类型、同一规格 10 000 m^2 为一批，不足 10 000 m^2 时亦可作为一批。每批产品随机抽取 5 卷进行卷重、面积、厚度与外观检查。从卷重、面积、厚度及外观合格的卷材中随机抽取 1 卷进行物理力学性能试验。

将取样卷材切除距外层卷头 2 500 mm 后，顺纵向切取长度为 800 mm 的全幅卷材试样 2 块，一块作物理性能检测用，另一块备用。试样按表 9-12 规定的尺寸与数量和图 9-9 规定的部位切取（高分子防水片材不同）。

表 9-12　试验尺寸及数量

试验项目	试件代号	试件尺寸（mm）	数量（个）
可溶物含量	A	100×100	3
拉力和延伸度	B、B′	250×50	纵横向各 5
不透水性	C	150×150	3
耐热度	D	100×50	3
低温柔度	E	150×25	6
撕裂强度	F、F′	200×75	纵横向各 5

（四）试验条件

试样在试验前，应原封放于干燥处并保持在 15～30 ℃范围内一定时间，试验用水为蒸馏水或洁净水。

（五）拉伸试验

1. 试验目的

检验卷材抵抗拉力破坏的能力。

2. 试验仪器

（1）拉力试验机能同时测定拉力和伸长率，测力范围为 0～2 000 N，最小分度值不大于 5 N，伸长范围能使夹具间距（180 mm）伸长 15 倍，夹具持宽度不小于 500 mm，如图 9-10 所示。

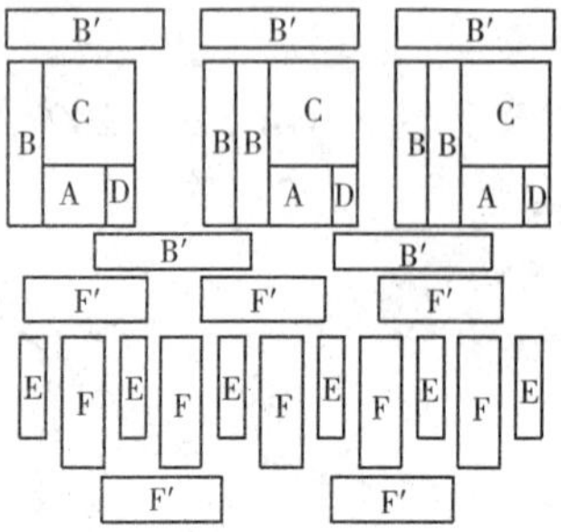

图 9-9　试样切取图

图 9-10　拉力试验机

(2)切割机、温度计等。

3. 试样制备

试件的尺寸、形状、数量与制备要求如下:

(1)送至实验室前,应原封放在干燥处并保持在 15 ~ 30 ℃范围内一定时间,实验室温度应每日记录。

(2)物理性能所用的水应为蒸馏水或洁净的淡水(饮用水),所用溶剂为化学纯或分析纯,但生产厂一般日常检验可采用工业溶剂。

4. 试验步骤

(1)校验试验机,拉伸速度为 50 mm/min,试件夹持在夹具中心,且不得歪扭,上下夹具间距离为 180 mm。

(2)检查试件是否夹牢。

(3)检查完毕满足要求后,启动防水卷材拉力试验机至试件拉断为止,记录最大拉力及最大拉力时的延伸率。

试验中应注意:试验温度应在(28 +2) ℃下进行,切取的试件放置在试验温度下不少于 24 h,试验机拉伸速度应在 50 mm/min。

5. 试验结果评定

拉力:分别计算纵向和横向 5 个试件拉力的算术平均值,以其平均值作为卷材的纵向拉力或横向拉力。试验结果的平均值达到标准规定的指标时判定该项指标合格。

最大拉力时的延伸率按式(9-2)计算;

$$E = \frac{L_1 - L_0}{L} \times 100\% \qquad (9\text{-}2)$$

式中　E——最大拉力时延伸率(%);

L_1——试件最大拉力时的标距,mm;

L_0——试件初始标距,mm;

L——夹具间距离,mm。

分别计算纵向或横向 5 个试件最大拉力时延伸的算术平均值,以此作为卷材纵向或横向的延伸率。试验结果的平均值达到标准规定的指标时判为该项指标合格。

(六)耐热度试验

1. 试验目的

通过耐热度检测,评定卷材的耐热性质,作为卷材环境温度要求的选择依据。

2. 试验仪器

(1)电热恒温箱,带有热风循环装置。

(2)温度计,0~5 ℃,最小刻度0.5 ℃。

(3)干燥器,ϕ205~300 mm。

(4)天平,质感0.001 g。

3. 试样制备

试件的尺寸、形状、数量与制备要求如下:

(1)送至实验室前,应原封放在干燥处并保持在15~30 ℃范围内一定时间,实验室温度应每日记录。

(2)物理性能所用的水应为蒸馏水或洁净的淡水(饮用水),所用溶剂为化学纯或分析纯,但生产厂一般日常检验可采用工业溶剂。

4. 试验步骤

(1)在每块试件距短边一端1 cm处的中心打一小孔。

(2)将试件用挂钩穿挂号,放入已定温到规定温度的电热恒温箱内,在每个试件下端放一器皿,用以接淌下的沥青。

(3)在规定温度下加热2 h后,取出试件及时观察并记录试件表面有无涂层滑动流淌、滴落和集中性气泡(涂盖层原形的密集气泡)等现象。

试验中应注意:试件挂钩必须用洁净无锈的细铁丝或回形针,试件在烘箱内的位置应距箱壁及试件间有一定距离,一般不应小于50 mm。

第二节　保温隔热材料

保温隔热材料是指具有防止建筑物内部热量损失或隔绝外界热量传入的材料。在冬天为防止由室内向室外传热的绝热材料,即是保温材料;在夏季为隔离太阳辐射和室外高温影响的材料即是隔热材料。保温、隔热材料统称为绝热材料,保温隔热材料是绝热材料的一部分。

在建筑领域,保温材料主要负责围护结构在冬季保持室内适当温度的能力,传热过程常按照稳定传热考虑,并以传热系数值或热阻值来评价。隔热材料主要负责围护结构在夏季隔离热辐射和室外高温的影响,使室内温度保持适当温度的能力,传热过程按24 h为周期的周期性传热来考虑,以夏季室外计算温度条件下(较热天气下)围护结构内表面最高温度值来评价。

建筑物使用保温隔热材料,目的是保证室内有正常的温湿度环境;创造特定的室内温湿度条件,如冷库、恒温恒湿车间;保证围护结构的耐久性,防止材料因温湿度变化而产生腐蚀、变形、开裂。

自然界中,热量的传递有传导、对流、热辐射三种方式。热流总是由高温处向低温处传递的。在实际的传热过程中,往往同时存在多种传热方式,如室内热量的散失,有通过墙体材料的传导、热辐射，还有通过门窗缝隙的对流。

导热性指材料传递热量的能力。材料的导热能力用导热系数 λ 表示。导热系数的物理意义为：在稳定传热条件下，当材料层单位厚度内的温差为 1 ℃时，在 1 h 内通过 1 m^2 表面积的热量。材料导热系数越大，导热性能越好。材料的导热系数按式(9-3)计算：

$$\lambda = \frac{Q\delta}{(\tau_n - \tau_w)FZ} \tag{9-3}$$

式中 Q——总的传热量，J；

λ——材料的导热系数，W/(m·K)；

δ——壁体的厚度，m；

τ_n、τ_w——壁体内、外表面的温度，K 或℃；

Z——传热时间，s 或 h；

F——传热面积，m^2。

一般将用于高温环境、导热系数小于 0.174 W/(m·K)的材料称为绝热材料。绝热材料是指不易传热的、对热流具有显著阻抗性的材料或材料复合体。将用于较低温环境、导热系数小于 0.14 W/(m·K)的材料称为保温材料。将导热系数小于 0.05 W/(m·K)的材料称为高效保温隔热材料。

建筑中，将导热系数小于 0.23 W/(m·K)的材料统称为绝热材料。

【知识链接】 房屋围护结构的保温，要求内表面温度不致太低，以免对人体产生冷辐射(围护结构内表面温度低于人体表面温度时，将以辐射换热的方式从人体吸热)，甚至结露(结露与表面温度、空气湿度有关。室内相对湿度在 50% 以下的称为干燥房间，室内相对湿度为 50% ~60% 的称为正常湿度房间，室内相对湿度为接近 75% 的称为潮湿房间，室内相对湿度为高于 75% 的称为高湿房间。含一定水汽量的湿空气，温度降低，则相对湿度增大，达到 100% 时水汽开始凝结，此时的温度称为露点温度)。同时控制热损失，以节省采暖费用。

围护结构保温方案，采用保温层设在围护结构承重层的外侧，保温层设在围护结构的中间部分，保温层设在围护结构承重层的内侧等措施。

根据保温层的用材及做法不同，又分为采用导热系数小的保温材料设置单独的保温层，如泡沫混凝土、膨胀珍珠岩、膨胀蛭石等；采用空气间层(包括表面涂贴反射材料的空气间层)；采用兼有保温承重作用的空心构件和轻混凝土制品，如空心砖、加气混凝土砌块、陶粒混凝土板材等；或上述几种方式的组合。

选择保温方案需要考虑气候特点、房间使用性质、可采用的保温材料、结构部位(外墙、屋顶)、施工便利性等因素。对于传热异常部位(薄弱部位)，如窗户、冷桥、外墙交角处等，应采取相应的特殊保温措施。

对于围护结构的隔热，在构造措施上采用热稳定性好的材料放在室内一侧；浅色光平外表面；采用通风屋顶结构；遮挡阳光(绿化可减少来自地面的热辐射)；提高围护结构的热阻和热惰性。

一、保温隔热材料的性能要求

(一)建筑保温隔热材料的分类

保温隔热材料按状态不同，可分为纤维状(如石棉、玻璃棉、木纤维等)、微孔状(如加气混凝土、硅藻土、硅酸钙等)、气泡状(如发泡混凝土、聚苯乙烯泡沫、聚氨酯泡沫等)、松散状(如膨胀珍珠岩、干铺炉渣、膨胀蛭石等)、层状(如铝箔、反射玻璃等)。

保温隔热材料按材质可分为无机保温隔热材料(如发泡混凝土、硅藻土、棉纤维等)、有机保温隔热材料(如聚苯乙烯泡沫、聚氨酯泡沫、橡胶泡沫等)、金属保温隔热材料(如铝箔)和金属保温材料。有机保温隔热材料的保温绝热性能比无机保温隔热材料的好,且表观密度一般也小于后者,但是其耐久性和阻燃性均不如无机保温隔热材料。金属保温材料主要是以金属面层与有机聚合物复合成保温材料为主,在建筑领域也占有一席之地。

保温隔热材料按使用温度可分为:①低温保温隔热材料(使用温度小于 900 ℃),如硅藻土砖、石棉、膨胀蛭石、矿棉等;②中温保温隔热材料(使用温度在 900 ~ 1 200 ℃),如硅藻土砖、膨胀珍珠岩、轻质黏土砖和耐火纤维等;③高温保温隔热材料(使用温度大于 1 200 ℃),如轻质高铝砖、轻质刚玉砖、轻质镁砖、空心球制品及高温耐火纤维制品等。

(二)保温隔热材料的主要性能指标

保温隔热材料的性能指标主要有导热系数 λ(W/(m·K))、表观密度(kg/m^3)、抗压强度(MPa)、温度稳定性、含水率(%)、线膨胀系数、最高使用温度(℃)等。

1. 导热系数

材料传递热量的性质称为导热性,它反映了材料的导热能力,是保温材料的主要物理特性。材料的导热系数越小,则保温隔热性能越好。导热系数与材料的表观密度、含水率、内部结构和保温层尺寸密切相关,其中以表观密度和含水率对材料的导热系数影响最大。表观密度小、气孔率大的材料导热系数小,如纤维状保温材料,当表观密度较小时,其导热系数随密度的增加而降低,并存在一个最低导热系数的容重值;而其他保温材料的导热系数会随着密度的增大而增大。含水率对导热系数的影响表现在材料吸水性大将使导热系数急剧增大,严重破坏保温效果。

2. 表观密度

材料中固体物质的导热能力比空气大很多,所以其内部气孔率越大,表观密度越小,导热系数也较小,而且孔隙的大小和特征也影响着导热系数,如在孔隙相同的条件下,孔隙尺寸越大,相互连通的气孔容易造成热对流而使导热系数增大。工程中尽量采用密度小的保温材料,一般软质和半硬质材料的密度不得大于 150 kg/m^3,硬质材料的密度不得大于 220 kg/m^3。

3. 含水率

保温材料吸收水的性质称为吸水性。保温材料的吸水性对保温效果影响很大,原因在于水的导热系数约为孔隙内空气导热系数的 20 倍。材料吸水后,除孔隙中剩余的空气分子的传热、对流及部分孔壁的辐射作用外,孔隙中蒸汽的扩散和水分子的热传导在传热中起主导作用,尤其是吸收的水分遇冷后凝结成冰,会大大提高材料的导热系数,严重者会引起材料的开裂,破坏保温结构,因此防水性差的保温材料可以在其中加入适量的憎水剂,如憎水矿棉板和憎水珍珠岩等,还可以对材料表面进行改性处理。

4. 抗压强度及线膨胀系数

抗压强度是材料受到压缩力作用而破坏时,单位原始横截面上承受的最大压力负荷。保温隔热材料的抗压强度应大于 0.4 MPa。材料的抗压强度与加工工艺、气孔率等密切相关。气孔率高,密度变小,抗压强度降低。绝热材料的强度一般都很低,除如具有一定强度的加气混凝土等少数能独自承重的材料外，在围护结构中经常把保温隔热材料层与承重结构材料层复合使用。线膨胀系数是反映保温板材尺寸稳定性的指标，一般保温隔热材料要求线膨胀系数小于2%。

5.最高使用温度

最高使用温度是指保温材料长期安全、可靠工作所能承受的极限温度。有机保温材料的阻燃性和热稳定性差，所以使用温度较低，而无机保温材料能够弥补这一缺陷，甚至有些无机材料的最高使用温度可达上千摄氏度。总之，一般保温材料应该在其使用温度下，保持其理化性能稳定，符合设计和运行的技术要求。

在上述指标中，导热系数是衡量材料保温绝热性能的最重要指标。材料的导热系数值越小，其保温隔热性能越好。绝大多数建筑材料的导热系数介于0.035～3.5 W/(m·K)之间。建筑工程上对保温隔热材料的基本要求是：导热系数不宜大于0.174 W/(m·K)，表观密度不大于600 kg/m^3，抗压强度则应大于0.3 MPa。实际应用中，一般用于建筑屋面、围护结构的绝热材料多指导热系数小于0.23 W/(m·K)的建筑材料。同时，在选用保温隔热材料时，应综合考虑结构的用途、使用环境湿度、温度及部位、维护结构的构造、施工难易程度、材料来源和技术经济效益等。

二、常见保温隔热材料

在建筑中使用最为普遍的保温隔热材料，无机材料有膨胀珍珠岩、加气混凝土、岩棉、玻璃棉等，有机材料有聚苯乙烯泡沫塑料、聚氨酯泡沫塑料等。这些材料保温隔热效能的优劣主要由材料热传导性能的高低所决定。材料的热传导愈难，其保温隔热性能愈好。一般而言，保温隔热材料的共同特点是轻质、疏松，呈多孔状或纤维状，以其内部不流动的空气来阻隔热的传导。

(一)无机保温隔热材料

无机材料主要优点在于防火阻燃、变形系数小、抗老化、性能稳定、生态环保性好、不消耗有机能源、利用废料、与墙基层和抹面层结合较好、安全稳固性好、使用寿命长、施工难度小、成本较低等。但缺点是容重较大、致密性和可加工性较差、保温隔热性能稍差。

1.无机纤维保温隔热材料

1)矿渣棉及其制品

矿渣棉是以工业废料高炉矿渣为主要原料，辅加适量的溶剂型材料，熔化后用高速离心法或喷吹法制成的一种具有保温、隔热、吸声、防震等多功能的无机纤维材料。其表观密度为114～130 kg/m^3，导热系数为0.044～0.046 W/(m·K)，最高使用温度为600 ℃。其特点是：质量轻、导热系数低、不燃、防蛀、耐化学腐蚀、吸声性好且价格低廉；但是其吸水性大、弹性小、可作填充用。主要制品有沥青矿渣棉毡、酚醛树脂矿渣棉板(管壳)、矿棉半硬板、矿棉保温带等制品。

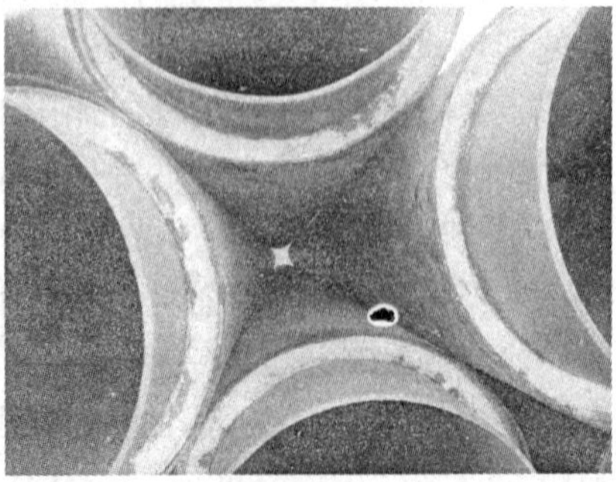

图9-11　岩石棉

2)岩石棉及其制品

岩石棉(见图9-11)是以火山玄武岩为主要原

料，外加一定数量的石灰石或少量萤石，经 1 450 ℃以上高温熔化，用蒸汽或压缩空气喷吹，或用多级离心机离心加压而制成的一种人工无机短纤维。其表观密度为 80 ~ 110 kg/m³，导热系数为 0.041 ~ 0.050 W/(m·K)，纤维长 2 ~ 15 cm，直径 4 ~ 10 μm，渣球含量(0.5 mm 渣球)5% ~ 10%，吸湿率小于等于 1%，使用温度为 700 ℃。其特点是：轻质、保温、吸声、防震、耐热、耐腐蚀、不燃，制品为中性，对任何材料均无腐蚀性，化学稳定性好，能将声能转变成热能，可重复使用且在使用期内体积稳定，是一种良好的保温隔热建筑材料。主要制品有岩石棉板(LYB)、岩石棉轻板(LYK)、岩棉保温带等。

3）玻璃棉及其制品

玻璃棉及其制品是继岩棉之后出现的一种容重轻、保温隔热性能好的隔热保温材料。它由大量相互交错的玻璃纤维构成多孔结构，具有较好的保温和吸声性，质量轻(一般为 10 ~ 96 kg/m³)，软化点为 500 ℃左右，化学稳定性高，不燃烧，不腐朽，吸湿性小。其主要制品及性能见表 9-13。

表 9-13　玻璃棉制品及性能

产品	颗粒直径(μm)	表观密度(kg/m³)	常温导热系数(W/(m·K))	耐热度(℃)	说明
普通玻璃棉	<15	80 ~ 100	0.052	≤300	耐碱度较差
普通超细玻璃棉	<5	20	0.035	≤400	使用温度≤300 ℃
无碱超细玻璃棉	<2	4 ~ 15	0.033	<600	耐腐蚀性强
高硅氧玻璃棉	<4	95 ~ 100	在 262 ~ 413 ℃时 0.067 8 ~ 0.102 7	≤1 000	耐高温，耐腐蚀性强

玻璃棉除适用于围护结构及管道绝热外，还可用于低温保冷工程。玻璃棉是玻璃纤维的一种，包括短棉、超细棉。最高使用温度为 350 ~ 600 ℃。玻璃棉可制成沥青玻璃棉毡、板等，见图 9-12。

4）陶瓷纤维

陶瓷纤维(见图 9-13)导热率低，热容量小，具有优良的热稳定性和抗拉强度，广泛应用于石油、化工行业高温反应设备和加热设备的壁衬隔热，尤其在石化行业乙烯裂解炉上得到了广泛的应用。

图 9-12　夹心墙玻璃棉制品

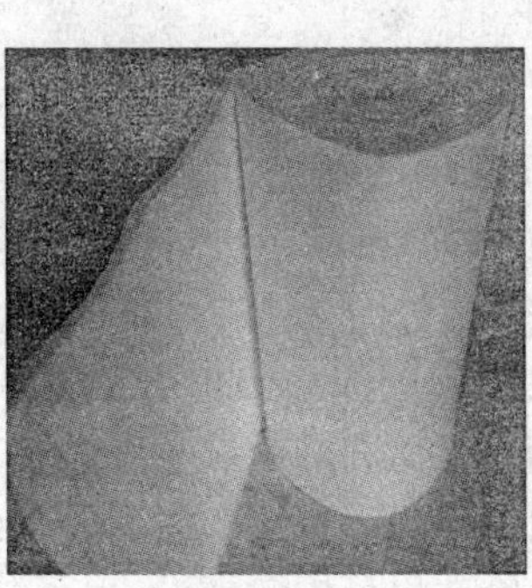

图 9-13　陶瓷纤维

陶瓷纤维不含致癌物质，是替代岩棉制品的理想保温材料，大量应用于发电机组锅炉本体和各种高压、中压蒸汽管线。陶瓷纤维最高使用温度为 1 100 ~ 1 350 ℃,可用于高温绝热、吸声,见图 9-14。

图 9-14　陶瓷纤维在石化、电力及其他行业中的应用

2. 无机松散粒状保温材料

1) 膨胀蛭石及其绝热制品

膨胀蛭石是由蛭石经烘干、破碎、筛选、焙烧(900 ~ 1 000 ℃)、膨胀而成的。其层状碎片内部具有无数细小的薄层孔隙,充满空气,故表观密度极轻。膨胀蛭石的表观密度为 80 ~ 200 kg/m^3,导热系数为 0.046 ~ 0.070 W/(m·K),最高使用温度为 1 000 ~ 1 100 ℃。膨胀蛭石具有良好的绝热、耐火、吸声性能,但吸水性大、电绝缘性不好。可松散铺设与夹壁、楼板、屋面等作围护结构保温、隔热、吸声之用,但由于此材料吸水率较高,需铺设防潮层,以免影响保温效果。目前,主要制品有水泥膨胀蛭石制品、水玻璃膨胀蛭石制品等,见图 9-15、图 9-16。

图 9-15　原状蛭石

图 9-16　金黄色膨胀蛭石

2) 膨胀珍珠岩及其绝热制品

膨胀珍珠岩简称珍珠岩粉,是以珍珠岩、黑曜岩或松脂岩为原料,经破碎、筛分、预热在高温(1 260 ℃)中悬浮瞬间焙烧,体积骤然膨胀而成的,色白或灰白,颗粒结构呈蜂窝泡沫状,是一种高效能保温绝热材料。其表观密度为 40 ~ 300 kg/m^3,常温下导热系数为 0.021 ~ 0.041 W/(m·K),高温导热系数为 0.058 ~ 0.175 W/(m·K),常压下温度为 25 ~ 196 ℃时导热系数为 0.028 ~ 0.038 W/(m·K),安全使用温度为 800 ℃。吸湿率低,但易吸水,受潮后绝热效果大大降低。主要制品有水泥膨胀珍珠岩制品、水玻璃膨胀珍珠岩制品等。它在建筑和工业保温材料中占有较大的比重,约为保温材料的 44%。

膨胀珍珠岩可松散铺设,也可制成水泥膨胀珍珠岩制品、水玻璃膨胀珍珠岩制品、沥青膨胀珍珠岩制品等见图 9-17、图 9-18。参照标准《膨胀珍珠岩》(JC 209—92)、《膨胀珍珠岩绝热制品》(GB 10303—89)。

图 9-17　膨胀珍珠岩

图 9-18　膨胀珍珠岩制品

3. 无机多孔性保温材料

1) 轻质混凝土

轻质混凝土包括轻集料混凝土和多孔混凝土。

(1) 轻集料混凝土。

轻集料混凝土是以发泡多孔颗粒为集料的混凝土。由于其采用的轻集料有多种，如膨胀珍珠岩、膨胀蛭石，黏土陶粒等；采用的胶结材料也有多种，如各种水泥或水玻璃等，从而使其性能和应用范围很大。

轻集料混凝土常以轻集料种类来命名，例如粉煤灰陶粒混凝土、黏土陶粒混凝土、页岩陶粒混凝土等，见图 9-19，其质轻，保温性能好。工程中，根据强度要求不同，相应选取保温用轻集料混凝土、结构保温用轻集料混凝土和结构用轻集料混凝土。

图 9-19　陶粒

(2) 多孔混凝土。

多孔混凝土是具有大量均匀分布、直径小于 2 mm 的封闭气孔的轻质混凝土，主要有泡沫混凝土和加气混凝土。

①泡沫混凝土又包括发泡混凝土、聚苯乙烯泡沫发泡混凝土、聚氨酯泡沫发泡混凝土。泡沫混凝土是通过发泡机的发泡系统将发泡剂用机械方式充分发泡，并将泡沫与水泥浆均匀混合，然后经过发泡机的泵送系统进行现浇施工或模具成型，经自然养护所形成的一种含有大量封闭气孔的新型轻质保温材料。它属于气泡状绝热材料，突出特点是在混凝土内部形成封闭的泡沫孔，使混凝土轻质化和保温隔热化。

②加气混凝土是用含钙材料（水泥、石灰）、含硅材料（石英砂、粉煤灰等）和发泡剂作为原料，经磨细、配料、搅拌、浇筑、成型、切割和蒸汽养护等工序生产制成的一种多孔结构保温材料。生产上常用铝粉作发气剂，与氢氧化钙等发生化学反应放出氢气、二氧化碳，形成气泡，而料浆在蒸汽养护下，含钙材料与含硅材料也会发生反应，产生水化硅酸钙，使胚体具有

强度,因此加气混凝土具有独特的物理、化学和力学性能。材料表观密度为 400 ~ 700 kg/m^3,导热系数为 0.08 ~ 0.14 W/(m · K),抗压强度大于 0.392 MPa,最高使用温度小于 600 ℃,常用于围护结构的保温隔热。

【知识链接】 发泡水泥是一种优质混凝土,同时是一种优质保温隔热材料,可用于屋面保温、地暖及地面垫层等。发泡水泥保温隔热材料有以下特点:

(1)直接在建筑屋面上施工,工序简单,造价低。可根据屋面尺寸厚度的大小随意制作出各种形状的板块,节约时间,减少工序,效率提高 2 倍以上,比在屋面直接干铺加气混凝土块降低造价近 30%。

(2)节能指标优于民用建筑节能指标的要求。发泡水泥制品具有质量轻的特性,其密度为 320 ~ 700 kg/m^3。

(3)良好的隔热性能,其导热系数低于 0.20。

(4)良好的抗压性能,其抗压强度大于 0.2 MPa。

地面采暖所用的保温层,在前几年大多数是聚苯乙烯泡沫塑料,至今仍有一定的应用,但正逐年减少,大部分已经被发泡水泥所取代。现在国外发达国家的地暖保温层大都采用发泡水泥,在我国发泡水泥地暖保温层的应用率也已经达到 50% 以上,未来它将取代聚苯乙烯泡沫塑料。和聚苯乙烯泡沫塑料相比,发泡水泥保温层有以下优点:

(1)耐热度高。聚苯乙烯泡沫塑料的致命弱点是耐热温度低,在 74 ℃就开始分解,当温度继续升高时它就会热熔萎缩。而地暖热水管道温度不是恒定的,有时会超过 74 ℃,这就会造成聚苯乙烯泡沫塑料热分解而使保温失效。而发泡水泥由于是水泥无机材料,耐热可达 500 ℃以上,不存在热分解,因而使用寿命更长,不会造成保温失效。

(2)绿色环保,无毒无害。发泡水泥不含任何有毒成分,发泡剂及各种外加剂均没有挥发性有害物质,有利于室内环境。而聚苯乙烯泡沫塑料却会因热分解释放出有毒气体。因此,使用发泡水泥比使用聚苯乙烯泡沫塑料更具有环保性。

(3)承载能力强。聚苯乙烯泡沫塑料的抗压强度是 0.02 ~ 0.03 MPa,而密度为 200 ~ 300 kg/m^3 的发泡水泥抗压强度为 0.6 ~ 0.8 MPa,抗压性更好。

(4)工艺简单,施工速度快。发泡水泥浇筑摊平即可,不需要一张张铺设,其施工速度比聚苯乙烯泡沫塑料板快 1/3。

(5)没有接缝,减少了接缝所造成的热损失。而聚苯乙烯泡沫塑料板由于是一张张铺设,有很多接缝,容易形成冷桥或热桥。

2)微孔硅酸钙

微孔硅酸钙以硅藻土或磨细石英砂为硅质材料,以石灰为钙质材料,经蒸压养护而成的绝热材料。它含有大量极微小的微孔,表观密度为 200 kg/m^3,热导系数为 0.047 W/(m · K),最高使用温度为 650 ℃。产品有平板(见图 9-20)、弧形板、管壳,参照标准《硅酸钙绝热制品》(GB 10699—1998)。

3)泡沫玻璃

泡沫玻璃是以玻璃碎屑为原料,加少量发气剂,两者按 1∶2配料,经发泡炉发泡后脱模退火而成的一种多孔轻质玻璃(见图 9-21)。其孔隙率可达 80% ~ 90%,气孔多为封闭型的,孔径一般为 0.1 ~ 5.0 mm,导热系数为 0.05 ~ 0.11 W/(m · K),抗压强度为 0.784 ~ 14.7 MPa,最高使用温度为 500 ℃。其特点是热导率低,机械强度较高,表观密度小于 160

kg/m^3,不透水,不透气,能防火,抗冻性强,隔声性能好。泡沫玻璃为高级保温隔热材料,可锯、钉、钻,可砌筑墙体,常用于冷藏库隔热,或用于音乐室、播音室的隔声等。

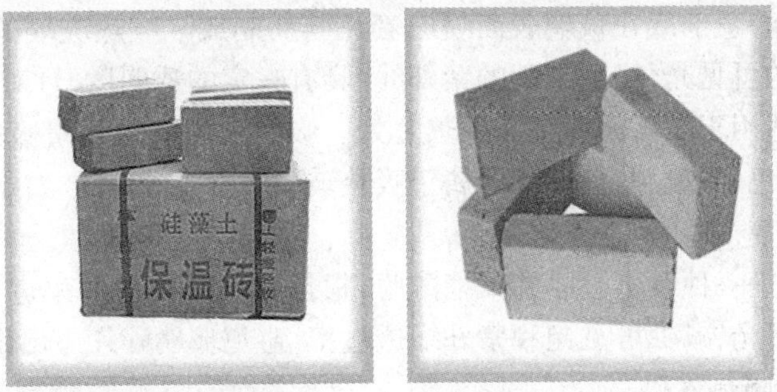

图 9-20　硅藻土保温砖

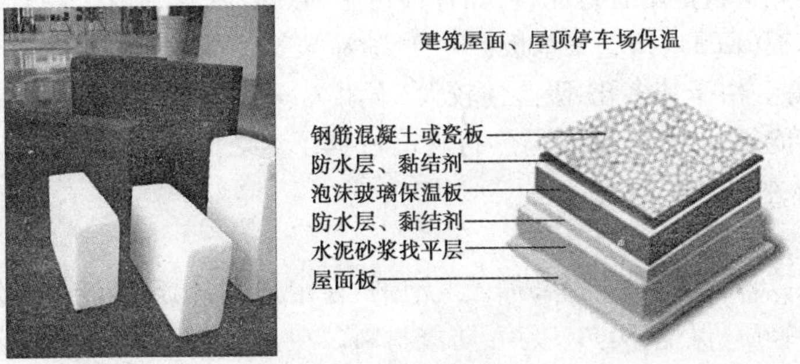

图 9-21　泡沫玻璃

生产中泡沫玻璃的原料除只采用单一碎玻璃外,还可以加入工业废料,如炉渣、粉煤灰或天然矿物如火山灰、云母、浮石、珍珠岩等。采用的发泡剂有碳酸盐、硫酸盐、炭系列、氢氧化物等。泡沫稳定剂采用磷酸盐、醋酸盐等。与其他保温材料相比,泡沫玻璃的水汽渗透性为 0,具有完全封闭的气泡结构,是唯一具有 100% 防水效果的轻质保温材料。此外,它不燃烧,线膨胀系数与水泥砂浆、钢筋混凝土和其他无机建材的相近,可互相结合而不开裂,化学稳定性好且安全、环保。

4. 块状保温隔热材料

玻璃是块状保温隔热材料中应用最多的品种之一。建筑材料中应用的玻璃主要有以下几种。

1) 中空玻璃

中空玻璃有双层和多层之分,可根据要求选用各种性能不同的玻璃原片,如透明浮法玻璃、压花玻璃、彩色玻璃、防阳光玻璃、镜面反射玻璃、夹丝玻璃、钢化玻璃等。中空玻璃的玻璃与玻璃之间留有一定的空隙,使其具有优良的保温、隔热、隔声等性能。

2) 热反射玻璃

具有较高的热反射性能、又保持良好透光性能的平板玻璃称为热反射玻璃(又称镀膜玻璃)。热反射玻璃的颜色有灰色、青铜色、茶色、金色、浅蓝色、棕色、古铜色等。热反射玻璃对太阳辐射热具有较高的反射能力(普通平板玻璃的辐射热反射率为 7% ~8%,热反射玻璃达 30%),镀金属膜的热反射玻璃具有单向透像的特性(在迎光面具有镜子的特性,在背光面又如窗玻璃般透明)。热反射玻璃的光通量反射系数大于吸收系数,应用于门、窗、橱窗及高层建筑幕墙。

3）吸热玻璃

能吸收大量红外线辐射能而又保持良好可见光透过率的平板玻璃称为吸热玻璃，通过在普通玻璃中加入着色剂或在玻璃表面喷涂着色膜而制成。吸热玻璃的特点：吸收太阳的辐射热，吸收太阳的可见光，吸收太阳的紫外线，具有一定的透明度，且对观察物体颜色的清晰度无明显影响，适用于既需采光又需隔热之处。吸热玻璃的光通量吸收系数大于反射系数。我国生产的茶色、灰色、蓝色玻璃即属于吸热玻璃。

4）窗用绝热薄膜

窗用绝热薄膜是一种经过镀膜的聚酯薄膜，根据其可见光透射率进行分级。窗用绝热薄膜的特性：反射阳光，减少可见光和紫外线透过率，避免玻璃碎片飞出伤人。

（二）有机保温隔热材料

有机保温隔热材料是用有机原料，如各种树脂、软木、木丝、刨花等制成的轻质板材，主要包括发泡聚苯板（EPS）、挤塑聚苯板（XPS）、喷涂聚氨酯（SUP）等，其特点是质轻、致密性高、保温隔热性好。由于其多孔、吸湿性较大、不耐久、不耐高温，只能用于低温绝热，近几年来在我国建筑节能领域，有机保温隔热材料已占据了绝对的主导地位。其中，EPS、XPS 的应用就占了 80% 左右。

1. 泡沫塑料

泡沫塑料是以各种树脂为基料，加入发泡剂、稳定剂、催化剂等经加热发泡而制成的一种多孔状的新型轻质、保温、隔热、吸声、防震材料。在建筑工程中，常用的有聚苯乙烯泡沫塑料、聚氯乙烯泡沫塑料、聚氨酯泡沫塑料等。

聚苯乙烯泡沫塑料根据生产工艺的不同，有膨胀型和挤出型两类。目前，膨胀型聚苯乙烯板材由于轻巧方便，使用十分普遍。此种材料的表观密度为 15 ~ 50 kg/m^3，容易切割，吸水率低，抗压强度较高，耐 -80 ℃低温，但使用温度不能高于 75 ℃，加入阻燃剂后有自熄性，化学性能稳定，能抵抗酸、碱、盐的侵蚀，但能溶于丙酮、汽油等溶剂。挤出型聚苯乙烯由于强度高，耐气候性能优异。聚苯乙烯泡沫塑料内部结构为蜂窝状，表皮层不含气孔，中心层含大量微细封闭气孔达 98%。这种结构使该材料具有质轻、保温、吸声、耐低温性好、吸湿性小等特点，并且有较强恢复变形的能力，可用于屋面、墙面保温，冷藏室隔热，常填充在围护结构中或夹在两层其他材料中间做成夹芯板。由于该材料的防火性能差，使用时注意最高使用温度，目前许多研究者正致力于水泥聚苯乙烯板和聚苯乙烯保温砂浆的研究。

按所用原料的不同，聚氨酯泡沫塑料有聚醚型和聚脂型两种，经发泡反应制成，又有软质及硬质之分。软质聚氨酯泡沫塑料质轻、弹性好、撕力强、防震性佳。硬质聚氨酯泡沫塑料（PU）是一种开放型泡沫塑料，具有质轻、导热系数小及吸声、吸尘、防震、耐化学腐蚀性好、使用温度范围大等特点，但是耐热性和阻燃性很差是最大的缺陷。制品有片材、型材、泡沫体等。其表观密度为 30 ~ 65 kg/m^3，导热系数为 0.035 ~ 0.042 W/(m·K)，使用温度为 -60 ~ 120 ℃。特点是不吸水，不易变形，可与其他材料黏结，发泡施工方便，可直接浇筑发泡。在目前所有保温材料中导热系数最低，与基层黏结性能好，热工性能优越；在同样保温效果下，聚氨酯硬泡保温层厚约相当于 EPS 的一半。

2. 软木板

软木俗称栓木，软木板是以栓树的外皮或黄菠萝树皮为原料，经加压成型、干燥而成的。软木板具有质轻、热导率小、抗渗和防腐性能好等特性。

3. 纤维板

有机纤维类板材主要采用木材碎料分离成的木纤维和农作物的废弃物（如稻草、麦秸、玉米秆、甘蔗渣等）经适当处理，制成各种板材加以利用。例如，将木纤维加入酚醛树脂及石蜡防水剂后，经高温高压制成，再在内层垫上玻璃面。成品具有良好的吸声隔声、隔热保暖效果。其表观密度为900 kg/m^3，吸水率小于20%，导热系数为0.093～0.116 W/（m·K），适用于宾馆、会议室、车站及各类建筑内部平顶及墙板装修用。

【知识链接】 外墙外保温技术的发展

20世纪80年代中期，国外企业到中国推广外墙外保温技术，即"粘贴聚苯乙烯泡沫板＋玻纤网格布＋聚合物水泥砂浆外饰"的保温体系。20世纪90年代初期，国内开发了多种外墙保温技术，如ZL胶粉聚苯颗粒保温浆料系统、EPS钢丝网架板后锚固外保温系统、装配式龙骨薄板外保温系统、预制板外保温系统、现浇混凝土复合EPS板外保温系统等。1996年召开第一次全国节能工作会议。此后，外墙外保温专业协会成立，国外的专业人员及材料供应商加强与我国的技术交流。目前，外墙外保温技术处于提高发展的阶段。

《外墙外保温工程技术规程》推荐的五种外墙外保温系统，即EPS板薄抹面外保温系统、胶粉EPS颗粒保温浆料外保温系统、现浇混凝土复合无网EPS板外保温系统、现浇混凝土复合EPS钢丝网架板外保温系统和机械固定EPS钢丝网架板外保温系统。

其他外墙外保温系统有岩棉外保温系统、硬泡聚氨酯外保温系统、保温砌块和预制保温板外保温系统及XPS（挤塑型聚苯乙烯）板外保温系统。

（三）其他新兴保温隔热材料

1. XPS挤塑保温板

XPS挤塑保温板具有超高的保温、防水性能，卓越的高抗压强度，质轻，坚固耐用，性能稳定且环保。作为一种保温隔热材料，XPS挤塑保温板具备出色的保温隔热性能，其结构的闭孔率达到99%以上，相对于发泡聚氨酯80%的闭孔率，领先优势不言而喻。实践证明，20 mm厚的XPS挤塑保温板，其保温效果相当于50 mm厚的发泡聚苯乙烯、120 mm厚的水泥珍珠岩，而且XPS挤塑保温板的轻质和高强度使之能够承受各系统地面荷载。不同型号及厚度的XPS板材抗压强度可达到150～500 kPa以上，处理和使用方便。据有关资料介绍，XPS挤塑保温板使用30～40年后，仍能保持优异的性能，且不会发生分解或霉变，没有有毒物质的挥发，具备良好的耐腐蚀性能。目前，市场上出现的金属膜装饰保温板是美观且易清洁的铝塑板与保温隔热、防水等性能优异的XPS挤塑板完美结合的新一代产品，直接应用在墙体表层能够达到装饰、保温隔热、防水防渗漏等效果，是一种性价比很好的新型装饰板材。

2. 复合夹芯板

复合夹芯板是由两种以上不同材料结合在一起的板材，克服了从单一材料制成的板材因材料本身的局限性而使其受到使用限制的缺点。目前，采用的复合夹芯板有混凝土夹芯板、轻型夹芯板、聚氨酯夹芯复合板、聚苯乙烯复合夹芯板等。它们的优点是承重材料和轻质保温材料的功能都能得到合理利用。例如，聚氨酯夹芯复合板是以彩色镀锌钢板为面层，以聚氨酯泡沫塑料为芯材制成的金属夹芯板。其质量为15～25 kg/m^2，导热系数为0.016～0.02 W/（m·K），抗压强度为0.19～0.23 MPa，使用温度为－50～120 ℃，耐火极限为0.5

h，芯材密度为 40 kg/m^3。夹芯板黏结强度不小于 0.09 MPa，主要用作各种工业与民用建筑的普通墙体、承重墙体材料的屋面板。

3. 复合硅酸盐保温板

复合硅酸盐保温板是一种无机耐候性绝热制品。它是以粉煤灰和铝、镁、硅等多种天然金属或非金属氧化物为组合原料，通过聚合反应和复合发泡反应，形成了轻质、高强的网状硬质多孔制品，其物理、化学性能十分优越，密度为 250 ~ 300 kg/m^3，导热系数为 0.06 ~ 0.07 W/(m · K)，隔热保温效果相当于黏土砖的 6 倍、普通水泥混凝土的 10 倍，强度为 0.7 ~ 1.3 MPa，防火等级高，属不燃型 A 级，对室内环境无毒害、无污染。作为建筑屋面及外墙外保温使用时，不但容重轻、强度高，且绝热、防水一体化，整洁美观，具有良好的使用性能。

4. 纳米绝热材料

绝热材料中应用纳米技术，充分发挥了超细、小尺寸效应，为建筑材料领域开辟了新的发展空间。例如硬硅酸钙是水化硅酸钙矿物中的一种，在所有水化硅酸钙矿物中它的结晶水含量最低，耐温性最好，其分解温度为 1 050 ~ 1 100 ℃。作为保温材料的硬硅酸钙是由二氧化硅质原料和氧化钙质原料在高压釜中经水热动态合成的，一般呈针状或纤维状。这些纤维相互交缠，形成类似鸟窝状结构的中空二次粒子，其内部硬硅酸钙纤维纵横交错，外部纤维也形成紧密的外壳。硬硅酸钙保温材料就是以这种二次粒子紧密堆积而成的，内部空隙尺寸越小，导热系数越低，制品的强度还会提高。还有人以纳米填料改性环氧树脂为基体，以空心微珠和有机纤维为隔热填料，采用湿法缠绕工艺制备了纳米隔热材料。其原理在于：该材料中既有固体颗粒又有纤维作增强隔热填料，两者的协同效应充分得到发挥。另外，由于填料具备纳米尺寸，能够通过热量的颗粒横断面面积和接触面积较小，从而使导热能力降低。空心微珠的加入，也为复合材料提供了致密的多孔结构效果，降低热传导。

【阅读材料】 我国保温隔热材料的发展趋势

近年来，国家鼓励发展建筑节能技术，《居住建筑节能设计标准》(DG/TJOZ—205—2008)要求新设计的采暖居住建筑的保温性能要比 1991 年的建筑提高 80%。因此，有专家分析新型建筑隔热保温材料将更加受到重视，各种泡沫塑料将成为发展的主体。我国建筑节能的目标是：努力实现城镇建筑夏季室温低于 30 ℃，采暖区冬季室温达到 18 ℃的基本要求。从目前保温隔热材料的发展可以看出，它们的共同特点是轻质，疏松，呈多孔状或纤维状，以其内部不流动的空气来阻隔热传导。其中无机材料有不燃、使用温度范围宽、耐化学腐蚀性好等特点，有机材料有强度高、吸水率较低、不透水性好等优良特点。但是，这些保温材料都还存在着不同程度的缺陷，如硅酸钙的含湿气状态下，容易存在腐蚀性的氧化钙，不易在低温环境下使用；矿物棉吸湿性大，只能用于不存在水分的高温环境下；泡沫塑料不宜用于高温下，易燃且产生毒气，耐热性和阻燃性较差；泡沫玻璃由于对热冲击敏感，不宜用于温度急剧变化的状态下等。

近些年，随着技术的发展，国内外对保温材料的研究正在向轻质、多功能、绿色环保型复合保温材料发展。保温隔热材料已经由传统的几种常规材料演变出几十种新型高效的材料，在各行各业中发挥着重要作用。我国每年新建房屋和既有房屋建筑根据建筑节能标准，都需要大量的保温隔热材料，所以进一步研究具有优良保温隔热性能的新型建筑材料是很有意义的。本书就是在总结了建筑保温材料的应用现状，根据新材料的发展趋势，充分开发利用绢云母这种丰富的矿产资源，以石膏为胶凝材料进行保温隔热材料的研究，力图采用新的思路，利用矿物本身的结构来发挥保温隔热性能。

第三节　建筑塑料

塑料是以合成树脂为主要成分，加入各种填充料和添加剂，在一定的温度、压力条件下塑制而成的材料。塑料与合成橡胶、合成纤维并称为三大合成高分子材料，均属于有机材料。建筑塑料在一定的温度和压力下具有较大的塑性，容易做成各种形状尺寸的制品，成型后，在常温下又能保持既得的形状和必需的强度。一般习惯将用于建筑及装饰工程中的塑料及制品称为建筑塑料。目前，塑料成为继金属材料、木材等之后的重要建筑装饰材料，广泛应用于建筑与装饰工程中，有着非常广阔的发展前景。塑料可用作装修装饰材料制成塑料门窗、楼梯扶手、踢脚板、隔墙及隔断、塑料装饰板、塑料地板等，可制成塑料管道、卫生设备以及绝热、隔声材料，可制成涂料、防水材料、黏合剂、绝缘材料用于建筑。

一、塑料的组成特点与品种

（一）塑料的组成

塑料是由合成树脂和添加剂两类物质组成的。

1. 合成树脂

合成树脂是将有机原料用化学方法人工合成而得到的一类具有类似天然树脂性能的高分子量的聚合物，为黏稠液体或加热可软化的固体，受热时通常有熔融或软化的温度范围，在外力作用下可呈塑性流动状态，某些性质与天然树脂相似。合成树脂最重要的应用是制造塑料。在合成树脂中加入适量的添加剂（增塑剂、稳定剂等），在一定的压力和温度下加工，就成为塑料。

合成树脂种类繁多，按主链结构有碳链、杂链和非碳链合成树脂，按合成反应特征有加聚型和缩聚型合成树脂。加聚树脂是由一种或几种不饱和的低分子化合物（称为单体）在热、光或催化剂作用下，经加成聚合反应而成的高分子化合物。在反应过程中不产生副产物，聚合物的化学组成和参与反应的单体的化学组成基本相同。例如，乙烯经加成聚合反应成为聚乙烯，即 $nC_2H_4 \rightarrow (C_2H_4)_n$。缩聚树脂是由两种或两种以上的单体经缩合反应而制成的。缩聚反应中除获得树脂外，还产生副产品低分子化合物，如水、酸、氨等。如酚醛树脂是由苯酚和甲醛缩合而得到的，脲醛树脂是由脲素和甲醛缩合而得到的。

在实际应用中，常按其热行为分为热塑性树脂和热固性树脂。热塑性树脂是指在热作用下，树脂会逐渐变软、塑化，甚至熔融，冷却后则凝固成型，这一过程可反复进行。这类树脂的分子呈线形结构，种类有聚乙烯（PE）、聚丙烯（PP）、聚苯乙烯（PS）、聚酰胺（PA）、聚碳酸酯（PC）、聚酯（PET 等）、ABS 树脂、聚甲醛（POM）、聚砜（PSF）、聚氯乙烯、聚甲基丙烯酸甲酯等。热固性树脂则是指树脂受热时塑化和软化，同时发生化学变化，并固化定型，冷却后如再次受热时，不再发生塑化变形。这类树脂的分子呈体型网状结构，种类有酚醛树脂（PF）、不饱和聚酯树脂（UP）、环氧树脂（EP）、有机硅树脂（SI）、玻璃纤维增强塑料（GRP）等。

生产合成树脂的原料来源丰富，早期以煤焦油产品和电石碳化钙为主，现多以石油和天然气的产品为主，如乙烯、丙烯、苯、甲醛及尿素等。合成树脂的生产方法采用本体聚合、悬浮聚合、乳液聚合、溶液聚合、熔融聚合和界面缩聚等。

合成树脂是塑料的最主要成分，塑料的工艺性能和使用性能主要是由合成树脂的性能所决定的，其用量占总量的30% ~60%，其余成分为稳定剂、增塑剂、着色剂及填充料等。由于含量大，而且合成树脂的性质常常决定了塑料的性质，所以人们常把树脂看成是塑料的同义词。例如，把聚氯乙烯树脂与聚氯乙烯塑料、酚醛树脂与酚醛塑料混为一谈。其实，树脂与塑料是两个不同的概念。

合成树脂与塑料的区别为：树脂指未加工的原始聚合物，塑料则指成型加工后的合成材料及其制品。与热塑性树脂和热固性树脂对应的塑料为热塑性塑料和热固性塑料。

2. 添加剂

添加剂是指能够帮助塑料易于成型，以及赋予塑料更好的性能，如改善使用温度，提高塑料强度、硬度，增加化学稳定性、抗老化性、抗紫外线性能、阻燃性、抗静电性，提供各种颜色及降低成本等，所加入的各种材料。

1）稳定剂

稳定剂是一种为了延缓或抑制塑料过早老化，延长塑料使用寿命的添加剂。按所发挥的作用，稳定剂可分为热稳定剂、光稳定剂及抗氧剂等。常用稳定剂有多种铅盐、硬脂酸盐、碳黑和环氧化物等。

2）增塑剂

增塑剂是指能降低塑料熔融黏度和熔融温度，增加可塑性和流动性，以利于加工成型，并使制品具有柔韧性，减少脆性的添加剂。凡添加到聚合物体系中能使聚合物体系的塑性增加的物质都可以叫作增塑剂。

增塑剂的主要作用是削弱聚合物分子之间的次价健，即范德华力，从而增加了聚合物分子链的移动性，降低了聚合物分子链的结晶性，即增加了聚合物的塑性，表现为聚合物的硬度、模量、软化温度和脆化温度下降，而伸长率、曲挠性和柔韧性提高。

增塑剂一般是能与树脂混溶，无毒、无臭，对光、热稳定的高沸点有机化合物，最常用的是邻苯二甲酸酯类。例如生产聚氯乙烯塑料时，若加入较多的增塑剂，便可得到软质聚氯乙烯塑料；若不加或少加增塑剂（用量小于10%），则得到硬质聚氯乙烯塑料。

增塑剂的品种繁多，在其研究发展阶段，其品种曾多达1 000种以上，作为商品生产的增塑剂不过200多种，而且以原料来源于石油化工的邻苯二甲酸酯为最多。

增塑剂的分类方法很多，根据分子量的大小可分为单体型增塑剂和聚合型增塑剂，根据物状可分为液体增塑剂和固体增塑剂，根据性能可分为通用增塑剂、耐寒增塑剂、耐热增塑剂、阻燃增塑剂等。

一种理想的增塑剂应具有如下性能：①与树脂有良好的相溶性；②塑化效率高；③对热、光稳定；④挥发性低；⑤迁移性小；⑥耐水、油和一般有机溶剂；⑦低温柔性良好；⑧阻燃性好；⑨电绝缘性好；⑩无色、无味、无毒；⑪耐霉菌性好。

3）润滑剂

润滑剂是为了改进塑料熔体的流动性，防止塑料在挤出、压延、注射等加工过程中对设备发生黏附现象，改进制品的表面光洁程度，降低界面黏附而加入的添加剂，是塑料中重要的添加剂之一，对成型加工和制品质量有着重要的影响，尤其对聚氯乙烯塑料在加工过程中是不可缺少的添加剂。常用的润滑剂有液体石蜡、硬脂酸、硬脂酸盐等。

4)填充剂

在塑料中加入填充剂的目的一方面是降低产品的成本,另一方面是改善产品的某些性能,如增加制品的硬度、提高尺寸稳定性等。根据填充剂化学组成的不同,可分为有机填充剂和无机填充剂两类。根据填充剂的形状可分为粉状、纤维状和片状等。常用的有机填料有木粉、棉布和纸屑等,常用的无机填料有滑石粉、石墨粉、石棉、云母及玻璃纤维等。填料应满足以下要求:易被树脂润湿,与树脂有好的黏附性,本身性质稳定,价廉,来源广。

5)着色剂

任何可以使物质显现设计需要颜色的物质都称为着色剂,它可以是有机的或无机的,可以是天然的或合成的。塑料着色剂是为了美化和装饰塑料而在物料中加入的含色料的添加剂。

着色剂按来源分为化学合成色素和天然色素两类。常用有机染料和无机颜料作为着色剂。我国允许使用的化学合成色素有苋菜红、胭脂红、赤藓红、新红、柠檬黄、日落黄、靛蓝、亮蓝,以及为增强上述水溶性酸性色素在油脂中分散性的各种色素。我国允许使用的天然色素有甜菜红、紫胶红、越桔红、辣椒红、红米红等45种。

着色剂除满足色彩要求外,还具有附着力强、分散性好、在加工和使用过程中保持色泽不变、不与塑料组成成分发生化学反应等特性。

6)其他添加剂

为使塑料适于各种使用要求和具有各种特殊性能,常加入一些其他添加剂,如发泡剂、抗静电剂等,以满足不同的使用要求。

(二)建筑塑料的特点

(1)易于加工。塑料可采用比较简单的方法制成各种形状的产品,如薄板、薄膜、管材、异形材料等,并可采用机械化的大规模作业。

(2)质量轻,比强度高。塑料的密度一般为1 000 ~2 000 kg/m^3,为天然石材密度的1/3 ~1/2,为混凝土密度的1/2 ~2/3,仅为钢材密度的1/8 ~1/4,铝密度的1/2,与木材相近。塑料的比强度(强度与表观密度的比值)较高,已接近或超过钢材,为混凝土的5 ~15 倍,是一种优良的轻质、高强材料。因此,塑料及其制品不仅应用于建筑装饰工程中,而且广泛应用于航空、航天等许多军事工程中。

(3)绝热性好,吸声、隔声性好。塑料制品的热导系数小,其导热能力为金属的1/600 ~1/500,约为混凝土的1/40,约为砖的1/20,泡沫塑料的热导系数与空气相当,是理想的隔热、保温材料。塑料(特别是泡沫塑料)可减小振动,降低噪声,是良好的吸声材料。

(4)耐腐蚀性好,电绝缘性好。大多数塑料对酸、碱、盐等腐蚀性物质的作用具有较高的稳定性。热塑性塑料可被某些有机溶剂溶解;热固性塑料则不能被溶解,仅可能出现一定的溶胀。特别适合作化工厂的门窗、地面、墙壁等。塑料一般是电的不良导体,电绝缘性好,可与陶瓷、橡胶媲美。

(5)装饰性好。塑料制品不仅可以着色,而且色泽鲜艳持久,图案清晰。可通过照相制版印刷,模仿天然材料的纹理达到以假乱真的效果。还可通过电镀、热压、烫金制成各种图案和花型,使其表面具有立体感和金属的质感。

(6)耐水性和耐水蒸气性强。塑料属憎水性材料,一般吸水率和透气性很低,可用于防水、防潮工程。

(7)功能的可设计性强。改变塑料的组成配方与生产工艺,可改变塑料的性能,生产出具有多种特殊性能的工程材料。如强度超过钢材的碳纤维复合材料,具有承重、保温、隔声的复合板材,柔软而富有弹性的密封、防水材料等。

建筑装饰塑料虽然具有以上许多优点,但也存在一些缺点,有待进一步改进。建筑装饰塑料的缺点主要有以下几点:

(1)耐热性差。塑料一般受热后都会产生变形,甚至分解。一般的热塑性塑料的热变形温度仅为 80 ~120 ℃,热固性塑料的耐热性较好,但一般也不超过 150 ℃。在施工、使用和保养时,应注意这一特性。

(2)易燃烧。塑料材料是碳、氢、氧元素组成的高分子物质,遇火时很容易燃烧。塑料的燃烧猛烈,发烟量大,浓烟弥漫,放出的有毒气体使受害人在几秒或几十秒内被毒害而丧失意识,甚至窒息死亡。因此,塑料易燃烧的这一特性应引起人们足够的重视,在设计和工程中,应选用有阻燃性能的塑料,或采取必要的消防和防范措施。

(3)刚度小,易变形。塑料的弹性模量低,只有钢材的 1/20 ~1/10,且在荷载的长期作用下易产生蠕变,因此塑料用作承重材料时应慎重。但在塑料中加入纤维增强材料,可大大提高其强度,甚至可超过钢材,在航天、航空结构中广泛应用。

(4)易老化。塑料制品在阳光、大气、热及周围环境中的酸、碱、盐等的作用下,各种性能将发生劣化,甚至发生脆断、破坏等现象。经改进后的建筑塑料制品,其使用寿命可大大延长,如德国的塑料门窗已应用40 年以上,仍完好无损;经改进的聚氯乙烯塑料管道,使用寿命比铸铁管的还长。

近年来,随着改性添加剂和加工工艺的不断发展,塑料制品的这些缺点也得到了很大改善,在塑料中加入阻燃剂可使它成为具有自熄性和难燃性的产品等。它必将成为今后建筑及装饰材料发展的重要品种之一。

(三)建筑塑料的品种

塑料的种类虽然很多,但在建筑上广泛应用的仅有十多种,并均加工成一定形状和规格的制品。

1. 聚氯乙烯(PVC)

PVC 是建筑中应用最多的一种塑料,它是一种多功能的材料,通过改变配方,可制成硬质的,也可制成软质的。PVC 含氯量为 56.8%。由于含有氯,PVC 具有自熄性,这对其用作建材是十分有利的。

2. 聚乙烯(PE)

PE 是一种结晶性高聚物,结晶度与密度有关,一般密度愈高,结晶度也愈高。PE 按密度大小可分为两大类,即高密度聚乙烯(HDPE)和低密度聚乙烯(LDPE)。

3. 聚丙烯(PP)

PP 的密度是通用塑料中最小的,为 0.90 g/cm^3 左右。PP 的燃烧性与 PE 接近,易燃而且会滴落,引起火焰蔓延。它的耐热性比较好,在 100 ℃时还能保持常温时抗拉强度的一半。PP 也是结晶性高聚物,其抗拉强度高于 PE、PS。另外,PP 的耐化学性也与 PE 接近,常温下它没有溶剂。

4. 聚苯乙烯(PS)

PS 为无色透明类似玻璃的塑料,透光度可达 88% ~92%。PS 的机械强度较高,但抗冲击性较差,即有脆性,敲击时会有金属的清脆声音。燃烧时PS会冒出大量的黑烟炭束,火焰呈黄橙色,离火源继续燃烧,发出特殊的苯乙烯气味。PS的耐溶剂性较差,能溶于苯、甲苯、乙苯等芳香族溶剂。

5. ABS塑料

ABS是由丙烯腈、丁二烯和苯乙烯三种单体共聚而成的。具有优良的综合性能,即ABS中的三个组分各显其能,丙烯腈使ABS有良好的耐化学性及表面硬度,丁二烯使ABS坚韧,苯乙烯使它具有良好的加工性能。其性能取决于这三种单体在ABS中的比例。

6. 聚甲基丙烯酸甲脂(PMMA)

聚甲基丙烯酸甲脂又称有机玻璃,是透光率最高的一种塑料(可达92%),因此可代替玻璃,而且不易破碎,但其表面硬度比无机玻璃差,容易划伤。如果在树脂中加入颜料、稳定剂和填充料,可加工成各种色彩鲜艳、表面光洁的制品。有机玻璃机械强度较高,耐腐蚀性、耐气候性、抗寒性和绝缘性均较好,成型加工方便。缺点是质脆,不耐磨,价格较贵。可用来制作护墙板和广告牌。

7. 酚醛树脂

酚醛树脂是由苯酚和甲醛在酸性或碱性催化剂的作用下缩聚而成的。它多具有热固性,其优点是黏结强度高,耐光、耐热、耐腐蚀、电绝缘性好,但质脆。加入填料和固化剂后可制成酚醛塑料制品(俗称电木),此外还可做成压层板等。

8. 不饱和聚酯树脂(UP)

不饱和聚酯树脂是在激发剂的作用下,由二元酸或二元醇制成的树脂与其他不饱和单体聚合而成的。

9. 环氧树脂(EP)

环氧树脂是以多环氧氯丙烷和二烃基二苯基丙烷为主原料制成的。它因热和阳光作用而起光合作用起反应,便于储存,是很好的黏合剂,起黏结作用较强,耐侵蚀性也较强,稳定性很高,在加入硬化剂之后,能与大多数材料胶合。

10. 聚酰胺类塑料(尼龙或锦纶)

聚酰胺类塑料具有坚韧耐磨、熔点较高、摩擦系数小、抗拉伸、价格便宜等特点。

11. 聚氨酯树脂(PU)

聚氨酯树脂是性能优异的热固性树脂,可以是软质的,也可以是硬质的。其力学性能、耐老化性、耐热性都比较好,可作涂料和黏结剂。

12. 玻璃纤维增强塑料(玻璃钢)

玻璃纤维增强塑料是用玻璃纤维制品、增强不饱和聚酯或环氧树脂等复合而成的一类热固性塑料,具有很高的机械强度,其比强度甚至高于钢材。

二、常用建筑塑料

塑料经过吹塑、挤压、延伸、注射等方法加工成型,即成为各种塑料制品。包括建筑用各种塑料制品。

(一)塑料管材与管件

塑料管材代替铸铁管和镀锌钢管,质量轻、水流阻力小、不结垢、安装使用方便、耐腐蚀性好、使用寿命长。

目前,我国生产的塑料管材质主要有聚氯乙烯、聚乙烯、聚丙烯等通用热塑性塑料及酚醛、环氧、聚酯等类热固性树脂玻璃钢和石棉酚醛塑料、氟塑料等。它们广泛用于房屋建筑的自来水供水系统配管、排水、排气和排污卫生管、地下排水管、雨水管以及电线安装配套用的电线电缆套管等。

1. 硬聚氯乙烯(UPVC)管材

UPVC 管材是以聚氯乙烯树脂为主要原料,加入稳定剂、抗冲击改性剂、润滑剂等助剂,经捏合、塑炼、切粒、挤出成型加工而成的,见图 9-22。

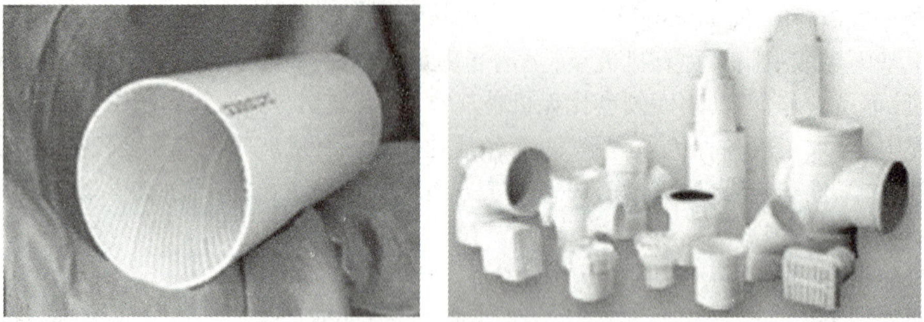

图 9-22　硬聚氯乙烯(UPVC)管材

UPVC 管材广泛适用于化工、造纸、电子、仪表、石油等工业的防腐蚀流体介质的输送管道(但不能用于输送芳烃、脂烃、芳烃的卤素衍生物、酮类及浓硝酸等),农业上的排灌类管,建筑、船舶、车辆扶手及电线电缆的保护套管等。UPVC 管具有较高的抗冲击性能和耐化学性能,用于城市供水、城市排水,建筑给水和建筑排水管道。

硬聚氯乙烯管材的常温使用压力:轻型的不得超过 0.6 MPa,重型的不得超过 1 MPa。管材温度使用范围为 0 ~ 50 ℃。

2. 聚乙烯塑料(PE)管

PE 管是以聚乙烯树脂为原料,配以一定量的助剂,经挤出成型、加工而成的。

PE 管(见图 9-23)具有质量轻、柔韧性好、无毒、耐腐蚀、可盘绕等特点。它的低温性能好,还具有抗机械振动、冰冻环境及操作压力的突然变化的性能,并且装卸、安装和连接方法简便。一般用于建筑物内外(架空或埋地)输送液体、气体、食用液(如给水用)等。但它不适用于输送温度超过 45 ℃水的管材。

图 9-23　聚乙烯塑料(PE)管

PE 管分为高密度聚乙烯管(HDPE)、中密度聚乙烯管(MDPE)和低密度聚乙烯管(LDPE)。HDPE 管和 MDPE 管主要用作城市燃气管道。

3. 交联聚乙烯(PEX)管材

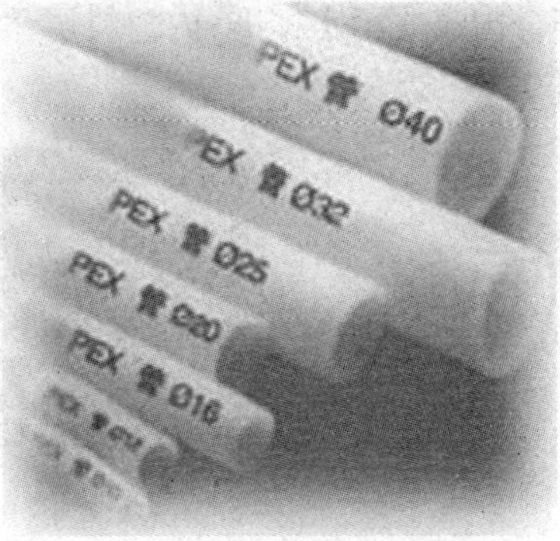

图 9-24　交联聚乙烯(PEX)管材

PEX 管材(见图 9-24)是指将聚乙烯加入交联剂硅烷改性,分子呈三维网络结构的管材。其产品具有耐热($-70\sim110$ ℃)、耐压(6 MPa)、耐化学腐蚀、绝缘好(击穿电压 60 kV)、使用寿命长(50 年)等特点,但不能抗紫外线。交联聚乙烯管材用于建筑室内冷热水供应和地面辐射采暖、中央空调管道系统、太阳能热水器配管。

4. 聚丙烯塑料(PP)管

PP 管是以聚丙烯树脂为原料,加入适量的稳定剂,经挤出成型加工而成的。其产品具有质轻、耐腐蚀、耐热性较高、施工方便等特点。

PP 管质量轻、刚性大、强度高、耐腐蚀性好、耐热性较高,适用于化工、石油、电子、医药、饮食等行业及各种民用建筑输送流体介质(包括腐蚀性流体介质),也可作自来水管、农用排灌、喷灌管道及电器绝缘套管之用。

三型聚丙烯管(PP-R)具有较好的抗冲击性能(5 MPa)、耐高温(95 ℃)和抗蠕变性能,用于建筑室内冷热水供应和地面辐射采暖。

聚丙烯的低温脆性较大,在 0 ℃以下就难以用作管材,尤其在室外使用时必须进行改性处理。改善 PP 性能的方法有物理改性和化学改性两种。改性品种有 PP-H、PP-B、PP-R 等。

PP 管的连接多采用胶粘剂黏结,目前市售胶粘剂种类很多,采用沥青树脂胶粘剂较为廉价。

5. 丙烯腈-丁二烯-苯乙烯共聚物(ABS)管

综合了丙烯腈、丁二烯、苯乙烯三者的特点,通过不同的配方,可以满足制品性能的多种要求。

ABS 管的质量轻;有较高的耐冲击强度和表面硬度,在 $-40\sim100$ ℃范围内能保持韧性、坚固性和刚度;在受到高的屈服应变时,能回复到原尺寸面不损坏;有极高的韧性,能避免严寒天气条件下装卸运输的损坏。因此,ABS 管适用于工作温度较高的管道,可用于使用温度在 90 ℃以下的管道。并常用作卫生洁具的下水管、排气管、排污管、地下电气导管、高腐蚀工业管道;用于地埋管线,可取代不锈钢管和钢管等管材。

6. 聚丁烯树脂(PB)管

PB 管具有独特耐蠕变特征和抗应力破坏的综合性能。PB 管密度仅为 0.92 g/cm^3,而拉伸强度可达 27 MPa 以上,其抗冲击强度也很高;化学性质较稳定,能抗细菌、霉菌和藻类滋生;耐磨及耐温性好。

7. 氯化聚氯乙烯(CPVC)管

CPVC 管的氯含量为 63%~69%,具有优良的抗拉强度和抗压强度,可以用作冷、热水管,也可用于太阳能供水管和温泉管道等,使用寿命长达 40 年。

8. 铝塑复合(PAP)管

铝合金层增加管道耐压和抗拉强度,使管道容易弯曲而不反弹。外塑料层(MDPE 或 PEX)可保护管道不受外界腐蚀。内塑料层采用 MDPE 时可作饮水管,无毒、无味、无污染,符合国家饮用水标准；内塑料层采用 PEX 时则可耐高温、高压，适用于采暖及高压用管，见图 9-25。

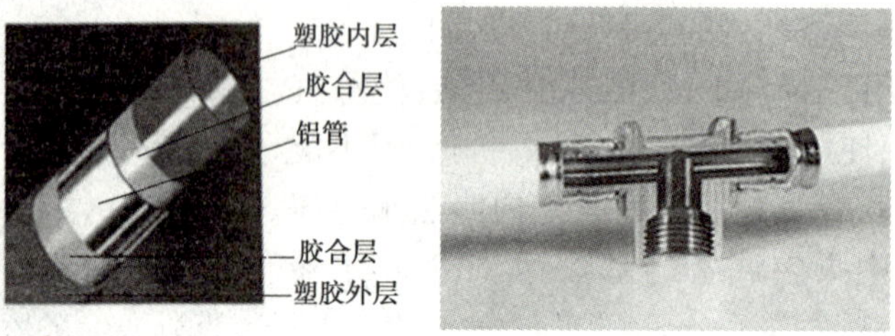

图 9-25　铝塑复合(PAP)管及管件

9. 玻璃钢落水管、落水斗

玻璃钢落水管、落水斗是以不饱和聚酯树脂为胶粘剂，以玻璃纤维制品为增强材料，一般采用手糊成型法而制成的，见图 9-26。

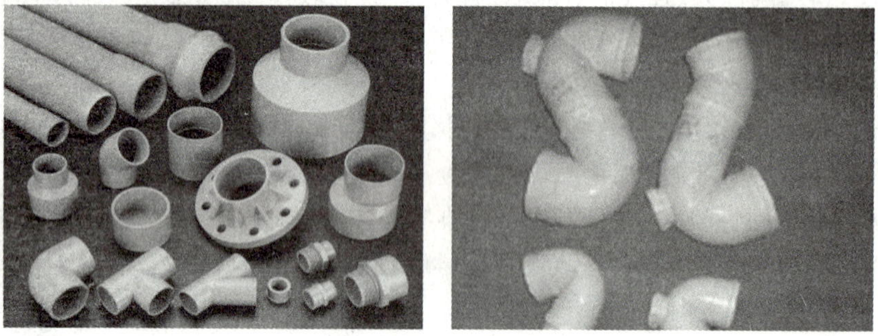

图 9-26　塑料管件

该产品具有质量轻、强度高、不生锈、耐腐蚀、耐高低温、色彩鲜艳及施工、维修、保养简便等特点，适用于各种建筑物的屋面排水，也可用于工业、家庭废水、污水的排水。

【知识链接】　塑料管的连接技术

(1)黏结法：做法是在承口和插口涂上黏结剂，插口挤压入承口，待黏结剂固化即成。

(2)焊接法：主要用于聚烯烃管，如 LDPE、HDPE 及 PP 管。焊接时对操作的技术要求较高，相对应用较少。

(3)螺纹连接：要开螺纹，管材管件的壁厚就必须比溶剂法管材管件的大些。螺纹填料可采用白漆丝或生料带。

(4)异径管的连接：这种连接有两种方法，即一种是用偏心大小头，另一种是用同心大小头。

(5)GRP 管的连接：这种管的连接方法有三种，即一是包缠对接；二是套管连接；三是软管连接。

(二)塑料门窗及型材

塑料门窗通常是指以热塑性 PVC 树脂为主要原料，再加入所需的各种添加剂，经过配捏和挤出成型，然后通过切割、焊接等方式制成门、窗、框和扇，装配上连接件、密封件、玻璃及其五金配件等。

1. PVC 门窗异型材

PVC 门窗的要求：外窗牢固、坚韧、安全可靠，能抵抗一定机械损坏、防火防盗、隔热隔声和经受风吹雨淋及日晒，还必须考虑塑料对温度变化的承受能力和耐老化性能。

室内门窗则对隔声、隔热、保温、轻便、防腐、耐水要求较高,还要考虑装饰效果等。

设计建筑用门窗配方时应保证其质量要求,达到国家标准《门、窗框用未增塑 PVC - U 型材》(GB/T 8814—2004)所规定的技术指标,配方与成型设备、工艺参数相匹配。

塑料门窗是由硬质聚氯乙烯型材经切割、焊接、拼装、修整而成的门窗制品,现有推拉门窗和平开门窗等几大类系列产品。与传统的钢、木门窗相比,塑料门窗具有美观耐用、安全、节能等一系列的优点。由于塑料容易加工成型和拼装,塑料门窗的结构形式灵活多样。在塑料门窗中,为了增加聚氯乙烯材料的刚性,常在门窗框、窗扇的异型材空腔内,插入金属增强材料,故又称为塑钢门窗,见图 9-27。

图 9-27　PVC 门窗

目前,塑料门窗主要采用改性聚氯乙烯,并加入适量的各种添加剂,经混炼、挤出等工序而制成塑料门窗异型材;再将异型材经机械加工成不同规格的门窗构件,组合拼装成相应的门窗制品。

塑料门窗分为全塑门窗和复合塑料门窗。复合塑料门窗是在门窗框内部嵌入金属型材以增强塑料门窗的刚性,提高门窗的抗风压能力。增强用的金属型材主要为铝合金型材和钢型材。

2. PVC 塑料窗

塑料窗的特性耐腐蚀、阻燃性好,生产能耗、使用能耗均低;隔声性能好;水密性、气密性均好;耐久性好。

PVC 塑料窗种类:一般按照窗的开启方式来分类,大致可以分为固定窗、平开窗、翻转窗、上旋窗、下旋窗、垂直滑动窗、垂直旋转窗、垂直推拉窗、水平推拉窗、百叶窗、复合窗、异型窗、双色窗、拱门窗及其他窗等。

PVC 塑料窗的组装:①异型材锯切;②插入金属增强材料;③开排水孔;④嵌密封条;⑤焊接与焊缝修理;⑥装配五金件;⑦装配玻璃和压条;⑧安装铰链;⑨检验。

3. PVC 塑料门

塑料门有很多种类,目前使用较多的是硬质 PVC 挤出成型门。其结构主要有以下三种:

(1)镶板门。它由门芯板和门框两部分组成。门芯板由大小中空型材镶合而成,门框由多孔异型材拼合而成。

(2)框板门。它有一个门扇框,门扇框的结构与开启的窗扇基本相同,只是异型材的壁厚大些,为 2.8 ~3.0 mm。门芯板则可以用玻璃做成玻璃门,也可以用夹层板或在镶板门中使用的中空型材拼装。特点是刚性好，具有较好的水密性和气密性。

（3）折叠门。硬 PVC 折叠门的结构形式多种多样，但其拼装所需的主要型材是门框、门板和活动铰链。特点是轻巧灵活、耗料省、开启时占地少。

生产塑料门窗的能耗只有钢窗的 26%，1 t 聚氯乙烯树脂所制成的门窗相当于 10 m^3 杉原木所制成的木门窗，并且塑料门窗的外观平整，色泽鲜艳，经久不褪，装饰性好，其保温、隔热、隔声、耐潮湿、耐腐蚀等性能均优于木门窗、金属门窗，外表面不需涂装，能在 -40 ~ 70 ℃的环境温度下使用 30 年以上。所以，塑料门窗是理想的代钢、代木材料，也是国家积极推广发展的新型建筑材料。

（三）其他常用建筑塑料制品

1. 塑料楼梯扶手

塑料楼梯扶手是以聚氯乙烯树脂为主要原料，加入适量稳定剂、润滑剂、着色剂等辅料，经挤压成型的一种硬质聚氯乙烯异型材。其产品具有平滑光亮、手感舒适、造型大方、牢固耐用、花色齐全、安装简便等优点，适用于工业、民用建筑的楼梯扶手，走廊与阳台的栏杆扶手，公用建筑宾馆、商场的楼梯扶手、栏杆扶手，船舶工业用于楼梯、栏杆扶手。

2. 塑料装饰扣（条）板、线

塑料装饰扣（条）板、线是以聚氯乙烯树脂为原料，加入适量助剂，经挤出而成的。产品具有光洁、色彩鲜艳、耐压、耐老化、耐腐蚀、防潮隔湿、保温隔声、阻燃自熄、不霉烂、不开裂变形等优点，适用于各类民用建筑的装修。

3. 塑料卷材地板

塑料卷材地板是以聚氯乙烯树脂为主要原料，加入适当助剂，在片状连续基材上经涂敷工艺生产的地面和楼面覆盖材料，简称卷材地板。

该地板具有耐磨、耐水、耐污、隔声、防潮、色彩丰富、纹饰美观、行走舒适、铺设方便、清洗容易、质量轻及价格较廉等特点，适用于宾馆、饭店、商店、会客室、办公室及家庭厅堂、居室等地面装饰。

4. 塑料地板砖

塑料地板砖是指由高分子树脂及其助剂通过适当的工艺所制成的片状地面覆盖材料，柔韧性好，其步感舒适，隔声，保温，耐腐蚀，耐灼烧，抗静电，易清洗，耐磨损并具有一定的电绝缘性，色彩丰富，图案多样，平滑美观，价格较廉，施工简便，是一种受用户欢迎的新型地面装饰材料，见图 9-28。塑料地板砖适用于家庭、宾馆、饭店、写字楼、医院、幼儿园、商场等建筑物室内和车船等地面装修与装饰。

塑料地板砖的分类：塑料地板砖一般分为单层和同质复合地板，依颜色分为单色与复色，依使用的树脂分为聚氯乙烯树脂型、氯乙烯 - 醋酸乙烯型、聚乙烯树脂型、聚丙烯树脂型，依生产工艺分为压延法塑料地板、热压法塑料地板和涂布法塑料地板，依地板外形分为块状塑料地板和塑料卷材地板（地板革）等。一般地，商业上通常又分为彩色地板砖、印花地板砖和石英地板砖。石英地板砖由树脂、增塑剂、稳定剂和颜料制成，引入改性的石英砂作为增强填料。其表面光洁、耐磨性好、寿命长。

5. 塑料地毯

塑料地毯是指用聚合物纤维织成的地毯。塑料地毯具有纯羊毛地毯的保温、耐磨、富有弹性的特性，且不会像羊毛那样容易霉烂及蛀蚀。这种地毯原料来源丰富、成本低，被人们

图 9-28　塑料地板砖和地板革

普遍采用作为地面装饰材料。

根据使用的场合、特点及性能的不同，地毯分为六个等级，即轻度家用级、中度家用级、一般家用级、重度家用级(一般专业级)、重度专业级、豪华级。

塑料地毯的主要材料包括毯面纤维、初级背衬、涂层材料和次级背衬材料。

6. 塑料墙面装饰材料

墙面装饰塑料的主要形式是墙纸和墙布。塑料墙纸又称为塑料壁纸，一般是用纸作为基材，表面涂塑，通过印花、压化或发泡等工序制成，并带有各式花纹图案或具有某些功能的内墙面装饰材料。

原材料：塑料墙纸的原材料包括树脂、添加剂和底纸。树脂一般选用较低分子质量的 PVC 树脂糊；添加剂主要有稳定剂、增塑剂、润滑剂、填料、颜料、防霉剂等；底纸是墙纸的基材，一般选用密度为 80 ~ 100 g/m^2、厚度为 0. 12 ~ 0. 15 mm 定量纸，并要求有一定的耐热性，且经高温不发黄、不变脆，表面涂胶后不卷曲，有较好的湿强度。

塑料墙纸可印制适合各种环境的花纹图案，色彩可任意调配，自然流畅，清淡高雅；根据需要可加工成具有难燃、隔热、吸声、防霉，且不容易结露，不怕水洗，不易受机械损伤的产品；适合大规模生产；使用寿命长、易维修保养；粘贴施工方便；表面可擦洗，对酸、碱有较强的抵抗能力。

【知识链接】　塑料墙纸的裱贴工序

(1)基层处理：无论新、旧墙面，在裱贴墙纸前必须对基层进行修整，达到大面积平整、表面坚实光滑、无飞刺砂粒、无油迹污渍，对于凹坑和凸包、裂缝、接缝、麻坑以及旧墙面，都要用腻子修补、批刮嵌平。

(2)基层预刷胶液：为了防止基层吸水太快，引起胶粘剂脱水过速，在被贴墙面基层上满涂一层胶液。涂刷要求薄而均匀，不要有漏刷、流淌等现象。

(3)墙纸刷水：为防止墙纸贴好后拱起变形，上墙的墙纸需在纸基上先刷一道水(闷水),使纸基吸水膨胀,在粘贴后能干燥胀紧,达到平整熨贴的效果。

(4)涂胶:墙纸按照基层的尺寸,对准花纹图案将墙纸裁剪后,在墙纸上先均匀涂刷一遍胶粘剂,同时基层涂刷一遍同样的胶。

(5)裱贴:裱贴墙纸要求平整、花纹图案整体化、无接缝痕迹。

7. 塑料板材

板材的结构形式主要有波形板、格子墙板、异型板材和加层墙板等。以全钙塑材料制成的新型建筑物已经问世,它具有轻质、保温绝热性好、美观、拆装方便等特点,适用于野外作业的活动房屋、岗亭及街头装饰等。

1)钙塑板材

钙塑板材是以树脂为主要原料,配以轻质碳酸钙、亚硫酸钙等填料及其他助剂,加工而成的塑料板材。树脂一般选用 PP、PE、PVC,填料通常是碱性或中性无机材料,常用助剂有发泡剂、交联剂、稳定剂、润滑剂、防老剂、抗氧化剂、紫外线吸收剂及着色剂等。钙塑板材具有轻质、保温绝热性能好、美观等特点,一般分为高发泡、低发泡及不发泡三大类。

高发泡钙塑板材是目前应用比较广泛的一种钙塑板材,它是以低密度聚乙烯、AC 发泡剂、交联剂为主要原料,经混料、混炼和发泡等工序加工而成的。

2)PVC 护墙板和屋面板

这种材料耐老化,具有自熄性和良好的机械强度,同时符合建筑上的隔热、防水、透光等要求。其板材的主要形式有如下几种:

(1)PVC 波形板。硬质 PVC 波形板有两种基本结构:一种是纵向波形板,另一种是横向波形板。

(2)PVC 异型板和格子板。它是将硬 PVC 平板用真空成型的方法使平板变为各种立方体图案的方形或矩形的建筑材料,主要用于护墙和装饰。

3)塑料复合板

塑料复合板目前有铝/塑复合板和复合夹层板两类。铝/塑复合板是以铝合金薄板作为表层,聚乙烯或 PVC 作为芯层或底层复合加工而成的,其品种有铝/塑/铝或铝/塑双层复合板等。常用的复合夹层板一般是用 14 号钢丝焊接组合而成的三维空间骨架,以轻质泡沫塑料为保温隔声材料制成的轻质墙板。

8. 玻璃钢卫生洁具

玻璃钢(玻璃纤维增强塑料)是以玻璃纤维及其制品(玻璃布、玻璃带、玻璃纤维短切毡片、无捻玻璃粗纱等)为增强材料,以酚醛树脂、不饱和聚酯树脂、环氧树脂等为胶粘剂,经过一定的成型工艺制作而成的复合材料。用量最大的是不饱和聚酯树脂。

玻璃钢的性能主要取决于合成树脂和玻璃纤维的性能、它们的相对含量以及它们间的黏结力。合成树脂和玻璃纤维的强度越高,特别是玻璃纤维的强度越高,则玻璃钢的强度越高。玻璃钢属于各向异性材料,其强度与玻璃纤维的方向密切相关,以纤维方向的强度最高,玻璃布层与层之间的强度最低。在玻璃布的平面内,径向强度高于纬向强度,沿 45°方向的强度最低。

采用玻璃钢材料制成的玻璃钢卫生洁具壁薄质轻、强度高、耐水耐热、耐化学腐蚀、经久耐用,适用于旅馆、住宅、车、船的卫生间。

9. 泡沫塑料

泡沫塑料是指在树脂中加入发泡剂，经发泡、固化或冷却等工序而制成的多孔塑料制品。泡沫塑料的孔隙率高达95% ~98%，且孔隙尺寸小于1.0 mm，因而具有优良的隔热保温性，建筑上常用的有聚苯乙烯泡沫塑料、聚氯乙烯泡沫塑料、聚氨酯泡沫塑料、脲醛泡沫塑料等。

第四节　建筑装饰材料

建筑装饰材料指建筑内外墙面、地面、顶棚的饰面材料，是在结构及水电等安装项目基本完成后进行的装修阶段使用的材料。在普通建筑物中，装饰材料的费用占建筑材料总成本的50%左右，而在豪华型建筑物中占70%以上。目前，我国的建筑装饰材料已发展到100多个门类、5 000多个花色品种，高、中、低档产品齐全。

建筑装饰材料是建筑材料的一个类别，使用时依附于其他建筑材料，尤其是结构材料的表面。而材料用途及分类上的交叉，有时很难区分装饰材料与结构材料、功能材料。

装饰材料选用时，体现既能对建筑物外表进行美化的装饰效果，又能对建筑物起保护作用，同时还具有绝热、防火、防潮、吸声、隔声等优良的适用功能。

装饰材料按用途分为地面装饰材料、内墙装饰材料、外墙装饰材料、吊顶装饰材料。但并不能将它们截然分开。

从产品种类上来看，常用装饰材料有陶瓷、玻璃、混凝土、大理石板材、花岗石板材、建筑水磨石制品、水泥花砖、装饰石膏板、地板、壁纸、金属材料、涂料等。

一、陶瓷类装饰材料

现代建筑装饰工程中应用的陶瓷制品主要包括陶瓷墙地砖、卫生陶瓷、园林陶瓷和琉璃陶瓷制品等，其中以陶瓷墙地砖用量最大。

陶瓷制品分为三大类，即陶质制品、瓷质制品、炻质制品。

陶质制品为多孔结构，通常吸水率较大（>10%），断面粗糙无光，敲击声粗哑，烧结程度较低，分无釉、施釉两种制品。根据原料土杂质含量，陶质制品分为粗陶、精陶。粗陶不施釉，如建筑上常用的烧结黏土砖、瓦；精陶一般经素烧、釉烧两次烧成，通常呈白色或象牙色，如建筑饰面用的釉面砖及卫生陶瓷、彩陶等。精陶按用途分为建筑精陶、日用精陶、美术精陶。

瓷质制品结构致密，基本上不吸水（<1%），色洁白，具有一定的半透明性，烧结程度充分，通常其表面均施釉。按原料土及制作工艺，瓷质制品分为粗瓷、细瓷。瓷质制品多为日用餐茶具、陈设瓷、电瓷、美术用品等。

炻质制品是介于陶质和瓷质之间的一类陶瓷制品，也称半瓷，烧结较充分，无半透明性，按坯体的细密程度分为粗炻器、细炻器。粗炻器吸水率为4% ~8%，主要产品如外墙面砖、地砖、陶瓷锦砖；细炻器吸水率为1% ~3%，产品如日用器皿、化工及电器工业用陶瓷等。

建筑装饰工程所用的陶瓷制品，一般为精陶至粗炻器范畴的产品。

常用建筑陶瓷制品有下面几种。

(一)釉面砖

釉面砖又称瓷砖、釉面陶土砖、釉面内墙砖,属精陶或炻质上釉制品(见图 9-29)。

釉面砖要求尺寸准确、表面光滑、平整、防水、抗腐蚀及热稳定性良好。通常,釉面砖不宜用于室外,因釉面砖坯体为多孔精陶,吸水率较大,吸水后将产生湿胀,而表面釉层的湿胀性很小,在室外受气候影响易导致釉层产生裂纹或剥落。

釉面砖铺贴前必须浸水 2 h 以上,然后取出晾干至无明水,才可进行铺贴施工;否则,干砖粘贴后会吸走水泥浆中的水分,影响水泥的凝结硬化,降低黏结强度,从而造成空鼓、脱落等现象。

(二)墙地砖

墙地砖包括建筑物外墙装饰贴面用砖和室内、外地面装饰铺贴用砖。由于此类产品常可墙、地两用,故称为墙地砖。墙地砖分无釉、有釉两种,属炻质或瓷质陶瓷制品。

墙地砖包括内墙砖、外墙砖(见图 9-30)、地砖三类。外墙面砖自重较大,不宜镶贴于高层建筑外墙。

图 9-29　釉面地砖

图 9-30　釉面外墙砖

地砖是一种地面装饰材料,也叫地板砖,用黏土烧制而成,规格多样。其质坚、耐压耐磨,能防潮。有的经上釉处理,具有装饰作用。多用于公共建筑和民用建筑的地面与楼面。

地砖分类:按材质可分为釉面砖、通体砖、防滑砖、抛光砖、玻化砖。按品种及工艺可分为釉面砖、防滑砖、玻化砖、抛光砖、微粉砖、渗花砖等地砖,见图 9-31。

(a)玻化地砖　　(b)釉面地砖　　(c)渗花地砖

图 9-31　地砖

地砖规格多,容重小,耐压耐磨,能防潮,有的经上釉处理,具有装饰作用,具有质地坚实、便于清理、耐热、耐酸碱、不渗水等特点。

(三)陶瓷锦砖

陶瓷锦砖是陶瓷什锦砖的简称,俗称马赛克(mosaic),指由边长不大于 40 mm、具有多种色彩和不同形状的小块砖,镶拼组成各种花色图案的陶瓷制品,见图 9-32。陶瓷锦砖分无釉、施釉两种。

陶瓷锦砖烧成后,通过铺贴盒将其按设计图案反贴在牛皮纸上,称作一联,每联 305.5

mm 见方，每 40 联为一箱，每箱约 3.7 m^2。

陶瓷锦砖具有轻、薄、不易踩碎、价格较低等特点，可用于外墙装饰及地面铺装。

陶瓷锦砖铺贴施工时，将每联的纸面朝上，贴在 1∶1.5 的水泥砂浆层上，随即用木拍板拍压，使锦砖粘贴平实，30 min 后洒水湿纸，待纸湿透后揭去牛皮纸。

图 9-32　陶瓷锦砖

(四) 琉璃制品

琉璃制品主要有琉璃瓦、琉璃砖、琉璃兽、琉璃花窗、陈设用的建筑工艺品等。

琉璃瓦具有中国传统的民族特色（见图 9-33），坚实耐久，但自重大、价格高。

(a) 琉璃制品（二龙戏珠）

(b) 琉璃建筑

图 9-33　琉璃作品

二、石材类装饰材料

用作建筑装饰用的石材称为饰面石材。饰面石材是可以用来加工成用作建筑物的内外墙、地面、柱面、台面等的石材。从取材上分为人造饰面石材、天然饰面石材。饰面石材一般是指天然饰面石材。天然饰面石材主要有花岗石和大理石两种。

(一) 花岗石

商业上指以花岗岩为代表的一类装饰石材，包括各类岩浆岩和花岗质的变质岩，一般质地较硬。花岗岩在岩浆岩中分布最广，颜色有淡灰、淡红、微黄色，其花纹的特征是晶粒细小，分布着繁星般的云母黑点和闪闪发光的石英结晶体，见图 9-34。

花岗石以石英、长石和云母为主要成分，其中石英含量为 20% ~40%，长石含量为 40% ~60%，其颜色取决于所含成分的种类和数量。花岗石为全结晶结构的岩石，优质花岗石晶粒细而均匀，构造紧密，石英含量多，长石光泽明亮。花岗石的二氧化硅含量较高，属于酸性岩石。某些花岗石含有微量放射性元素，这类花岗石应避免用于室内。

图 9-34　花岗岩及花岗岩板材

花岗石结构致密，质地坚硬，耐风化、耐磨性较好，抗硝酸、硫酸腐蚀，孔隙率、吸水率较小，但抗火性不好。其寿命为 75～2 700 年，表观密度为 2 600～2 700 kg/m^3，抗压强度为 120～260 MPa。可以在室外长期使用。

花岗岩是一种优良的建筑石材，用作装饰，主要应用于建筑外墙面、柱面、基础、勒脚、台阶及耐酸工程，也可用于砌筑房屋、围墙，尤其适用于修建有纪念性的建筑物，天安门前的人民英雄纪念碑就是由一整块 100 t 的花岗岩琢磨而成的。在我国各大城市的大型建筑中，曾广泛采用花岗岩作为建筑物立面的主要材料。花岗岩也可用于室内地面和立柱装饰，耐磨性要求高的台面和台阶踏步等。由于修琢和铺贴费工，因此是一种价格较高的装饰材料。在工业上，花岗岩常用作一种耐酸材料。

天然花岗石制品根据加工方式不同可分为以下四种：

(1)剁斧板材：石材表面经手工剁斧加工，表面粗糙，具有规则的条状斧纹。其表面质感粗犷，用于防滑地面、台阶、基座等。

(2)机刨板材：石材表面机械刨平，表面平整，有相互平行的刨切纹，用于与剁斧板材类似用途，但表面质感比较细腻。

(3)粗磨板材：石材表面经过粗磨，平滑无光泽，主要用于需要柔光效果的墙面、柱面、台阶、基座等。

(4)磨光板材：石材表面经过精磨和抛光加工，表面平整光亮，花岗岩晶体结构纹理清晰，颜色绚丽多彩，用于需要高光泽平滑表面效果的墙面、地面和柱面。

(二)大理石

商业上指以大理岩为代表的一类装饰石材，包括碳酸盐岩和与其有关的变质岩，主要成分为碳酸盐矿物，一般质地较软。

天然装饰石材中应用最多的是大理石，它因云南大理盛产而得名。大理石由石灰岩和白云岩在高温、高压下矿物重新结晶变质而成。它的结晶主要由方解石或白云石组成，具有致密的隐晶结构。纯大理石为白色，称汉白玉，如在变质过程中混进其他杂质，就会出现不同的颜色与花纹、斑点，如含碳呈黑色，含氧化铁呈玫瑰色、橘红色，含氧化亚铁、铜、镍呈绿色，含锰呈紫色等。

天然大理石质地致密但硬度不大，容易加工、雕琢和磨平、抛光等。大理石抛光后光洁细腻，纹理自然流畅，有很高的装饰性，见图 9-35。大理石吸水率小，耐久性高，抗压强度高(100～300 MPa)，可以使用 40～100 年。

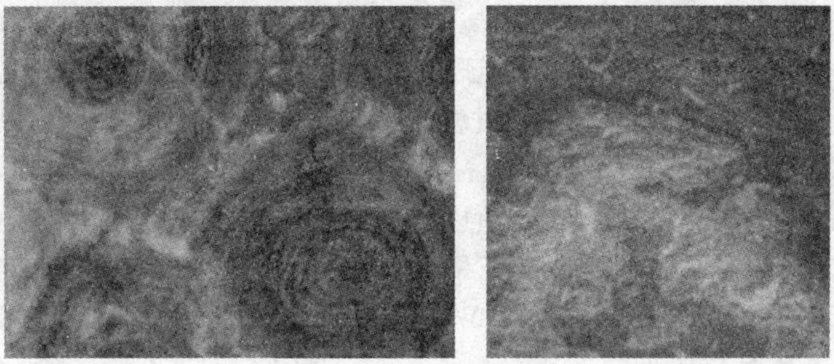

图 9-35　大理石板材

天然大理石石质细腻，光泽柔润，有很高的装饰性。目前应用较多的有以下品种：

(1)单色大理石：如纯白的汉白玉、雪花白，纯黑的墨玉、中国黑等，是高级墙面装饰和浮雕装饰的重要材料，也用作各种台面。

(2)云灰大理石：云灰大理石底色为灰色，灰色底面上常有天然云彩状纹理，带有水波纹的称作水花石。云灰大理石纹理美观大方、加工性能好，是饰面板材中使用最多的品种。

(3)彩花大理石：彩花大理石是薄层状结构，经过抛光后，呈现出各种色彩斑斓的天然图画。经过精心挑选和研磨，彩花大理石可以制成由天然纹理构成的山水、花木、禽兽虫鱼等大理石画屏，是大理石中的极品。

大理石由于主要化学成分为碳酸钙，易被酸腐蚀失去光泽而变得多孔粗糙，影响美观。故作装饰材料时，主要应用于室内，是室内装饰及家具制作的重要材料。可用于大型公共建筑如宾馆、展厅、商场、机场、车站等室内墙面、地面、楼梯踏板、栏板、台面、窗台板、踏脚板等，也可用于家具台面和室内外家具。

三、建筑玻璃装饰材料

玻璃是以石英砂、纯碱、长石、石灰石为主要原料，在 1 550 ~ 1 600 ℃高温下熔融、成型并经急冷而制成的。

玻璃的品种很多，可以按化学组成、制品结构与性能来分类。这里按其在建筑中的功能用途来分类。

(一)平板玻璃

平板玻璃包括白片玻璃、磨砂玻璃、压花玻璃、钢化玻璃、夹丝玻璃、有色玻璃、中空玻璃等。普通平板玻璃即窗玻璃，一般指用有槽垂直引上、平拉、无槽垂直引上及浮法等工艺生产的平板玻璃。玻璃按其厚度可分为：引拉法生产的普通平板玻璃有 2 mm、3 mm、4 mm、5 mm 四种规格，浮法生产的普通平板玻璃有 3 mm、4 mm、5 mm、6 mm、8 mm、10 mm、12 mm 七种规格。用于一般建筑、厂房、仓库等，也可用它加工成毛玻璃、彩色釉面玻璃等，厚度在 5 mm 以上的可以作为生产磨光玻璃的毛坯。玻璃的产量以标准箱计，2 mm 的平板玻璃 10 m^2 为一标准箱，其他厚度相应折算，如 3 mm 厚的平板玻璃 10 m^2 折合 1.6 标准箱。

一般建筑采光用玻璃多为 3 mm 厚的普通平板玻璃。用作玻璃幕墙、采光屋面、商店橱窗或柜台等，多采用 5 mm、6 mm 厚的钢化玻璃。公共建筑的大门玻璃常用 8 mm 以上的钢化玻璃。

(二)中空玻璃、热反射玻璃

中空玻璃中由两层或两层以上的平板玻璃原片构成，四周用高强度气密性复合胶粘剂将玻璃及铝合金框和橡皮条、玻璃条黏结、密封,中间充入干燥气体,还可以涂上各种颜色或不同性能的薄膜,框内充以干燥剂,以保证玻璃原片间空气的干燥度。玻璃原片可以采用普通平板玻璃、钢化玻璃、压花玻璃、热反射玻璃、吸热玻璃和夹丝玻璃等。其加工方法分为胶接法、焊接法和熔接法。

中空玻璃的主要功能是隔热隔声,所以又称为绝缘玻璃。一般可降低噪声 30 ~40 dB,且防结霜性能好,结霜温度比普通玻璃低 15 ℃左右。中空玻璃的传热系数为 3.09 W/(m·K),普通玻璃(3 mm 厚)的传热系数为 7.19 W/(m·K),耗热量为中空玻璃的 2 倍。优质的中空玻璃寿命可达 25 年之久。

中空玻璃广泛应用于高级住宅、饭店、宾馆、办公楼、学校、医院、商店等需要室内空调的场合,也可以用于汽车、火车、轮船的门窗等处。

热反射玻璃是在平板玻璃表面涂覆金属或金属氧化物薄膜制成的。薄膜包括金、银、铜、铝、铬、镍、铁等金属及其氧化物,镀膜方法有热解法、真空溅射法、化学浸渍法、气相沉积法、电浮法等。热反射玻璃既具有较高的热反射能力,又保持了平板玻璃的透光性,具有良好的隔热性能。它用于建筑的门窗及隔墙等处。热反射玻璃对太阳辐射的反射率高达 30% 左右,而普通玻璃仅为 7% ~8%,因此热反射玻璃在日晒时能保证室内温度的稳定,并使光线柔和,改变建筑物内的色调,避免眩光,改善了室内的环境。镀金属膜的热反射玻璃还有单向透视作用,故可用作建筑的幕墙或门窗,使整个建筑变成一座闪闪发光的玻璃宫殿,映出周围景物的变幻,可谓千姿百态,美妙非凡。

(三)建筑艺术玻璃

建筑艺术玻璃包括玻璃锦砖(马赛克)、玻璃实心砖、玻璃空心砖、水晶玻璃制品、玻璃微珠制品、玻璃雕塑等。

玻璃锦砖又称玻璃马赛克。玻璃马赛克是将长度不超过 45 mm 的各种颜色和形状的玻璃质小块铺贴在纸上而制成的一种装饰材料。它与陶瓷锦砖的主要区别是:玻璃质结构,呈乳浊状或半乳浊状,内含少量气泡和未熔颗粒;单块产品断面呈楔形,背面有锯齿状或阶梯状的沟纹,以便粘贴牢固。

(四)玻璃建筑构件

玻璃建筑构件有玻璃砖、玻璃纤维增强塑料制品等。

(五)玻璃质保温、隔热、隔声材料

玻璃质保温、隔热、隔声材料有泡沫玻璃、玻璃棉、玻璃纤维制品等。

各种建筑玻璃的特点和用途见表 9-14。

表 9-14 各种建筑玻璃的特点和用途

品种		特点	用途
普通玻璃品种	普通窗用玻璃	透明性好、板面平整	用于建筑门窗装配
	磨砂玻璃	粗糙,使光产生漫射,有透光不透视特点	用于卫生间、厕所、浴室的门窗
	压花玻璃	透光不透视,并有装饰功能	用于宾馆、办公楼、会议室
	彩色玻璃	耐腐蚀,易清洗,装饰美观	用于建筑物内外墙面、门窗及对采光有特殊要求的部位

续表 9-14

品种		特点	用途
安全玻璃品种	钢化玻璃	强度比普通玻璃的大 3~5 倍，抗冲击、抗弯性能好，耐腐蚀性强	建筑物的门窗、汽车窗玻璃、汽车挡风玻璃
	夹丝玻璃	破碎时，玻璃碎片附在金属网上，防火	厂房的天窗、防火门窗
	夹层玻璃	透明度好、耐火、耐热、耐湿、耐寒等	汽车、飞机挡风玻璃，防弹玻璃
	中空玻璃	保温、隔热、隔声性能好	高级住宅、学校、汽车门窗等
特种玻璃品种	热反射玻璃	较高的热反射性而又具有良好的透光性能	用于制造中空玻璃或夹丝玻璃
	吸热玻璃	能吸收大量红外线辐射，而又能保持良好的透光性能	需隔热且需采光的部位，如冷库
	光致变色玻璃	玻璃的颜色在太阳光照射时变色，停止照射时恢复颜色	主要用于汽车和建筑物上

四、建筑涂料

涂料是一类涂覆在物体表面并能在一定条件下形成牢固附着的连续薄膜的功能材料的总称，是一种常用的建筑装饰材料，涂刷于材料表面，能结硬成膜。涂料不仅色泽美观，而且起到保护主体材料的作用，从而提高主体建筑材料的耐久性。建筑涂料是当今产量最大、应用最广泛的建筑材料之一。由于其品种繁多，色彩多样，正确合理选用是建筑装饰的重要环节。

建筑装饰常采用光面涂层、有立体感或质感的涂层、复层点彩涂层、印花装饰层等几种涂层形式。如可以做成分砂粒状涂层、橘皮纹状涂层、拉毛状涂层、突出图案涂层和环形山状涂层等有立体感或质感的涂层。

（一）涂料的组成

涂料一般是由基料（也称成膜物质、胶结料等）、颜（填）料、各种助剂和水（或溶剂）四种主要成分组成的。

1. 基料

基料是涂料中最重要的组分，对涂料和涂膜的性能起主导作用，是构成涂料的基础，决定着涂料的基本性能。基料成膜时，随着涂料中水分子或溶剂分子的蒸发逸失，涂料中的聚合物分子或微粒相互靠近而凝聚，或是由于固化物分子与聚合物分子发生化学反应而凝聚，将颜料和填料黏结起来，形成连续涂膜，并牢固附着于被涂物的表面。在建筑涂料中，常用的基料有聚乙烯醇及其改性物、苯丙乳液（苯乙烯－丙烯酸酯共聚乳液）、丙烯酸乳液等。

2. 颜料和填料

颜料又称为着色颜料，在涂料中的主要作用是使涂膜具有一定的遮盖力和所需的各种色彩。填料又称为体质颜料，其主要作用是在着色颜料使涂膜具有一定的遮盖力和色彩以后，补充所需要的颜料成分，并对涂膜起"填充作用"，以增大涂膜厚度。此外，它们都具有提高涂膜的耐久性、耐热性和表面硬度、降低涂膜的收缩以及降低成本的作用。

3. 助剂

助剂是涂料的辅助材料，一般用量很少，但能明显改善涂料的性能，尤其是对基料形成涂膜的过程与耐久性起着十分重要的作用。常用的助剂有以下几类。

1）成膜助剂

成膜助剂的作用一般是降低成膜物质的玻璃化温度和最低成膜温度以及增加涂料的流动性，促进涂膜的完整性以及提高涂膜的流平性、附着力、耐洗刷等性能。成膜助剂还能减慢涂膜干燥时水分的蒸发速度，使涂膜边缘保持较长时间的湿润，有利于形成完整涂膜。

2）湿润分散剂

湿润分散剂的主要作用是湿润分散颜料和填料颗粒，以保证得到良好的分散体，用量一般为0.1%～0.5%。

3）消泡剂

消泡剂的作用是降低液体的表面张力，消除在生产涂料时因搅拌和使用分散剂等产生的大量气泡。但消泡剂的用量不能太大（一般小于0.3%），否则涂膜会出现"发花"、"鱼眼"等弊病。

4）增稠剂

增稠剂的作用是增加水相（介质相）的黏度，在涂料储存时阻止已分散的颜料颗粒凝聚，在涂刷时防止固体颗粒很快聚集而影响涂刷性和流平性。同时，它又是一种流变助剂，起到改进涂料流变行为的作用。

5）防霉防腐剂

在涂料中加入防腐剂的目的是防止涂料在储存过程中因微生物和酶的作用而变质，并防止涂料涂刷后涂膜霉变。

6）防冻剂

防冻剂的作用是提高涂料的抗冻性。提高抗冻性的途径：一是加入某些物质，以降低水的冰点；二是使用某些离子型表面活性剂，使乳液微粒带电，以电荷的相互排斥能力抵制冰冻时产生的膨胀压力，从而提高冻融稳定性。

此外，还有增塑剂、抗老化剂、pH值调节剂、防锈剂、难燃剂、消光剂等。

4. 水和溶剂

水和溶剂是分散介质，主要作用在于：一方面，使各种原材料分散而形成均匀的黏稠液体，同时可调整涂料的黏度，便于涂布施工，有利于改善涂膜的某些性能；另一方面，涂料在成膜过程中，依靠水和溶剂的蒸发，使涂料逐渐干燥硬化，最后形成连续均匀的涂膜。

（二）建筑涂料的功能

一般地说，建筑涂料是一种以装饰功能为主，兼具保护功能，并调节建筑物的使用功能以及多种特种功能的饰面材料。

1. 装饰功能

所谓装饰功能，就是指建筑物经涂料涂装后得到美化和装饰的效果，起到美化环境、调节气氛的作用。例如，居室内采用内墙涂料装饰后可显得舒适典雅、明快舒畅，室外墙面经外墙涂料涂饰后可获得各种质感的花纹图案并起到协调环境的作用。

装饰功能的要素主要包括色彩、色泽、图案、光泽、立体感。室内与室外装饰的要素基本相同,但性能要求不同。一般而言,内墙上喜欢采用比较平伏的立体花纹或色彩花纹,避免高光;外墙则要求富有立体感的花纹和高光泽。另外,涂料的装饰功能不是独立的,也就是说,要与建筑物墙体形状、大小、造型及图案设计相配合,才能充分发挥装饰效果。

2. 保护功能

建筑涂料经过一定的施工工艺涂饰后能够在建筑物的表面形成连续的涂膜,这种涂膜具有一定的厚度、柔韧性和硬度以及具有耐磨蚀、耐污染、耐紫外线照射、耐气候变化、耐细菌侵蚀和耐化学侵蚀等特性,可以减轻或消除大气、水分、酸雨、灰尘及微生物等对建筑物的损坏作用以及使用过程中的油污等各种污染源的污染,承受一定的摩擦及外力,延长其使用年限。此外,建筑涂料还可以对一部分材料起到增强作用,并改善其材料的性能。但是,不同的建筑材料及环境条件(如室内和室外)对保护功能的具体内容是不同的,因此要根据不同的条件选择使用涂料。

关于涂料的保护功能,从总体上来说,有机系列的涂料优于无机系列的涂料;若涂料抑制碳化的效果好(阻止大气中二氧化碳向涂膜中渗入的效果好),则其抑制盐分渗入的效果也好。同时,建筑涂料抑制碳化和抑制盐分侵蚀的性能与装饰涂料的透气性、透水性等有密切的关系。

3. 调节建筑物的使用功能

使用不同类型的建筑涂料并伴以适应的施工工艺,可以使涂料具有不同的性能。例如,某些顶棚涂料具有吸声的效果;某些地面涂料能够产生一定的色彩、弹性、防潮、防滑的特性;某些墙面涂料可以使墙面具有比较柔和的亮度,能满足不同建筑风格的装饰要求,易于保持清洁或耐水、耐擦洗等性能,给使用者创造一个优美、舒适的工作或生活环境,更加符合使用功能要求,从而使建筑物的使用功能得到增强,或在一定程度上调整建筑物的使用功能。

4. 特种功能

建筑涂料除具有以上三种基本功能外,还有许多特殊功能。例如,用于饮料厂和食品加工厂等场合的防霉涂料可以使涂饰该涂料的墙面具有防止霉菌生长的功能,防火涂料能够使被涂饰的建筑物的结构部分产生防火特性,保温隔热涂料能够降低建筑物的能耗,防结露涂料能够解决墙面或顶棚的结露问题,其他还有防化学腐蚀的耐酸涂料、防腐蚀涂料,具有防水功能的防水涂料,用于冷库的防冻涂料,吸收大气中的毒气的吸毒涂料和具有防静电功能的防静电涂料等。这类涂料一般称为特种功能建筑涂料。

(三)涂料的选用原则及分类

1. 选用原则

建筑装饰中涂料的选用原则是:好的装饰效果,合理的耐久性和经济性。建筑物的装饰效果主要有质感、线型和色彩三方面。具体到某一建筑物时可参考以下几点:

(1)按建筑物的装饰部位选用具有不同功能的涂料。

(2)按不同建筑结构材料选择及确定涂装体系。

(3)按建筑物所处的地理位置和施工季节选择涂料。

(4)按照建筑标准和造价选择涂料及确定施工工艺。

2. 涂料的分类

根据涂料的组成成分及建筑上使用的功能要求，建筑用的涂料可做如下分类：

涂料包括建筑涂料和油漆涂料。建筑涂料又可以分为外墙涂料、内墙涂料、地面涂料和屋面防水涂料，油漆涂料分为天然漆、调和漆、清漆、磁漆（瓷漆）和特种油漆。

建筑涂料按基料的类别分为有机、无机、复合三大类，根据涂膜厚度及形状可分为薄质、厚质、砂粒状和凹凸花纹，按使用部位则有外墙、内墙、顶棚及地面涂料之分。

按照涂料的特种功能，可将涂料分为防水涂料、防火涂料、防霉涂料、防虫涂料、防锈涂料、防腐涂料、吸声涂料、道路标识涂料、防结露涂料、防尘涂料、避光涂料以及防辐射、防电波干扰涂料等新产品。

（四）建筑涂料的品种

1. 外墙涂料

外墙涂料的主要功能是装饰和保护建筑物的外墙面，使建筑物外貌整洁美观，从而达到美化城市环境的目的，同时能够起到保护建筑物外墙的作用，延长其使用时间。

外墙涂料一般应具有装饰性好、耐水性好、耐玷污性能好、与基层黏结牢固、涂膜不裂、耐候性和耐久性好等特点。

暴露在大气中的涂层，要经受日光、雨水、风沙、冷热变化等作用。在这些因素反复作用下，一般的涂层会发生开裂、脱粉、变色等现象，使涂层失去原有的装饰和保护功能。因此，作为外墙装饰的涂层要求保持一定的使用年限，不发生破坏现象。

1）过氯乙烯涂料

过氯乙烯涂料是以过氯乙烯树脂为主要成膜物质，掺入增塑剂、稳定剂、颜料和填充料等，经混炼、切片后溶于有机溶剂中制得的。这种涂料具有良好的耐腐蚀性、耐水性和抗大气性。涂料层干燥后，柔韧富有弹性，不透水，能适应建筑物因温度变化而引起的伸缩。这种涂料与抹灰面、石膏板、纤维板、混凝土和砖墙黏结良好，可连续喷涂，用于外墙，美观耐久，防水、耐污染，便于刷洗。

2）苯乙烯焦油涂料

苯乙烯焦油涂料是以苯乙烯焦油为主要成膜物质，掺加颜料、填充料及适量的有机溶剂等，经加热熬制而成的。这种涂料具有防水、防潮、耐热、耐碱及耐弱酸的特征，与基层黏结良好，施工方便。

3）聚乙烯醇丁醛涂料

聚乙烯醇丁醛涂料是以聚乙烯醇丁醛树脂为成膜物质，以醇类物质为稀释剂，加入颜料、填料，经搅拌、混合、溶制、过滤而成的。这种涂料具有柔韧、耐磨、耐水等性能，并且有一定的耐酸碱性。

4）丙烯酸乳液涂料

丙烯酸乳液涂料是以丙烯酸合成树脂乳液为基料，加入颜料、填充料和各种辅料，经加工配制而成的。这种涂料无毒，无刺激性气味，干燥快，不燃烧，施工方便，涂刷于混凝土或砂浆表面时兼有装饰和保护墙体的作用。

5）彩色瓷粒外墙涂料

彩色瓷粒外墙涂料是用丙烯酸类合成树脂为集料，以彩色瓷粒及石英砂等做集料，掺加颜料和其他辅料配制而成的。这种涂料色泽耐久，抗大气性和耐水性好，有天然石材的装饰效果,艳丽别致,是一种性能良好的外墙饰面。

6)彩色复层凹凸花纹外墙涂料

涂层的底层材料由水泥和细集料组成,掺加适量的缓凝剂和黏合剂,拌和成厚浆,主要用于形成凹凸的富有质感的花纹。而层材料用丙烯酸合成树脂配制成的彩色涂料,起罩光,着色和装饰作用。涂层用手提式喷枪进行喷涂后,在 30 min 内用橡皮辊子将凸起部分稍作压平,待涂层干燥,再用辊子将凸起部分套涂一定颜色的涂料。

7)104 外墙饰面涂料

104 外墙饰面涂料是由有机高分子胶粘剂和无机胶粘剂制成的。这种涂料具有无毒无色、涂层厚且呈片状、防水、防老化性能良好,涂层干燥快,黏附力强,色泽鲜艳,装饰效果好等特点,适用于各种工业、民用建筑的外墙粉刷。

8)聚合物改性水泥

用聚合物乳液或水溶液能提高涂料与基层的黏结强度,可减少或防止饰面开裂和粉化脱落,改善浆料的和易性,减轻浆料的沉降和离析,并能降低密度、减慢吸水速度。缺点是掺入有机乳胶液后抗压强度会有所降低,同时由于其缓凝作用会析出氢氧化钙,会引起颜色不匀。目前,作改性水泥涂料的主要是聚乙烯醇缩甲醛水溶液(107 胶)。

2. 内墙、顶棚涂料

内墙涂料亦可作顶棚涂料,它的主要功能是装饰及保护室内墙面及顶棚,使其美观整洁,让人们处于舒适的居住环境中。为了获得良好的装饰效果,内墙涂料应具有色彩丰富、细腻、柔和,耐碱性、耐水性、耐粉化性良好,透气性、吸湿排湿性良好,施工容易,价格低廉等特点。

1)聚乙烯醇水玻璃涂料(106 涂料)

聚乙烯醇水玻璃涂料是以聚乙烯醇树脂水溶液和钠水玻璃为基料,掺加颜料、填料及少量外加剂经研磨加工而成的。这种涂料成本低、无毒、无臭味,能在稍潮湿的水泥和新、老石灰墙面上施工,黏结性好,干燥快,涂层表面光洁,能配制成多种色彩(如奶白、奶黄、淡青、玉绿、粉红等色),装饰效果好。

2)聚乙烯醇缩甲醛内墙涂料(803)

聚乙烯醇缩甲醛内墙涂料是以聚乙烯醇缩甲醛为基料,掺加颜料、填料、石灰膏及其他助剂,经研磨加工而成的。这种涂料无毒、无臭味,可喷可刷,涂层干燥快,施工方便,与新、老石灰墙面及水泥墙面黏结良好。涂料色彩多样,装饰效果良好,尚具有耐水、耐洗刷等特点。

3)乳胶涂料

乳胶涂料是以乳液合成树脂为成膜物质,以水为载体,加入相应的助剂,经分散、研磨、配制而成。该涂料在储存及使用过程中,可以用水稀释、清洗,一旦成膜干燥以后,就不能用水溶解,即像油漆一样不怕水洗,故又名乳胶漆。

乳胶漆的品种又有很多,有聚醋酸乙烯酯乳胶漆、氯乙烯 - 偏氯乙烯共聚乳胶漆、纯丙烯酸酯乳胶漆、苯乙烯 - 丙烯酸酯共聚乳胶漆等。其中,综合性能最好的要属纯丙烯酸酯乳胶漆,但价格较高,而用苯乙烯代替甲基丙烯酸酯制成的苯乙烯 - 丙烯酸酯乳胶漆,综合性能仅次于纯丙烯酸酯乳胶漆,具有较好的耐候性、耐水性和抗粉化性,而价格比纯丙烯酸酯乳胶漆便宜,因此成为乳胶漆中使用量最大的一个品种。

乳胶涂料无毒,不污染环境,操作方便,涂膜干燥后,色泽好,抗大气性、耐水性良好,适用于混凝土、砂浆和木材表面的喷涂。

4)滚花涂料

滚花涂料是适应滚花工艺的一种新型涂料,由107胶、106胶和颜料、填充料等分层刷涂、打磨、滚涂而成。这种涂料滚花后,貌似壁纸,色调柔和,美观大方,质感强。涂料施工方便,耐水、耐久性好。

5)膨胀珍珠岩喷砂涂料

这是一种具有粗质感的喷涂料,装饰效果类似小拉毛效果,但质感比拉毛的强,对基层要求低,遮丑效果好,适用于客房及走廊的天棚,还适用于办公室、会议室、小型俱乐部及民用住宅天花板等。

3. 地面涂料

建筑物的室内地面采用地面涂料作饰面是近年来兴起的一种新材料和新工艺,与传统的地面相比,虽然有效使用年限不长,但施工简单,用料省,造价低,维修更新方便。常用的有过氯乙烯、苯乙烯等地面涂料。这些涂料是以树脂为基料,掺加增塑剂、稳定剂、颜料或填充料等经加工配制而成的,适用于新、老水泥地面的涂刷。涂刷后,干燥快,光华美观,不起尘土,易于洗刷。如用环氧、聚脂、聚氨脂等树脂为基料,掺加颜料、填充料、稀释剂及其他助剂,可加工配制成一种厚质的地面涂料,用涂刮施工方法,作为涂布无缝地面。这种地面的整体性强,耐磨,耐久。

4. 特种涂料

特种功能建筑涂料不仅具有保护和装饰作用,而且具有某些特殊功能,如防霉、防腐、防锈、防氡、灭蚊、杀虫、耐高温、防火、防静电等。在我国,这类涂料的发展历史较短,品种和数量也不多,尚处于研究开发和试用阶段。虽然如此,也已展现了建筑涂料更为广阔的应用领域。

1)防霉涂料

防霉涂料是指一种能够抑制霉菌生长的功能涂料。通常是通过在涂料中添加某种抑菌剂而达到目的的。

建筑防霉涂料的主要特点是:既具有优良的防霉性能,又具备良好的装饰性能。在容易使霉菌滋生的环境中的建筑物表面涂刷上防霉涂料以后,建筑物表面便不易发霉。又因为建筑防霉涂料是用于建筑物内、外墙面、顶棚或地面的,所以还必须具有较好的装饰作用。防霉涂料涂刷成膜后,应对人、畜都无害。

防霉涂料按成膜物质及分散介质不同,可以分成溶剂型与水乳型两大类;亦可以按用途分成外用、内用及特种用途的防霉涂料。常用的防霉涂料有丙烯酸酯乳胶外用防霉涂料、亚麻子油型外用防霉涂料、醇酸外用防霉涂料、聚醋酸乙烯酯防霉涂料等。

防霉涂料主要适用于食品厂、糖果厂、酒厂、卷烟厂及地下室等的内墙。

防霉涂料施工的主要特点是要进行清洁和杀霉菌处理。其余施工方法和注意事项与相应的普通内墙涂料相同。

清洁:基层以无霉变的水泥砂浆为宜。首先除去霉斑、污物、浮灰,用热水、5%碱水或清水揩冲。墙面原有石灰水、油漆、涂料等的旧墙面,应彻底清除旧涂层,再作清洁处理。

杀菌:用7% ~10%的磷酸三钠水溶液,用排笔刷一至二遍。干燥地区的新墙面可不进行杀菌;潮湿地区的新墙面要作杀菌处理。旧墙面一律要进行杀菌处理。杀菌处理要细致,彻底,不留死角。

批嵌:用防霉乳液加双灰粉或水泥调制腻子,进行嵌平、满刮,待2 ~3 h腻子干后打磨平整,然后进行喷刷防霉涂料。

2)防火涂料

防火涂料是指涂饰在某些易燃材料表面(如木结构件)或遇火软化变形大材料表面(如钢结构件)能提高其耐火能力,或能减缓火焰蔓延传播速度,在一定时间内能阻止燃烧,为人们灭火赢得时间的一类涂料。

防火涂料的特点是:既具有一般涂料的装饰性能,又具有出色的防火性能。即防火涂料在常温下对于所涂物体应具有一定的装饰和保护作用,而在发生火灾时应具有不燃性或难燃性,不会被点燃或具有自熄性,它们应具有阻止燃烧发生和扩展的能力,可以在一定时间内阻燃或延迟燃烧时间,从而为人们灭火提供时间。

根据防火原理、涂层使用条件和保护对象材料的不同,防火涂料可以划分成许多种类型。通常按其组成材料不同和遇火后的性状不同,可分为非膨胀型防火涂料和膨胀型防火涂料。

5.油漆涂料

1)天然漆

天然漆又称为大漆,有生漆和熟漆之分。天然漆是漆树上取得的液汁,经部分脱水并过滤而得的棕黄色黏稠液体。天然漆的优点是:漆膜坚硬,富有光泽,耐久,耐磨,耐油,耐水,耐腐蚀,绝缘,耐热(不大于250°),与基底材料表面结合力强;缺点是:黏度高而不易施工(尤其生漆),漆膜色深,性脆,不耐阳光直射,抗强氧化剂和抗碱性差,漆酚有毒。

生漆不需要催干剂,可直接作涂料使用。生漆经加工就成熟漆,或改性后制成各种精制漆,精制漆有广漆和推光漆等品种,具有漆膜坚韧、耐水、耐久、耐热、耐腐蚀、光泽动人、装饰性强等良好性能。生漆适用于木器家具、工艺美术及建筑部件等。

2)调和漆

调和漆是在熟干性油中加入颜料、溶剂、催干剂等调和而成的,是最常见的一种油漆。调和漆质地均匀,稀稠适度,漆膜耐蚀,耐晒,经久不裂,遮盖力强,耐久性好,施工方便,适用于室内外钢铁、木材等材料表面,常用的有油性调和漆、磁性调和漆等品种。

3)清漆

清漆属于一种树脂漆,是将树脂溶于溶剂中,加入适量的催干剂而成的。清漆一般不加入颜料,涂刷于材料表面。溶剂挥发后干结成光亮的透明薄膜,能显示出材料表面原有的花纹。清漆易干、耐用,并能耐酸、耐油,可刷、可喷、可烤。

根据所选用原料的不同,清漆有油清漆和醇酸清漆两种。油清漆是由合成树脂、干性油、溶剂、催干剂等配制而成的。当油料用量较多时,漆膜柔韧、耐久且富有弹性,但干燥较慢;当油料用量少时,则漆膜坚硬、光亮、干燥快,但较易脆裂。

醇酸清漆是将醇酸树脂溶于有机溶剂而成,通常是浅棕色的半透明液体。这种清漆干燥迅速,漆膜硬度高,电绝缘性好,可抛光、打磨,显出光亮的色泽,但膜脆,耐热及抗大气性差。醇酸清漆主要用于涂刷室内门窗、木地板、家具等，不宜外用。

4）磁漆（瓷漆）

磁漆是在清漆的基础上加入无机颜料而成的，其漆膜光亮、坚硬。磁漆色泽丰富，附着力强，适用于室内装修和家具，也可用作室外的钢铁和木材表面。常用的有醇酸磁漆、酚醛磁漆等品种。

5）特种油漆

特种油漆是指各种防锈漆及防腐漆，按施工方法可分为底漆和面漆。用底漆打底，再用面漆罩面，对钢铁及其他材料能起到较好的防锈、防腐作用。

防锈漆用精炼亚麻仁油、桐油等优质干性油做成膜剂，以红丹、锌铬黄、铁红、铝粉等作防锈颜料。

五、建筑金属装饰材料

应用金属作装饰材料也是目前建筑装饰材料发展的一个方向。所用金属或金属合金、金属复合体一般应具有质轻、耐腐蚀、有一定的刚性和强度、易于加工等特点。

（一）铝合金装饰材料

铝元素在地壳组成中占 8.13%，仅次于氧、硅。铝的化学性质活泼，因此自然界中没有纯铝，而提炼铝比炼钢耗能大。

纯铝强度较低，常加入镁、锰、铜、锌、硅等元素制成铝合金。铝合金的弹性模量约为钢的 1/3，比强度为钢的几倍，线膨胀系数为钢的 2 倍。铝合金没有明显的屈服点。

铝合金广泛用于建筑装饰，并发展应用到结构构件。铝合金在建筑上的应用主要包括两方面，即铝合金门窗、铝合金装饰材料。

铝合金装饰材料包括铝箔、铝合金波纹板、铝合金吊顶材料（龙骨、天花板）、铝合金压型板、建筑五金配件等，用于屋面、墙面、吊顶等。

（二）不锈钢装饰材料

不锈钢是以铬为主加元素的合金钢。建筑装饰用不锈钢制品主要有薄板、管材、异型材等，可用于屋面、幕墙、门窗、栏杆扶手、柱面、电梯厢板等。

（三）彩色钢板装饰材料

彩色涂层钢板是 20 世纪 70 年代迅速发展起来的一种装饰材料，以镀锌冷轧薄钢板为原板，涂以有机涂层或无机涂层、复合涂层，用于建筑外墙板、屋面板、护壁板、雨棚等。

塑料复合钢板是在 Q215、Q235 钢板上，覆以厚 0.2 ~ 0.4 mm 的软质或半软质聚氯乙烯膜而成，广泛用于交通运输及生活用品方面，如汽车外壳、家具等。

彩色压型钢板是以镀锌钢板为基材，经轧制成型、涂敷各种耐腐蚀涂层与彩色烤漆而制成的轻型围护结构材料，适用于工业及民用建筑的屋盖、墙板、墙壁装贴等。

隔热夹芯板是以聚苯乙烯泡沫塑料为芯材、两侧粘贴彩色钢板制成的，可用于屋面、内外墙、轻型隔断等，具有质轻、绝热、美观、施工便捷等特点。

本章小结

本章主要讲述建筑防水材料。建筑防水材料是建筑工程中重要的功能材料之一。简单介绍了保温隔热材料、建筑塑料和建筑装饰材料。本章重点在防水卷材，尤其是改性沥青为基料的防水卷材。详细地阐述了以沥青及改性沥青为基料的防水卷材的品种及使用，对部分保温隔热材料、建筑涂料也做了详尽的描述。了解石油沥青的组成、结构、技术性能及其相互之间的关系，对掌握以沥青及改性沥青为基料的新品种防水材料是必要的。石油沥青性质的检测、防水卷材性质的检测、塑料管材与管件性能的检测，是学生必须掌握的知识和应具备的能力。除此之外，本章还介绍了一些常见的其他建筑功能材料，供工程使用时参考。

思考练习题

一、填空题

1. 沥青按产源分为__________和__________两类。

2. 石油沥青的组分主要包括__________、__________和__________三种。

3. 石油沥青的塑性用____________________表示，该值越大，则沥青塑性越____________________。

4. 同一品种石油沥青的牌号越高，则针入度越__________，黏性越__________，延度越__________，塑性越__________，软化点越__________，温度敏感性越__________。

5. 防水卷材根据其主要防水组成材料分为________________、________________和________________三大类。

6. SBS 改性沥青防水卷材是以__________或__________为胎体，__________为改性剂，两面覆以__________材料所制成的建筑防水卷材，属于__________体改性沥青防水卷材；APP 改性沥青防水卷材是以__________或__________为胎体，__________为改性剂，两面覆以__________材料所制成的建筑防水卷材，属于__________体改性沥青防水卷材。

7. 防水卷材施工方法分为__________和__________。

8. 高聚物改性沥青防水卷材适用于__________、__________和__________的屋面防水工程。

9. 防水涂料是以__________等为主体，在常温下呈__________，经涂布能在结构物表面结成坚韧防水膜的物料的总称。

10. 保温隔热材料的性能指标主要有__________、__________、__________、__________、__________、__________等。

11. ABS 塑料管是由__________、__________和__________三种单体共聚而成的。

12. 一般建筑采光用玻璃多为__________厚的__________玻璃。

二、名词解释

1. 石油沥青的黏滞性

2. 石油沥青的针入度

3. APP 改性沥青防水卷材

4. 导热系数

5. 保温隔热材料

6. 聚乙烯塑料(PE)管

三、单项选择题

1. 为避免夏季流淌,一般屋面用沥青材料的软化点应比本地区屋面最高温度高(　　)。

A. 10 ℃以上　　B. 15 ℃以上　　C. 20 ℃以上

2. 下列不宜用于屋面防水工程中的沥青是(　　)。

A. 建筑石油沥青　　B. 煤沥青　　C. SBS 改性沥青

3. 三元乙丙橡胶(EPDM)防水卷材属于(　　)防水卷材。

A. 合成高分子　　B. 沥青　　C. 高聚物改性沥青

4. 将石油沥青溶于(　　)而配制的涂料,称为溶剂型沥青涂料。

A. 水等无机溶剂　　B. 汽油等有机溶剂　　C. 水和汽油

四、多项选择题

1. 硬质聚氨酯泡沫塑料(PU)是一种开放型泡沫塑料。它(　　)。

A. 质轻　　B. 导热系数小　　C. 阻燃性好　　D. 耐热性很差

2. 塑料管材代替铸铁管和镀锌钢管(　　)。

A. 质量轻　　B. 水流阻力小　　C. 不结垢、安装使用方便　　D. 耐腐蚀性好

3. 建筑涂料是一种具有(　　)等功能的饰面材料。

A. 装饰功能　　B. 保护功能　　C. 调节建筑物的使用功能　　D. 特种功能

4. 磁漆漆膜(　　)。

A. 光亮　　B. 坚硬　　C. 附着力不强　　D. 色泽丰富

五、思考题

1. 要满足建筑防水工程的要求,防水卷材应具备哪几方面的性能?

2. 与传统沥青防水卷材相比较,高聚物改性沥青防水卷材、合成高分子防水卷材各有什么突出的优点?

3. 常用的建筑塑料有哪些? 分别有什么特点?

4. 常用的建筑装饰涂料有哪些? 各有什么特点?

参考文献

[1] 殷凡勤,张瑞红. 建筑材料与检测[M]. 北京:机械工业出版社, 2011.

[2] 梅杨,夏文杰,于全发. 建筑材料与检测[M]. 北京:北京大学出版社,2010.

[3] 姜继圣,张去莲,王洪芳. 新型建筑材料[M]. 北京:化学工业出版社,2009.

[4] 周明月. 建筑材料与检测[M]. 北京:化学工业出版社,2010.

[5] 梁正平,李亚杰 ,方坤河. 建筑材料[M]. 6 版. 北京:中国水利水电出版社,2009.

[6] 刘祥顺. 建筑材料[M]. 3 版. 北京:中国建筑工业出版社,2011.

[7] 邓钫印. 建筑材料实用手册[M]. 北京:中国建筑工业出版社,2007.

[8] 申淑荣,冯翔. 建筑材料[M]. 北京:冶金工业出版社,2012.

[9] 孙武斌,郇宏. 建筑材料[M]. 北京:清华大学出版社;北京:北京交通大学出版社,2009.

[10] 李东侠,王铁,郑宝华. 建筑材料[M]. 北京:北京理工大学出版社,2012.

[11] 黄伟典. 建筑材料[M]. 北京:中国电力出版社,2007.

[12] 杨金辉. 建筑材料[M]. 西安:西安交通大学出版社,2012.

[13] 杨胜敏,王庆军. 建筑材料[M]. 北京:中国水利水电出版社,2013.

[14] 徐友辉,何展荣. 建筑材料[M]. 北京:北京理工大学出版社,2012.

[15] 邱忠良. 建筑材料[M]. 北京:中国建筑工业出版社,2000.

[16] 姜志青. 道路建筑材料[M]. 北京:人民交通出版社,2005.

[17] 中华人民共和国国家质量监督检验检疫总局 中国国家标准化管理委员会. GB 175—2007 通用硅酸盐水泥[S]. 北京:中国标准出版社,2008.